先进制造理论研究与工程技术系列

机械零部件拆装测绘

Demolition, Assembly, Measurement and Drawing of Mechanical Components

马海健　周桂云　主编
杨景红　副主编

哈爾濱工業大學出版社
HARBIN INSTITUTE OF TECHNOLOGY PRESS

内 容 简 介

本书针对应用型本科高校教学的实际情况，根据编者多年从事机械制图拆装测绘实训和教学经验编写。全书共7章，内容包括零部件拆装测绘概述，部件拆装的基本知识和基本技能，零部件测绘的基础知识和基本技能，典型零件的测绘，以及机用虎钳、齿轮油泵和一级圆柱齿轮减速器的工作原理、结构及拆卸注意事项和测绘方法。

本书内容丰富，充分考虑教学需求，适合作为高等院校机械类零部件拆装测绘实训课程的教学用书，同时也可作为工程技术人员的学习和参考用书。

图书在版编目(CIP)数据

机械零部件拆装测绘/马海健，周桂云主编. —哈尔滨：哈尔滨工业大学出版社，2023.8(2025.1重印)
(先进制造理论研究与工程技术系列)
ISBN 978-7-5767-0852-3

Ⅰ.①机… Ⅱ.①马… ②周… Ⅲ.①装配(机械) ②机械元件-测绘 Ⅳ.①TH163 ②TH13

中国国家版本馆CIP数据核字(2023)第101357号

策划编辑 许雅莹
责任编辑 谢晓彤 宋晓翠
封面设计 刘 乐
出版发行 哈尔滨工业大学出版社
社 址 哈尔滨市南岗区复华四道街10号 邮编150006
传 真 0451-86414749
网 址 http://hitpress.hit.edu.cn
印 刷 哈尔滨圣铂印刷有限公司
开 本 787 mm×1 092 mm 1/16 印张13.5 字数317千字
版 次 2023年8月第1版 2025年1月第2次印刷
书 号 ISBN 978-7-5767-0852-3
定 价 36.00元

前　言

深入实施制造业强国战略，服务实体经济，应用型人才的培养是关键。实训教学则是应用型人才培养过程中重要的教学环节。作为机械类专业技术基础课学习过程中的首个实训课程，机械零部件拆装测绘实训是理论与实践相结合教学的具体体现。通过零部件拆装测绘训练，可以提高学生的动手能力和绘图能力，巩固所学专业基础知识，为后续专业课程学习打下坚实的基础，同时也是学生独立解决工程问题的重要起点。

本书针对应用型本科高校教学的实际情况，系统讲述了从拆装测绘基本知识到各种拆装测量工具的应用，从测绘各种零件的步骤到绘图表达方案的选择，从尺寸标注的技巧到零部件技术要求的注写等拆装测绘知识，通过列举大量工程图例，学生能够更好地理解、掌握机械制图及相关专业基础知识，培养学生解决实际问题的能力。在编写过程中，我们力图使本书具有以下特点。

(1)内容全面系统，涵盖面广。本书按拆装测绘实训的实际顺序编写，从典型零件的测绘到机用虎钳、齿轮油泵和一级圆柱齿轮减速器等典型部件的拆装测绘，由浅入深，逐次展开，使学生全面掌握需要的知识。

(2)理论联系实际。本书以培养学生的动手实践能力和综合运用所学知识进行设计绘图能力为宗旨，密切联系工程实际，注重培养学生的工程意识。

(3)考虑应用型本科实训教学需求。为满足目前机械类和近机类专业开展拆装测绘实训教学的需要，兼顾实训环节课时较少又要培养学生的动手能力的特点，本书在编写过程中采用大量的工程图例，贯彻新的国家标准，结合典型实例，内容尽量翔实，方便教学并便于学生自学。书末附录收集了测绘中的常用的国家标准及技术要求等资料，方便学生在绘图时查阅参考。

本书由潍坊学院马海健、周桂云任主编，潍坊学院杨景红任副主编。马海健编写第1章、第3章、第5章、第6章和附录，周桂云编写第2章和第4章，杨景红编写第7章。全书由马海健统稿。

本书在编写过程中参考了相关的文献资料，在此向相关作者表示衷心感谢。

由于编者水平有限，书中疏漏之处在所难免，恳请广大读者批评指正。

编　者

2023年5月

目　　录

第1章

概　　述

生产过程中，为检查、修理、仿制或升级机器设备，往往要借助拆装工具对设备进行拆装，并借助测量工具或仪器对零部件进行测量和分析，绘制零部件草图，整理出部件的装配图及其所属零件的零件图，这一过程称为零部件拆装测绘。

零部件拆装测绘对推广先进技术，改造现有设备，技术革新，修配零件等都有重要作用，是实际生产中的重要工作之一，是工程技术人员必备的技术能力之一。

1.1　机械零部件拆装与测绘的目的和意义

1. 拆装测绘的意义

（1）机器设备在使用过程中会由于各种原因产生摩擦、磨损，导致精度下降，甚至造成功能丧失，这时需要修换相应的零件或部件。通过机器设备的拆装，了解机器设备的结构和工作原理，掌握机器设备拆卸的工具使用方法、基本技能和技巧，了解机械零件的常用修换方法及标准，为机器设备的维修奠定一定的基础。因此，机器设备拆装在生产过程中具有重要意义。

（2）设备维修与改造测绘。机器设备维修时，在无图样和资料可查的情况下，需要对损坏的零件进行测绘，画出图样，以满足修配零件加工的需要。对已有设备进行改造时，也需要对零部件进行测绘，优化零部件的结构，以提高机器设备的性能和效率。

（3）设计测绘。在设计新机械产品时，根据需要对类似的设备进行参考测绘，通过对测绘对象的工作原理、结构特点、零部件加工工艺、安装维护等方面进行分析，设计优化，制造出性能更优的新产品。

（4）仿制测绘。为了学习先进技术，取长补短，需要对无专利保护的新机器设备进行测绘，获得生产这种新机器设备的有关技术资料，以便组织生产。

2. 拆装测绘实训的目的

拆装测绘是重要的实训教学环节，是学生综合运用已学知识独立地进行拆装、测量和绘图的学习过程，为机械专业后续课程的学习奠定必要的基础。其目的如下。

(1)掌握零部件与机器设备拆装的基本方法和一般步骤。了解一般机械的原理、拆装过程和部件拆装的注意事项。

(2)了解并能正确使用拆装工具和量具等专门工具，熟悉并掌握拆装安全操作常识，零部件拆装后的正确放置、分类及清洗方法。

(3)理论联系实际，综合运用机械制图所学的知识和绘图技能，并结合技术资料、国家标准和技术规范进行零部件的草图、示意图、零件图和装配图的绘制，更牢固地掌握并熟练运用在课堂上学到的各种理论知识和制图技巧。

(4)培养学生掌握正确的拆装测绘方法和步骤，为今后专业课的学习和工作打下坚实的基础。

1.2 拆装测绘的内容和要求

1. 机械拆装测绘的内容

(1)掌握机械部件拆卸的全过程。

(2)掌握机械部件装配的全过程。

(3)掌握机械零部件测绘的全过程。

(4)掌握拆装和测绘工具的使用方法和测量方法。

(5)绘制被测零部件的草图。

(6)绘制被测零部件的装配示意图。

(7)绘制被测零部件的零件图和装配图。

2. 机械拆装测绘的要求

(1)拆装操作时，严格遵守安全操作规程，牢固树立安全第一的思想。

(2)树立正确的工作态度。机械零部件拆装测绘是对学生的一次全面的基本技能训练，对今后的专业设计和实际工作都有非常重要的意义。因此，学生必须积极认真、刻苦钻研、一丝不苟地练习，才能在绘图方法和技能方面得到锻炼与提高。

(3)培养独立工作的能力。机械零部件拆装测绘是在教师指导下由学生独立完成。学生在测绘中遇到问题，应及时复习有关内容或参阅有关资料，经过主动思考或与同组成员讨论，从而获得解决问题的方法，不能依赖性地、简单地索要答案。

(4)树立严谨的工作作风。表达方案的确定要经过周密的思考，制图应正确且符合国家标准。反对盲目、机械地抄袭和敷衍、草率的工作作风。

(5)培养按计划工作的习惯。在实训过程中，学生应遵守纪律，在规定的教室里按预定计划保质保量地完成实训任务。

1.3 部件拆装的方法和步骤

常用的拆卸方法有击锤法、拉拔法、顶压法、温差法、破坏法等,具体操作时,可根据不同机器设备选择合适的方法。

部件拆装的大致步骤如下。

(1)拆装实训前,应认真阅读学习机械拆装安全文明生产和技术操作规程,做好安全防护工作。

(2)为了使拆装工作能顺利进行,拆卸前应认真查阅设备的有关资料,分析和了解设备的结构特点、传动系统和零部件的结构特点与相互间的配合关系,明确它们的用途和相互间的作用,在此基础上选择合适的拆卸方法和工具进行拆卸。

(3)确定装配方法与工艺,将拆卸归类的零件在保证部件运转精度的前提下重新组装起来。

1.4 零部件测绘的方法和步骤

1.4.1 零件测绘的方法和步骤

零件测绘是对现有的零件实物进行分析、测量、绘制零件草图和制订技术要求,最后整理完成零件图的过程。零件测绘常常用于机器部件的修配和技术改造。测绘工作一般是在零件拆卸的现场进行的,所以要先画出零件草图,然后根据草图画出零件图。

零件测绘的步骤如下。

(1)了解分析测绘对象。了解零件的名称、材料及在机器或部件中的位置和作用,分析零件结构。

(2)画零件草图。零件草图的内容与零件图相同,零件草图是凭目测,按大致比例徒手绘制在白纸上的图形。不能认为它是"潦草的图",必须认真仔细。其画图步骤如下。

① 根据零件的结构形状确定零件的表达方案,在图纸上以目测比例徒手画出各个视图。

② 选定尺寸基准,正确、完整、清晰并尽可能合理地标注尺寸的要求,画出全部尺寸线、尺寸界线和箭头。

③ 逐个测量并标注尺寸数字,确定零件的各项技术要求,填写标题栏。

(3)画零件图。零件草图是在测绘现场绘制的,有些问题考虑得不够全面和完善,必须对草图进行复查、补充和修改,最后画出规范的零件图。

1.4.2 部件测绘的方法和步骤

1. 做好测绘前的准备工作

强调测绘中的设备和人身安全注意事项。

2. 了解和分析测绘对象

测绘前,应全面细致地了解被测零部件的名称、用途、工作原理、性能指标、结构特点及在机器设备或部件中的装配关系和运转关系。

3. 拆卸部件

拆卸之前,要弄清零部件的组装次序、部件的工作原理、结构形状和装配关系。拆卸过程中,要弄清各零件的名称、作用和结构特点,对拆下的每一个零件都要进行编号、分类和登记。图 1.1(a)是球阀立体图。

4. 绘制装配示意图

为了便于部件拆卸后装配复原,在拆卸零件的同时,画出装配示意图,如图 1.1(b)所示。装配示意图是在机器或部件拆卸过程中绘制的工程图样,它是绘制装配图和重新进行装配的基本依据。装配示意图主要表达各零件之间的相对位置,装配、连接关系,传动路线等。一般一边拆卸,一边画图。通过目测徒手画出各零件在原部件中的装配关系。装配示意图通常只需用简单的符号、线条画出零件的大致轮廓及相互关系,而不必绘出每个零件的细节及尺寸。

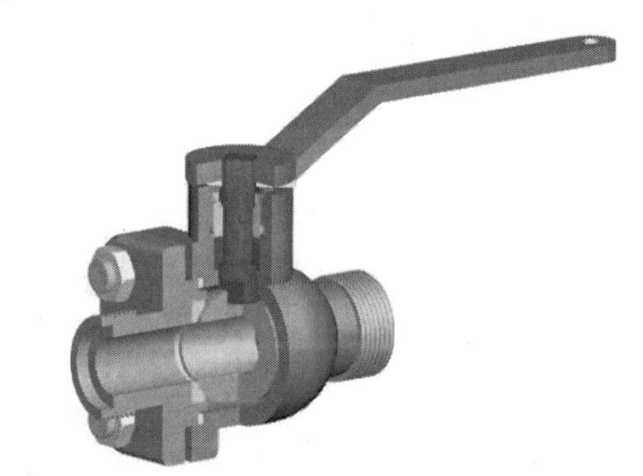

(a) 球阀立体图

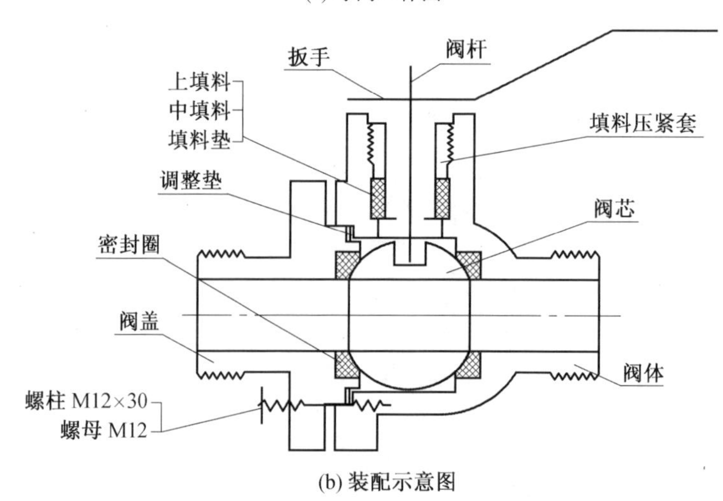

(b) 装配示意图

图 1.1　球阀立体图、装配示意图和装配图

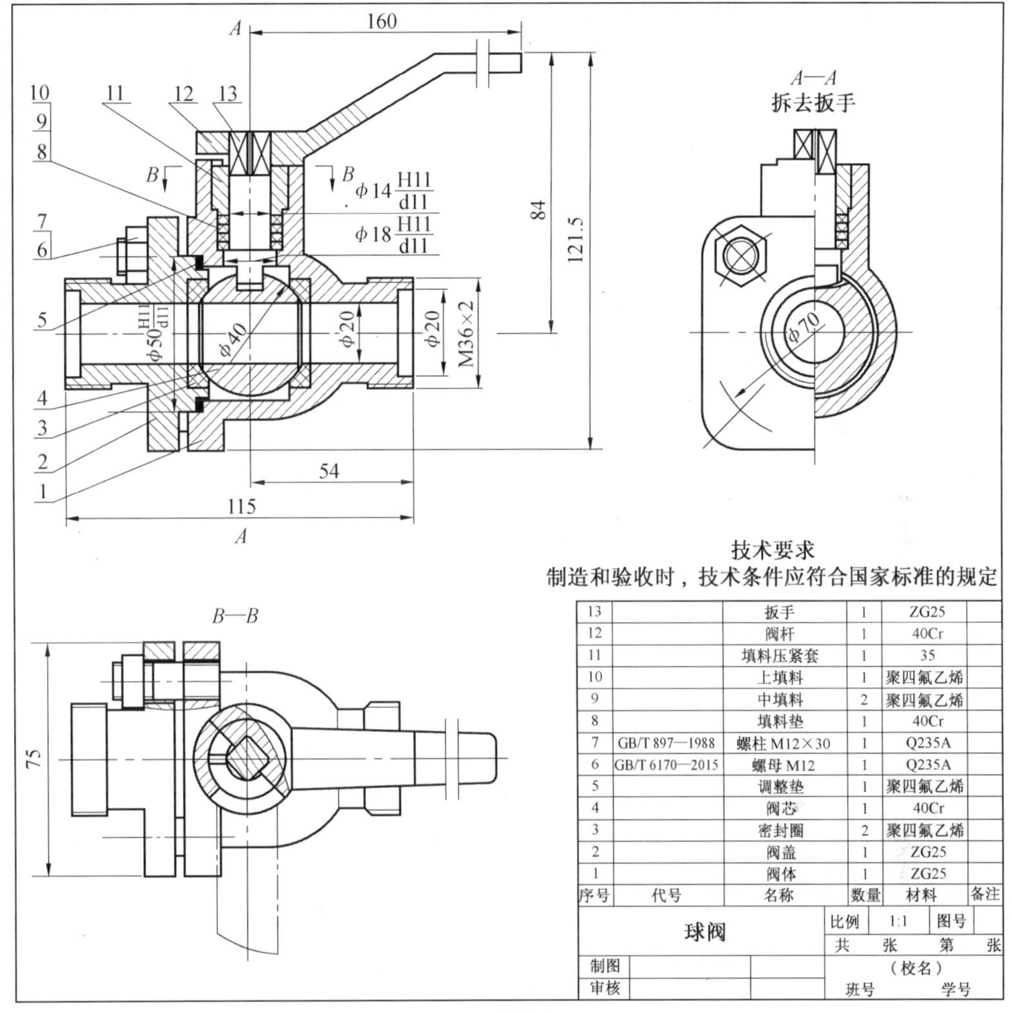

13		扳手	1	ZG25	
12		阀杆	1	40Cr	
11		填料压紧套	1	35	
10		上填料	1	聚四氟乙烯	
9		中填料	2	聚四氟乙烯	
8		填料垫	1	40Cr	
7	GB/T 897—1988	螺柱 M12×30	1	Q235A	
6	GB/T 6170—2015	螺母 M12	1	Q235A	
5		调整垫	1	聚四氟乙烯	
4		阀芯	1	40Cr	
3		密封圈	2	聚四氟乙烯	
2		阀盖	1	ZG25	
1		阀体	1	ZG25	
序号	代号	名称	数量	材料	备注

球阀		比例	1:1	图号	
		共 张		第 张	
制图		（校名）			
审核		班号		学号	

(c) 装配图

续图 1.1

(1) 画示意图时，仅用简单的符号和线条表达部件中各零件的大致形状和装配关系。一般用正投影法绘制，并且大多只画一个图形，所有零件尽可能地集中在一个视图上。如果表达不完整，也可增加图形，但各图形间必须符合投影规律。

(2) 为了使图形表达得更清晰，通常将所有测绘部件假想成透明体，既画外形轮廓，又画外部及内部零件间的关系。

(3) 在装配示意图上编出零件序号，其序号最好按拆卸顺序排列，并且列表填写序号、名称、数量和材料等。对于标准件，不必绘制零件图主要尺寸，只需测得几个主要尺寸，并将它们的名称、数量和规定标记注写在装配图的明细表上即可。

(4) 两相邻零件的接触面或配合面之间应画出间隙，以便区别。零件中的通孔可按剖面形状画成开口，以便更清楚地表达通路关系。

(5)有些零件(如轴、轴承、齿轮、弹簧等)应按国家标准 GB/T 4460—2013《机械制图　机构运动简图用图形符号》中规定符号表示,见表 1.1。若无规定符号,则该零件用单线条画出它的大致轮廓,以显示其形体的基本特点。

表 1.1　装配示意图常用简图符号(GB/T 4460—2013)

名称		基本符号	可用符号
轴杆			
轮与轴固定连接		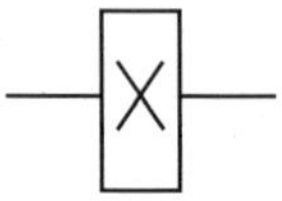	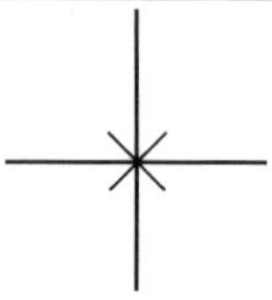
螺杆与螺母连接		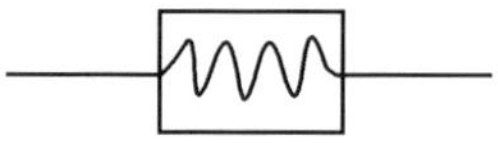	
压缩弹簧			
轴承	滑动轴承		
	滚动轴承	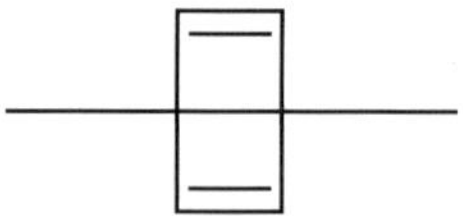	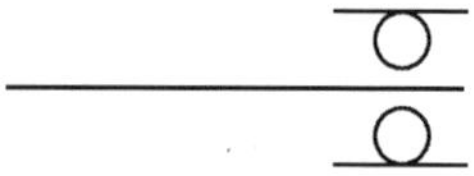
	推力轴承	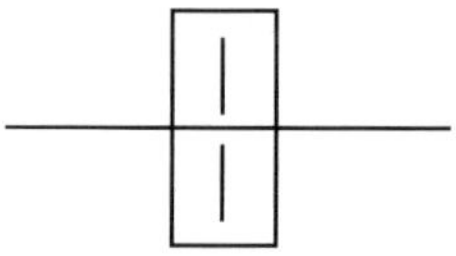	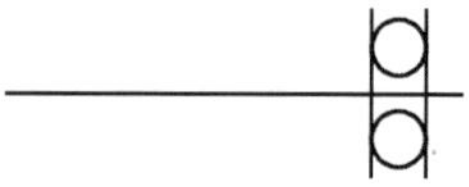
	圆锥滚子轴承	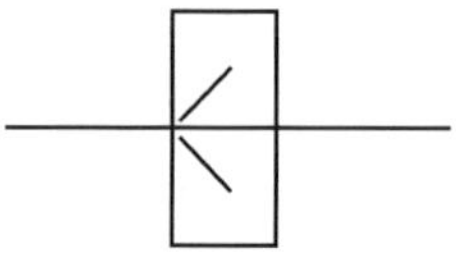	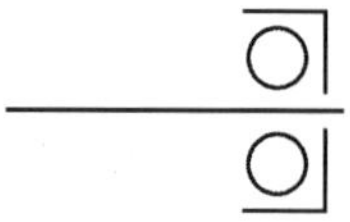
带传动	V 带传动	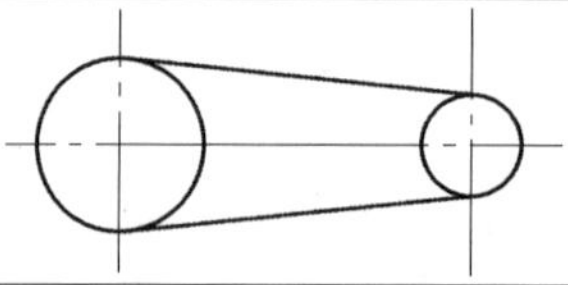	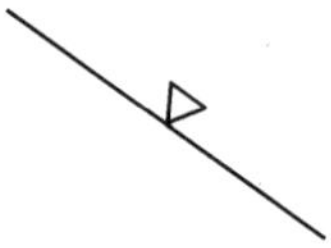
	平带传动	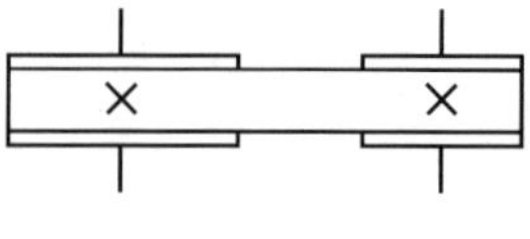	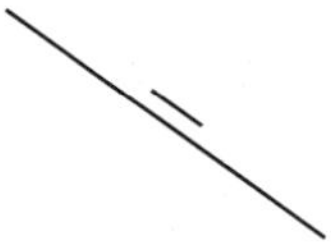
电动机		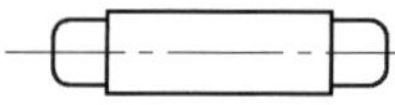 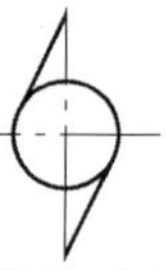	

续表 1.1

名称			基本符号	可用符号
齿轮机构	齿轮	圆柱齿轮	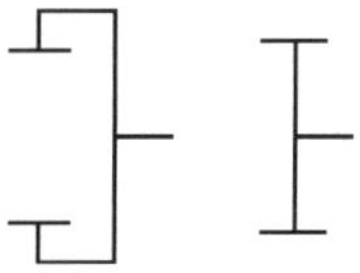	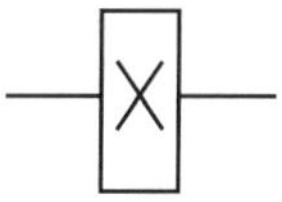
		圆锥齿轮	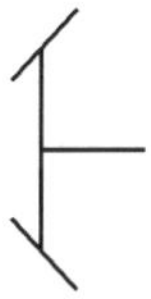	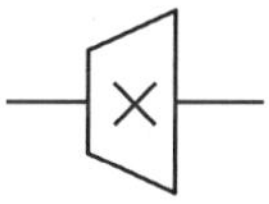
	齿轮传动	圆柱齿轮啮合		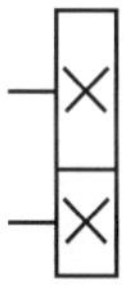
		圆锥齿轮啮合	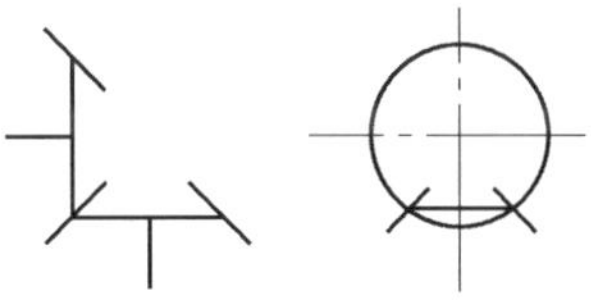	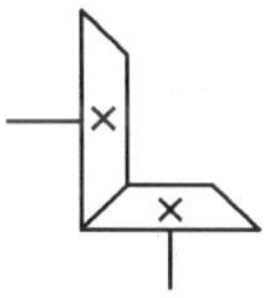
		蜗轮蜗杆啮合	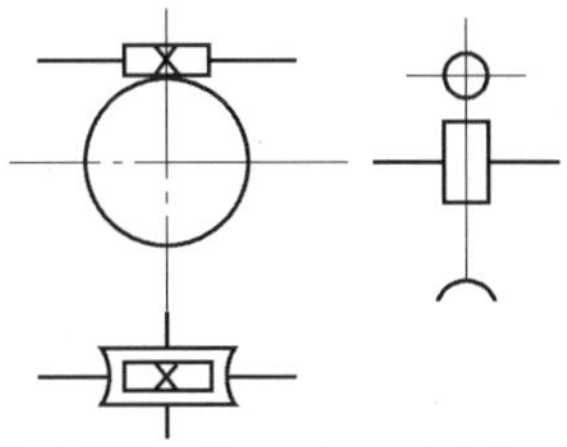	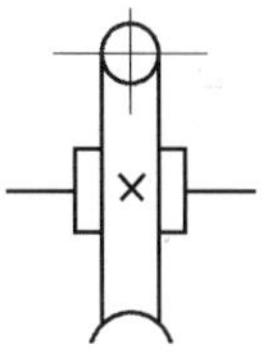

5. 画零件草图

部件拆卸完成后，要画出部件中除标准件外的每一个零件的草图。对于标准件，要单独列出明细表。零件草图是在测绘现场通过目测估计实物大致比例徒手画出的零件图（即徒手目测图）。草图绘制完成后，测量并标注零件尺寸。绘制零件草图与测量零件尺寸并不是同时完成的，测量工作要在零件草图绘制完成后统一进行。测量时应对每一个零件的每一个尺寸进行测量，将所得到的尺寸和相关数据标注在草图上。标注时，要注意零件的结构特点，尤其要注意零部件的基准及相关零件之间的配合尺寸和关联尺寸。零件草图不等于潦草，它是其后绘制零件图的重要依据，因此应该具备零件图的全部内容。

6. 画装配图

根据零件草图和装配示意图提供的零件之间的连接方式和装配关系，绘制部件的装配图。画装配图时，应注意发现并修正零件不合理的结构，注意调整不合理的公差取值以及所测得的尺寸，以便为绘制零件图提供正确的依据。

（1）画装配图。首先要确定表达方案，包括选择主视图、确定视图数量和表达方法，要以最少的视图，完整、清晰地表达部件的装配关系和工作原理。

①选择主视图。通常按部件的工作位置选择投射方向,并使主视图能较清晰地表达部件的工作原理、传动方式、零件间的主要装配关系,以及主要零件的结构形状特征。

②确定其他视图。针对主视图尚未表达清楚的装配关系和零件间的相对位置,选用其他视图补充。确定表达方案时,可多考虑几套方案,通过分析比较再确定较为理想的方案。视图间应符合投影规律,并留有注写尺寸和零件序号的位置。

(2)画装配图的步骤。

①定比例、选图幅、合理布局。根据确定的表达方案,确定画图的比例及图幅大小。同时,整个图样的布局应匀称、美观。视图间留出一定的距离,以便注写尺寸和零件序号,还要留出标题栏、明细栏及技术要求所需的位置。

②画图顺序。按照先主后次原则,从主视图画起,由主要结构到次要结构,从起定位作用的基准件到其他零件。画主视图时,可以从装配干线出发,由内向外,逐层画出;也可以从主体机件出发,逐次向里画出内部各个零件。

③整理加深,标注尺寸、注写序号、填写明细栏和标题栏,写出技术要求,完成全图,如图1.1(c)所示。

7. 画零件图

装配图绘制完成之后,根据装配图绘制出零件图。零件图要以零件草图为基准,对草图中视图表达、尺寸标注等不合理或不够完善之处进行必要的修正。

画零件图的步骤如下。

(1)选择比例。根据零件的复杂程度及大小选择合适的比例。

(2)选择幅面。根据表达方案、比例,尽量选择基本幅面。

(3)画底稿。画各视图的基准线、画出图形、标注尺寸并注写技术要求。

(4)校核、加深和填写标题栏。

8. 完成部件测绘

装配图和零件图全部完成后,要对全部图纸做最后审核,并将零件装配复原,整理好测绘工具。

9. 注意事项

画图时必须注意以下情况。

(1)零件的制造缺陷,如砂眼、气孔、刀痕等和长期使用所造成的碰伤或磨损,以及加工错误的地方,都不应画出。

(2)零件上因制造、装配的需要而形成的工艺结构,如铸造圆角、倒角、倒圆、退刀槽、越程槽、凸台、凹坑等,都必须画出,不能忽略。

(3)有配合关系的尺寸,一般只要测出它的基本尺寸,其配合性质和相应的公差值应在分析考虑后,再查阅有关手册确定。

(4)对于没有配合关系的尺寸或不重要的尺寸,允许将测量所得的尺寸适当圆整(调整到整数值)。

(5)对螺纹、键槽、齿轮的轮齿等标准结构的尺寸,应该将测量的结果与标准值核对,采用标准结构尺寸,以利于制造。

(6)凡是经过切削加工的铸、锻件,应注出非标准拔模斜度及表面相交处的圆角。

(7)直径、长度、锥度、倒角等尺寸都有标准规定,实测后,应根据国家标准选用最接近的标准数值。

(8)测绘装配体的零件时,在拆装配体以前,先要弄清它的名称、用途、材料和构造等

基本情况。

(9)考虑装配体各个零件的拆卸方法、拆卸顺序以及所使用的工具。

(10)拆卸时,为防止丢失零件和便于安装,所拆卸的零件应分别编上号码,尽可能把有关零件装在一起,放在固定位置。

(11)测绘较复杂的零部件之前,应根据装配体画出一个装配示意图。

(12)对于两个零件相互接触的表面,在它上面所标注的表面粗糙度要求应该一致。

(13)测加工面的尺寸时,一定要使用较精密的量具。

(14)所有标准件,只需量出必要的尺寸并注出规格,可不用画测绘图。

1.5 零部件拆装测绘的准备工作

在零部件测绘前,要做一些必要的准备,包括人员安排、资料收集、场地、工具等。

1. 零部件拆装测绘的组织准备

零部件拆装测绘的组织准备即人员安排。人员安排要根据测绘对象的复杂程度、工作量大小和参加人员的多少而定。学生零部件测绘实训大都是以班级为单位进行的。实训中,通常将学生分成几个拆装测绘小组。各小组在全面了解拆装测绘对象的基础上,重点了解本组所要拆装测绘的零部件的作用以及与其他零部件之间的联系,然后在此基础上讨论实施拆装测绘方案,对小组内的人员进行再次分工。

2. 零部件拆装测绘的资料准备

资料准备也是零部件拆装测绘前的必要准备环节。在拆装测绘前,要准备的必备资料包括:有关机械设计和制图的国家标准、相关的参考书籍,有关被拆装测绘零部件的资料、手册等。其中,针对被拆装测绘对象的资料包括:被拆装测绘部件的原始资料,如产品说明书、零部件的铭牌、产品样本、维修记录等;有关零部件的拆卸、测量、制图等方面的资料,如有关零部件的拆卸与装配方法的资料、有关零部件的测量和公差确定方法的资料、机械零件设计手册、机械制图手册、相关工具书籍等。

3. 零部件拆装测绘场所和测绘工具准备

零部件拆装测绘应选择安静宽敞、光线较好且相对封闭的场所。在选择时应满足便于操作、利于管理和相对安全的要求。在实际测绘前,应准备足够的工具,按用途分至少包括以下六大类。

(1)拆卸工具类,如扳手、螺丝刀、钳子等。

(2)测量量具类,如游标卡尺、钢板尺、千分尺及表面粗糙度的量具、量仪等。

(3)绘图用具类,如草图纸(一般为方格纸)、画工程图的图纸、绘图工具等。

(4)记录工具类,如拆卸记录表、工作进程表、数码照相机、摄像机等。

(5)保管存放类,如储放柜、存放架、多规格的塑料箱等。

(6)其他工具类,如起吊设备、加热设备、清洗液、防腐蚀用品等。

4. 零部件拆装测绘的操作规则

零部件拆装测绘是一项过程相对复杂,理论与实践结合紧密,使用的设备、工具及用品较多的工作,在操作前必须制订严格的操作规则,以保证拆装测绘作业的安全性、规范性和完整性。零部件拆装测绘实训中应有的操作规则通常包括以下几个方面。

(1)安全方面的规则。安全方面的规则主要有人身安全、设备安全和防火防盗三个方面的内容。人身安全的内容包括使用电器设备时应检查设备的额定电压,按设备的操作规程正确使用电器;使用转动设备时,应注意着装的要求,留长发的女同学应将头发放在帽子内,操作者应穿紧袖工装,启动设备时应观察有无妨碍和危险;使用夹紧工具时应防止夹伤,起吊设备时应注意下面的人员等。设备安全主要是要求学生按照工作设备的操作规程正确使用工具和设备,避免造成工具设备的损坏,贵重和精密的仪器设备应轻拿轻放等。防火防盗要求学生在室内无人时注意关窗锁门,以防物品丢失;在使用除锈剂、油料时,应避免污染和引起火灾。

(2)作业规范方面的规则。这类规则主要指物品摆放有序,如不同物品应放在不同的功能区,同一功能区的物品应整齐排列,工具设备使用完毕应放回原位等。

(3)清洁卫生方面的规则。卫生清洁规则包括卫生清扫值日制度,禁止将食物、饮料及其他可能造成图纸污损、零件锈蚀和妨碍测绘作业的物品带入实训室内。

1.6 零部件拆装测绘的教学安排和成绩评定

1. 零部件拆装测绘实训时间安排

根据不同专业人才培养方案的要求,机械零部件拆装测绘实训一般集中安排 1 ~ 2 周的时间,拆装测绘内容及学时分配见表 1.2。

表 1.2 拆装测绘内容及学时分配

序号	项目	内容	学时分配	
			1 周	2 周
1	部件的拆卸	了解机器设备的结构和工作原理,掌握机器设备拆卸的工具使用方法、基本技能和技巧,了解机械零件的常用修换方法及标准,为机器设备的装配维修奠定一定的基础	0.5 天	1 天
2	绘制装配示意图	了解所要测绘零部件的工作原理和装配关系,用专用工具按正确的拆卸顺序拆卸各零件,同时为拆卸下来的每一个零件编号,并做适当记录,分清标准件和非标准件,绘制装配示意图	0.5 天	0.5 天
3	绘制零件草图	草图用坐标纸徒手绘制,零件的表达方案应正确。每位同学需要测量并绘制一套完整的零件(非标准件)草图,标准件不需要绘制,只需测量尺寸后查阅标准写出规定标记即可。在全部零件的草图绘制完成后,再统一测量并标注尺寸,相关零件的关联尺寸要同时注出,避免矛盾	1 天	2 天
4	绘制装配图	确定部件装配图的表达方案,根据测绘的零件图和装配示意图拼画装配图,在此过程中可同步修改已测绘的零件图。拼画装配图的方法和步骤详见后续有关章节	2 天	4 天
5	绘制零件工作图	将非标零件整理成零件图。具体内容由指导老师确定。零件图应由装配图拆画得到,也可参考已绘制的零件草图。拆画零件图的步骤和要求详见后续有关章节	2 天	2 天
6	图纸归档,实训室整理	上交拆装测绘作业及图纸,按要求对图纸进行折叠归档,具体折叠方法见附录一。整理拆装测绘模型工具。打扫整理实训室	0.5 天	0.5 天

2. 零部件测绘实训中对图纸的要求

按照机械制图课程教学实践环节的基本要求，机械零部件测绘实训学时对图纸的总体要求是投影正确、视图选择与配置恰当、图面洁净、字体工整、线型和尺寸标注符合国家标准。

（1）对装配图的要求。除符合前述要求的视图外，还要求标注规格尺寸、外形尺寸、装配尺寸、安装尺寸及其他重要尺寸，填写技术要求。其中，相关尺寸要与零件图中的零件尺寸完全一致。此外，零件序号和明细表、标题栏和图框也必须符合国家标准。

（2）对零件图的要求。除符合总体要求外，还需要做到尺寸齐全、清晰、合理，表面粗糙度与公差配合选用恰当，标注正确，图框标题栏符合要求。

（3）对零件草图的要求。零件草图要求徒手画出（不得借助尺规等绘图工具），除尺寸比例、线型不做严格要求外，其他要求与零件图相同。

3. 零部件拆装测绘实训成绩的评定

零部件拆装测绘实训成绩的评定包括两部分：部件拆装实训主要以作业的形式来评分；零部件测绘实训的评定应根据零件草图、装配图、零件图、个人汇报和小组评议综合评分。测绘实训的成绩通常采用五级分制，即优秀、良好、中等、及格和不及格。具体目标和评价细则见表 1.3 和表 1.4。

表 1.3　零部件测绘课程目标与考核内容及评价方式

课程目标	考核内容	考核方式	权重
根据所学的零部件测绘的方法和步骤，制订的部件测绘路线，明确拆装方案，使用测绘工具、测量方法对各类零件进行测量	1. 对测绘的认识、测绘路线、拆装方案 2. 零件草图及测量尺寸标注	个人汇报	50%
		零件草图	50%
基于测绘部件的具体结构特征，制订合理的表达方案，能查阅有关设计手册。将部件的工作原理、装配连接关系等表达清楚，通过工程图样的绘制，培养学生实际动手能力和零部件绘图能力，树立工程意识、规范意识和安全意识	1. 装配图的表达方案、各零部件结构、装配关系与固定、螺纹紧固件连接、键连接、销连接、齿轮啮合、滚动轴承规定画法等视图绘制 2. 装配图的尺寸标注、技术要求、零部件序号、明细栏、标题栏 3. 零件图的表达方案与视图绘制、尺寸标注与技术要求的合理性、标题栏填写	装配图	80%
		零件图	20%
理解工程实践过程中团队合作的重要性，培养在团队中的沟通和协作意识	1. 对测绘的认识、发现问题及解决问题的方法、主要收获，存在不足、好的建议等 2. 测绘过程中工作态度、参与程度、贡献大小、与组内其他成员进行有效沟通和协作	个人汇报	60%
		小组评议	40%

表 1.4 零部件测绘实训的考核与评价细则

考核形式		权重	考核与评价细则
过程考核	零件草图	5%	根据测量零件草图图形绘制完整性、合理性和测量尺寸齐全性等打分
	个人与小组汇报	5%	根据个人汇报与小组评议由个人、小组打分组成
	测绘表现	10%	根据学生在学习态度、规范意识、责任心、动手能力、协作精神等方面的综合表现,综合评定打分
结课考核	装配图	55%	从以下几个方面打分:视图中各零部件结构、装配、连接关系等表达;尺寸标注;技术要求的填写;零部件序号、明细栏、标题栏的填写规范性;图样规范性,符合各种标准。根据具体绘图情况打分
	零件图	25%	从以下几个方面打分:视图中表达方案合理性、零件结构清楚表达;尺寸标注正确、完整和合理性;技术要求的填写;标题栏的填写规范性;图样规范性,符合各种标准。根据具体绘图情况打分
合计		100%	根据评分标准评定成绩,按照百分制赋分;综合以上五方面成绩,按照优秀、良好、中等、及格、不及格五级制确定上报

第2章

部件拆装实训

机器设备由许多部件组成,在维护和修理时,总要对这些部件进行拆卸、清洗以及修复后的再装配。如果在拆卸和装配过程中出现考虑不周全、方法不恰当、工具不合理等问题,就可能造成部件的损坏,甚至使整机的精度降低,使其工作性能受到严重影响,甚至导致无法修复。另外,在机器设备的设计优化升级过程中,往往对部件结构设计、公差要求、工艺结构等方面的认识不够,只有对机器设备部件拆装分析,充分理解机械结构,弥补不足,才能为绘制部件的工程图样打下坚实的基础。因此,拆装工作在机器设备的设计、制造、运行及维护过程中有着重要的作用。

2.1 拆装实训的目的、任务和步骤

2.1.1 拆装实训的目的

通过拆装实训可以实现如下目的。

(1)巩固和加强机械制图、机械设计等课程的理论知识,真实地了解机器或机器部件的结构组成、工作原理、零件的结构形状和它们之间的装配关系。

(2)熟悉拆装工具、量具和专门工具,掌握其使用方法,进一步培养学生运用工具的能力。

(3)学习机械典型部件的拆装方法和步骤,通过典型部件的拆装,总结拆装技巧,提高操作技能和动手能力,强化理论联系实际,提高工程实践能力,培养工程素质。

(4)通过拆装,体会公差系统和配合类型,加深对润滑、密封、间隙调整、连接防松等的理解,培养拆装及调整能力。

(5)熟悉和掌握安全操作常识,部件拆卸后零件的正确分类放置及清洗方法,培养文明生产的良好习惯。

2.1.2 拆装实训的任务

(1)了解常见机械结构的工作原理与主要零件的作用,零件之间的装配关系及调整方法。

(2)完成典型部件的识别、拆卸、清洗和安装,注意根据部件特点正确规划拆装步骤,减少盲目拆装,能掌握一些拆装技巧,提高拆装速度。

(3)画出部件的装配示意图,标出拆装顺序,注明装配中调整、检验等技术要求。

2.1.3 拆装实训的步骤

部件拆装实训的步骤主要包括实训前的准备、工作任务的开展、实训总结三个基本环节。

1. 实训前的准备

实训前的准备主要包括以下几个方面。

(1)安全教育基本要求的培训,熟知拆装实训室安全制度、安全拆装操作,严格按操作规程进行操作。

(2)拆装工具、量具和设备的认识与应用,工具要爱护使用,负责保管、保养,按要求整齐、有序摆放。

(3)实训工作任务的分解与分工。

(4)拆装演示,目的是增加感性认识,在演示过程中,带着问题认真观察部件各零件的作用、相对位置、各零件之间的传动关系,部件的拆装顺序、方法。

2. 工作任务的开展

(1)拆装工作前的准备,主要包括:清理工作现场,清除危险源;清点工具,确认工具的完好性和有效性;清点技术资料,确认完整性和有效性;检查实训部件,确认其状态;操作示范机械拆装工艺、拆装用工量具的使用、安全注意事项等。

(2)任务的开展,主要包括:分析部件的结构特点、工作原理、装配关系、零件的连接关系;阅读、分析实训任务书。

(3)按照任务书要求依次拆卸和装配部件。在拆装实践过程中,要求学生紧密配合,合理确定拆装方法、顺序和使用的工具等,遇到问题积极展开讨论,开动思维,共同完成拆装任务。

(4)任务的结束工作。拆装结束后还需完成后续工作:对工作场地进行清理,清除危险源;清点工具,确认工具的完好性和有效性;清点技术资料,确认完整性和有效性。

3. 实训总结

考核时间:实训结束前。

考核目的:主要考查学生分析问题解决问题的能力。

考核方式:操作、口试(由任课教师现场出题)、行为素养(安全意识、质量意识等)。

考核内容:操作能力、理论知识、行为素养。

实训结束后,对操作实践结果进行分析。首先小组讨论拆装过程,然后每组选一位代表进行总结性发言,总结本组拆装的过程并找出拆装过程中存在的问题,最后撰写实训总结或实习报告。

2.2 常用拆装工具简介

拆装部件时,为了不损坏零件和影响装配精度,应在了解装配体结构的基础上选择合适工具。常用的拆装工具主要有扳手类、螺钉旋具类、手钳类、拉拔器、手锤、铜冲、铜棒等。下面简要介绍常用的拆装工具。

2.2.1 扳手类

扳手的种类较多,机械拆装中常用的有以下几种类型的扳手。

1. 活扳手

活扳手(GB/T 4440—2022《活扳手》)如图2.1所示。

图2.1 活扳手

用途:调节开口度后,可用来紧固或拆卸一定尺寸范围内的几种不同尺寸的六角头或方头螺栓、螺母。这种扳手特别适用于非标准尺寸的螺母或者找不到合适尺寸的扳手时使用。

规格:以总长度(mm)×最大开口度(mm)表示,如100 mm×13 mm,150 mm×18 mm,200 mm×24 mm,250 mm×30 mm,300 mm×36 mm,375 mm×46 mm,450 mm×55 mm,600 mm×65 mm等。

活扳手在使用时通过转动螺杆来调整开口大小,用开口卡住螺母、螺栓等,其大小以刚好卡住为好;如果没有调整到与螺母侧面正确配合的位置会产生滑动,并且这可能会对操作员造成伤害或损坏螺母的棱角。

2. 呆扳手

呆扳手(GB/T 4388—2008《呆扳手、梅花扳手、两用扳手的型式》)分为单头扳手和双头扳手两种类型,如图2.2所示。为了在有限的空间里通过更换扳手的方向拧紧螺母或螺栓,扳手的开口方向通常偏转15°。

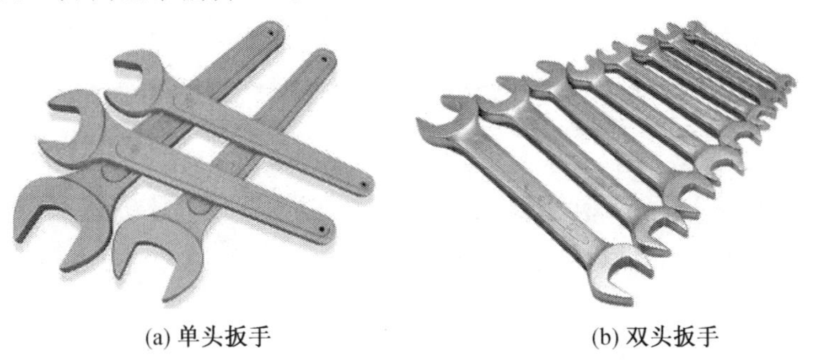

(a) 单头扳手　　(b) 双头扳手

图2.2 呆扳手

用途：单头扳手专用于紧固或拆卸一种规格的六角头或方头螺栓、螺母；双头扳手适用于紧固或拆卸两种规格的六角头或方头螺栓、螺母。

规格：单头扳手以开口宽度表示，如 8 mm、10 mm、12 mm、14 mm、17 mm、19 mm 等；双头扳手以两端开口宽度表示，如 8 mm×10 mm、12 mm×14 mm、17 mm×19 mm 等，每次转动角度大于 60°。

由于呆扳手开口宽度为固定值，使用时无须调整，因而具有工作效率高的优点。但缺点是每把扳手只适用于一种或两种规格的螺栓或螺母，工作时常常需要成套携带，并且由于只有两个接触面，容易造成被拆卸件机械损伤。

3. 梅花扳手

梅花扳手（GB/T 4388—2008）分为单头和双头梅花扳手两种形式，并按颈部形状分为矮颈型、高颈型、直颈型和弯颈型。双头梅花扳手如图 2.3 所示，占用空间较小，是使用较多的一种扳手。

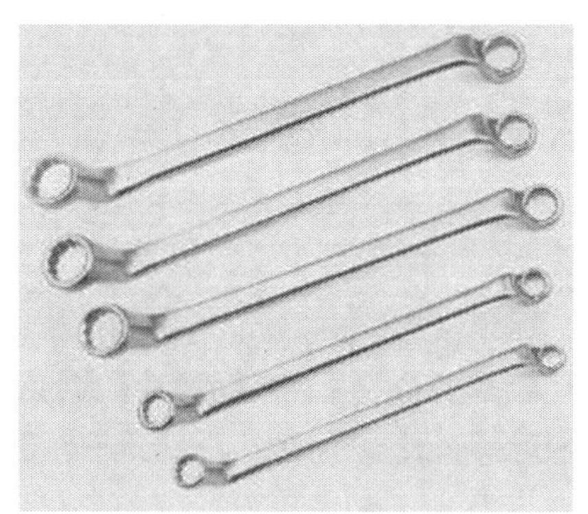

图 2.3　双头梅花扳手

用途：单头梅花扳手专用于紧固或拆卸一种规格的六角头螺栓、螺母；双头梅花扳手适用于紧固或拆卸两种规格的六角头螺栓、螺母。

规格：单头梅花扳手以适用的六角头对边宽度表示，如 8 mm、10 mm、12 mm、14 mm、17 mm、19 mm 等；双头梅花扳手以两头适用的六角头对边宽度表示，如 8 mm×10 mm、10 mm×11 mm、17 mm×19 mm 等，每次转动角度大于 15°。

梅花扳手在使用时因开口宽度为固定值，不需要调整，因此其工作效率较高。与前两类扳手相比，占用空间较小，是使用较多的一种扳手。扳手的套筒沿着内表面有 12 个精确切割的凹槽，这些凹槽非常接近螺母外缘的各点。克服了前两种扳手接触面小，容易造成被拆卸件机械损伤的缺点，但也有需要成套准备的缺点。

4. 内六角扳手

内六角扳手（GB/T 5356—2021《内六角扳手》）分为普通级和增强级，其中增强级用 R 表示。内六角扳手如图 2.4 所示。

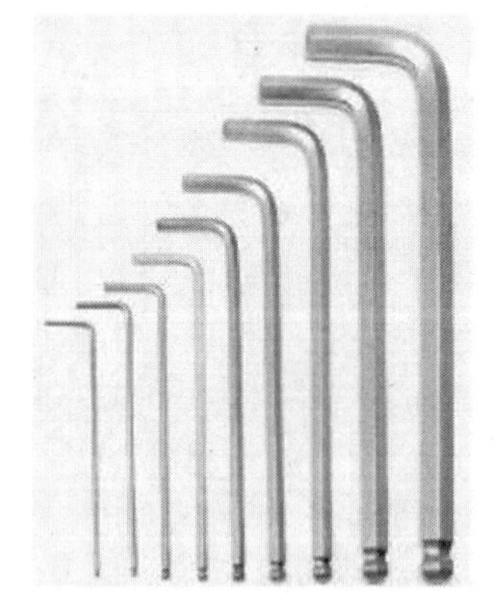

图 2.4　内六角扳手

用途：内六角扳手是六角形的，可进入沉头螺钉的六角形凹槽内，拆装标准内六角螺钉。它们是用工具钢制成的，一般成组使用以适应大范围的螺钉尺寸。

规格：以适用的六角孔对边宽度（mm）表示，如 2.5 mm、4 mm、5 mm、6 mm、8 mm、10 mm 等。

5. 套筒扳手

套筒扳手（GB/T 3390.1—2013《手动套筒扳手　套筒》）由各种套筒、连接件及传动附件等组成，如图 2.5(a)所示。根据套筒、连接件及传动附件的件数不同组成不同的套盒，如图 2.5(b)所示。

用途：用于紧固或拆卸六角头螺栓、螺母，特别适用于空间狭小、位置深凹的工作场合。

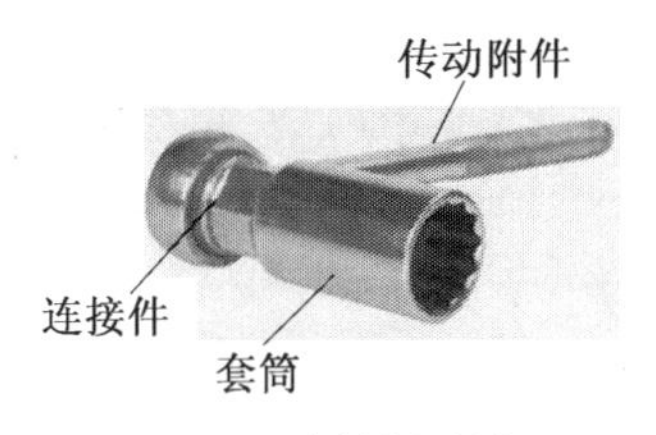

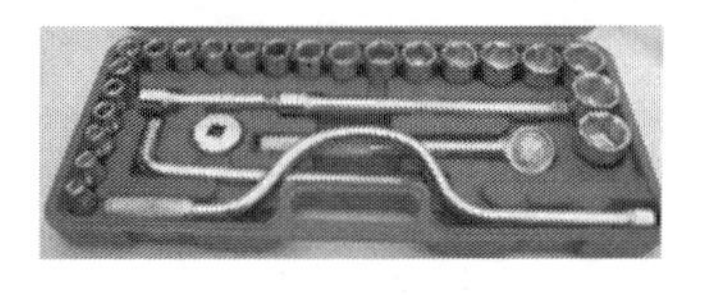

(a) 套筒扳手图　(b) 套筒扳手套盒图

图 2.5　套筒扳手

规格:以适用的六角头对边宽度表示,如 10 mm、11 mm、12 mm 等。每套件数有 9 件、13 件、17 件、24 件、28 件、32 件等。

套筒扳手在使用时根据要转动的螺栓或螺母大小的不同,安装不同的套筒进行工作。

使用扳手时应注意以下事项。

(1)根据工作性质选用适当的扳手,尽量使用固定扳手,少用活扳手。

(2)使用活扳手时,应向活动钳口方向旋转,使固定钳口受主要的力。

(3)要确保螺母完全放置在扳手开口中。选用固定扳手时,开口宽度应与螺母宽度相当,以免损伤螺母。

(4)使用时,扳手应与螺母或螺栓头处于同一平面。

(5)当拉紧或放松一个螺母的时候,施加一个突然的拉力比平稳的拉力更有效。

(6)扳手开口若有损伤,应及时更换,以保证安全。

2.2.2　螺钉旋具类

螺钉旋具又称螺丝刀、起子或改锥,常见的螺钉旋具按工作端形状不同分为一字槽、十字槽以及内六角花形螺钉旋具等。

1. 一字槽螺钉旋具

一字槽螺钉旋具(GB/T 10635—2013《螺钉旋具通用技术条件》)按旋杆与旋柄的装配方式分为普通式(用 P 表示)和穿心式(用 C 表示)两种。常见类型有木柄螺钉旋具、木柄穿心螺钉旋具、塑料柄螺钉旋具、方形旋杆螺钉旋具、短形柄螺钉旋具等,图 2.6(a)所示为一字槽螺钉旋具。

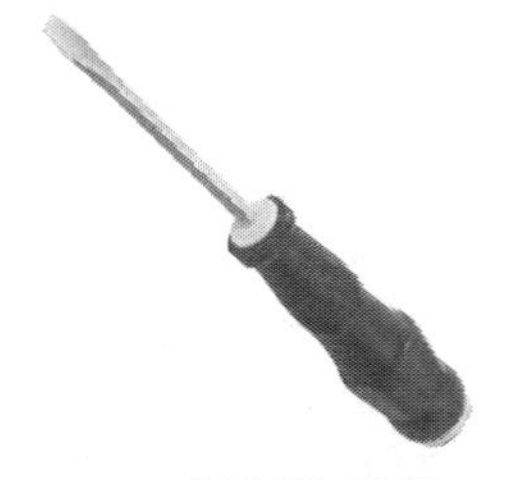

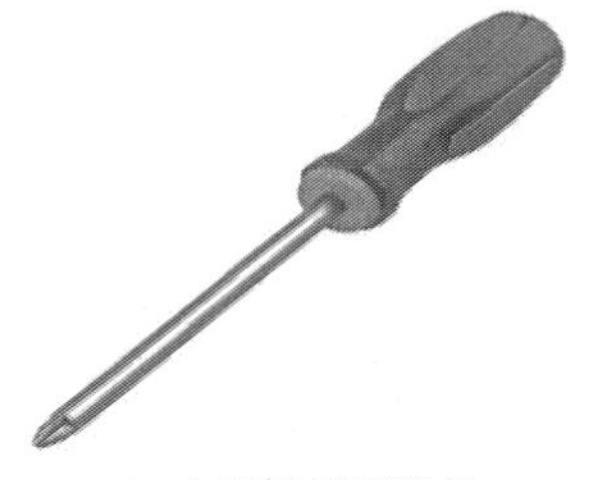

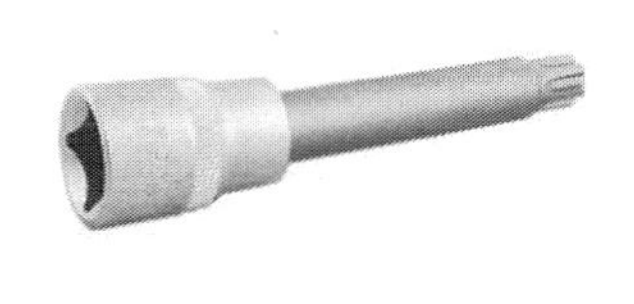

(a) 一字槽螺钉旋具　(b) 十字槽螺钉旋具　(c) 内六角花形螺钉旋具

图 2.6　各种螺钉旋具

用途:用于紧固或拆卸各种标准的一字槽螺钉。

规格:以旋杆长度×工作端口厚×工作端口宽表示,如 50 mm×0.4 mm×2.5 mm、100 mm×0.6 mm×4 mm 等。

2. 十字槽螺钉旋具

十字槽螺钉旋具(GB/T 10635—2013)按旋杆与旋柄的装配方式分为普通式(用P表示)和穿心式(用C表示)两种,按旋杆的强度分为A级和B级两个等级。常见类型有木柄螺钉旋具、木柄穿心螺钉旋具、塑料柄螺钉旋具、方形旋杆螺钉旋具、短形柄螺钉旋具等,图2.6(b)所示为十字槽螺钉旋具。

用途:用于紧固或拆卸各种标准的十字槽螺钉。使用时一定要确保使用尺寸合适的螺钉旋具。螺钉旋具应当与螺钉头的凹槽紧紧配合,并与螺纹垂直。

规格:以旋杆槽号表示,如0、1、2、3、4等。

3. 内六角花形螺钉旋具

内六角花形螺钉旋具(GB/T 5358—2021《内六角花形螺钉旋具》)专用于旋拧内六角螺钉,如图2.6(c)所示。

内六角花形螺钉旋具的标记由产品名称、代号、旋杆长度、有无磁性和标准号组成。例如:内六角花形螺钉旋具 T10×75H GB/T 5358—2021(字母H表示带磁性)。

使用螺钉旋具应注意以下事项。

(1)根据螺钉的槽宽选用旋具,使端口与螺钉上的槽口相吻合。端口太薄易折断,太厚不能完全嵌入槽口内,而易使螺钉头槽口和螺钉旋具头损坏。

(2)不要将螺钉旋具作为撬杠、凿子或楔块使用。

2.2.3 手钳类

手钳是一种常见的手工工具,一般外形呈V形,通常包括手柄、钳腮和钳嘴三个部分,可以用来夹持、切断、扭曲金属丝或细小零件。在某些机械加工操作(如钻小孔)或装配零件时,手钳能非常容易地抓紧或夹住小的零件。手钳类工具的规格均以钳名+钳长表示,如尖嘴钳140,表示全长为140 mm的尖嘴钳。机械拆装中通常使用下列几种类型的手钳。

1. 尖嘴钳

尖嘴钳(QB/T 2440.1—2007《夹扭钳 尖嘴钳》)的外形如图2.7(a)所示,手柄部分分为带塑料套(绝缘)与不带塑料套(铁柄)两种。

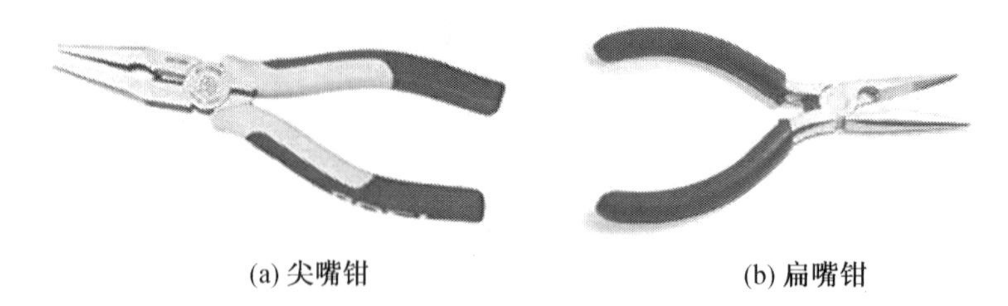

(a) 尖嘴钳 (b) 扁嘴钳

图2.7 尖嘴钳和扁嘴钳

用途:在狭小工作空间夹持小零件、切断或扭曲细金属丝,带刃尖嘴钳还可以剪断细小零件。主要用于仪表、电信器材、电器等的安装及其他维修工作。

2. 扁嘴钳

扁嘴钳(QB/T 2440.2—2007《夹扭钳 扁嘴钳》)的外形如图2.7(b)所示,按钳嘴形

式分长嘴和短嘴两种,手柄部分分为带塑料套与不带塑料套两种。

用途:用于弯曲金属薄片和细金属丝,检修时用来拔装销、弹簧等小零件,适于在狭窄或凹下的工作空间使用。

3. 弯嘴钳

弯嘴钳分柄部带塑料套与不带塑料套两种,外形如图2.8(a)所示。

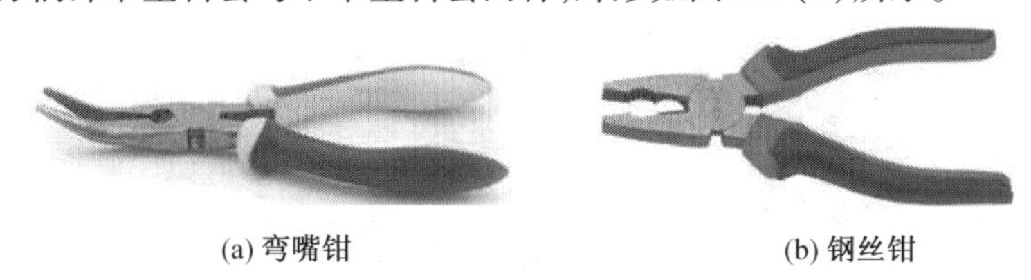

(a) 弯嘴钳　　(b) 钢丝钳

图2.8　弯嘴钳和钢丝钳

用途:用于在狭窄或凹下的工作空间中夹持零件。

4. 钢丝钳

钢丝钳(QB/T 2442.1—2007《夹扭剪切钳　钢丝钳》)又称夹扭剪切两用钳,外形如图2.8(b)所示,分为手柄部带塑料套与不带塑料套两种。

用途:用于夹持或弯折金属薄片、细圆柱形件,切断细金属丝,手柄部带塑料套的供有电的场合使用(工作电压为500 V)。

使用手钳时应注意以下事项。

(1)手钳主要是用来夹持或弯曲零件的,不可当手锤或起子使用。

(2)夹持零件用力得当,防止变形或表面刮伤。不要用手钳代替扳手松紧M5以上螺纹连接件,以免损坏螺母或螺栓。

(3)不要尝试用手钳剪切大直径或热处理材料零件,这可能导致钳口扭曲或手柄断裂。

2.2.4　拉拔器

拉拔器是拆卸轴或轴上零件的专用工具,分为三爪和两爪两种。

1. 三爪拉拔器

三爪拉拔器(也称为三爪顶拔器)(JB/T 3411.51—1999《三爪顶拔器　尺寸》)如图2.9所示。

用途:用于轴系部件的拆卸,如轮、盘、轴承等零件,如图2.10所示。

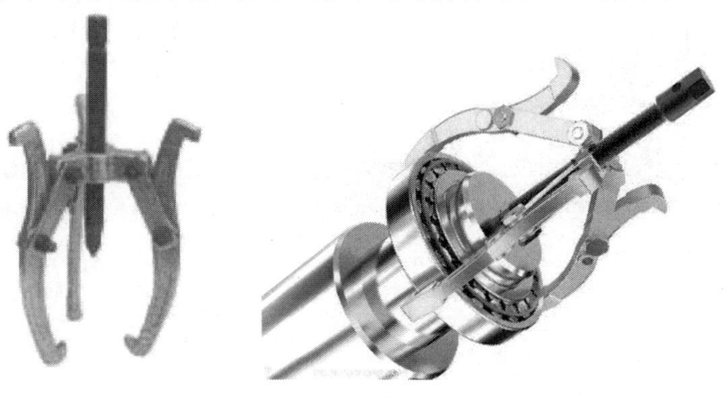

图2.9　三爪拉拔器　　图2.10　三爪拉拔器拆卸轴承

规格:以可拉拔零件的最大直径(mm)表示,如 160 mm、300 mm 等。

2. 两爪拉拔器

两爪拉拔器(JB/T 3411.50—1999《两爪顶拔器　尺寸》)如图 2.11 所示。

用途:在拆卸、装配、维修工作中,用以拆卸轴上的轴承、轮盘等零件,如图 2.12 所示。还可以用来拆卸非圆形零件。

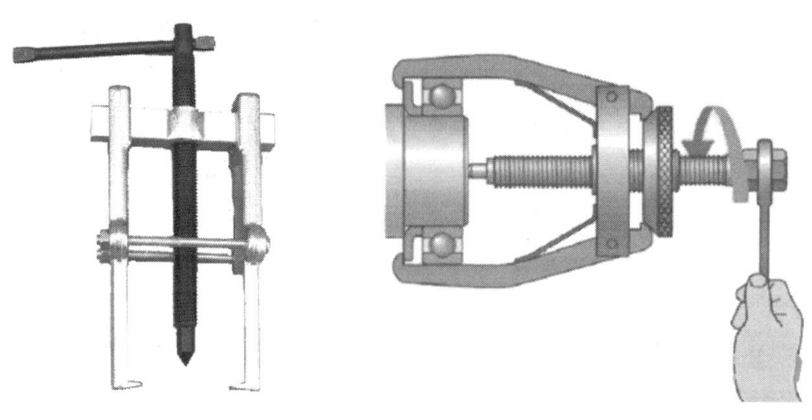

图 2.11　两爪拉拔器　　图 2.12　两爪拉拔器拆卸轴承

规格:用爪臂长(mm)表示,如 160 mm、250 mm、380 mm 等。

2.2.5　手锤

手锤又称锤子或榔头,按形状分有圆头锤、鸭嘴锤,按材质分有橡胶锤、铜锤、铁锤。

圆头锤又称钳工锤,如图 2.13(a)所示,用于手工施加敲击力。

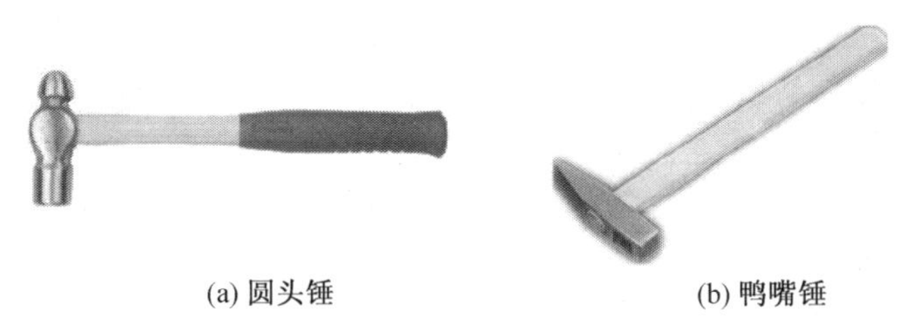

(a) 圆头锤　　(b) 鸭嘴锤

图 2.13　圆头锤和鸭嘴锤

鸭嘴锤如图 2.13(b)所示,适用于金属薄板、皮制品的敲平及翻边。

规格:以手锤净重量(kg)表示。圆头锤的常用规格有 0.22 kg、0.34 kg、0.68 kg、0.91 kg、1.13 kg、1.36 kg。鸭嘴锤的常用规格有 0.125 kg、0.25 kg、0.5 kg。

手锤使用注意事项。

(1)精制零件表面或硬化处理后的零件表面应使用软面锤,避免损伤零件表面。

(2)手锤使用前应仔细检查锤头与锤柄是否紧密连接,以免使用时锤头与锤柄脱离,造成意外事故。

(3)手锤锤头边缘若有毛边,应先磨除,以免破裂时造成伤害。使用手锤时应配合工作性质,合理选择手锤的材质、规格和形状。

2.2.6 其他拆卸工具

除了上述介绍的拆卸工具之外，常用的还有铜冲、铜棒。铜冲和铜棒专用于拆卸孔内的零件，如销钉等。

2.3 部件的拆卸

部件的拆卸是设备维修测绘工作的前提。只有对部件进行正确的拆卸，才能彻底弄清被测绘部件的装配关系、连接关系和结构形状，才能准确方便地测量每个零件的尺寸、公差，测定零件的表面粗糙度，确定相应的技术要求等，为维修测绘打下良好的基础。

2.3.1 部件的拆卸原则

部件的拆卸是一项技术性较强的工作，必须按照一定的原则进行。部件拆卸时一般遵从以下原则。

(1)恢复原样原则。恢复原样原则要求部件在拆卸后能够恢复到拆卸前的状态，除了要保证原部件的完整性、密封性和准确性外，还要保证在使用性能上与原部件相同。在拆卸之前，可测试部件的主要参数，为再装配提供参考依据，确保恢复原使用性能。

(2)合理拆卸原则。不论部件在修理还是测绘时，坚持能不拆卸的就不拆卸，该拆的必须拆原则。若部件可不必拆卸就符合要求或能满足测绘，则不必拆开，这样不但能减少拆卸工作量，而且能延长零件的使用寿命。过盈配合的部件，如衬套、销钉、壳体上的螺柱、螺套和丝套等，拆装次数过多就会使过盈量消失，从而加剧零件磨损；较精密的间隙配合件，拆后再装，很难恢复已磨合的配合关系，从而加剧零件磨损；一些经过调整、拆开后不易调整复位的零件(如刻度盘、游标卡尺等)；结构复杂、拆卸后难以重新装配的部分等一般不进行拆卸。但是，对于不拆开就难以判断其技术状态，而又可能会产生故障的；或无法进行测绘的部件，则一定要拆开。

(3)无损原则。为了保证复原装配，必须保证全部部件和不可拆组件完整无损、没有锈蚀。无损原则有两方面的含义：一是指在部件拆卸时，不要用重力敲击，对于已经锈蚀的部件，应先用除锈剂、松动剂等去除锈蚀的影响，再进行拆卸，以免对部件造成损伤，这对于精密和重要的部件有着特别重要的意义；二是指在测绘过程中应保证部件无锈无损，如检验应选择无损检验的方法，保管中应注意防锈蚀、防腐蚀、防冲撞等。

(4)后装先拆原则。部件的拆卸要按照顺序进行，不能盲目乱拆。拆卸顺序与装配顺序相反。拆卸时，应先拆卸最后装配的部分，后拆卸最先装配的部分。对于复杂的部件，通常又会分为几个不同的装配单元。对于具有这样装配单元的部件应先把每一个单元看作一个零件，将该单元整体拆下后，再拆卸单元内的各个零件。

以上四个原则是部件拆卸过程中的基本原则，对于特殊的部件或机器还有一些特殊的原则和要求，在拆卸前应查阅有关手册或相关资料。

为满足上述原则，遇到不可拆组件或复杂零件的内部结构无法测量时，尽量不拆卸、晚拆卸、少拆卸，可以采用X射线透视或其他方法测绘。

2.3.2 部件的拆卸方案

部件的拆卸具有很强的技巧性,在拆卸之前,必须仔细分析所拆对象的连接特点、装配关系,准备必需的拆卸工具,制订合理的拆卸方案,做到有步骤地拆卸。

1. 部件的连接方式

拆卸也就是拆开部件的各个连接。在实际拆卸之前,必须清楚地了解部件的连接方式,确认哪些是可拆的,哪些是不可拆的。从能否被拆卸的角度,部件的连接方式可划分为三种形式。

(1)不可拆连接。不可拆连接是指永久性连接的各个部分。属于不可拆连接的有焊接、铆接、过盈量较大的配合等。

(2)半可拆连接。属于半可拆连接的有过盈量较小的配合、具有过盈的过渡配合等,这类连接属于不经常拆卸的连接。在生产中,只有在中修或大修时才允许拆卸。半可拆连接除非特别必要,一般不拆卸。

(3)可拆连接。可拆连接包括各种活动的连接,相配合的零件之间有间隙,包括间隙配合和具有间隙的过渡配合,如滑动轴承的孔与其相配合的轴颈、液压缸与活塞的配合等;可拆连接也包括零件之间虽然无相对运动,但是可以拆卸的,如螺纹、键、销等连接。可拆连接仅仅是指允许拆卸,并不是指一定需要拆卸。是否需要拆卸,应根据实际需要而定。

2. 确定合理的拆卸步骤

部件的拆卸一般是按由表及里、由外向内、从上到下的顺序拆卸,即按照装配的逆过程进行拆卸。根据被拆卸部件的不同,拆卸步骤也不尽相同。

(1)根据部件的结构特点及工作原理确定合理的拆卸顺序。对于不熟悉的部件,应查阅有关图样资料,熟悉装配关系、配合性质,尤其是紧固件位置、连接方式等。对于比较复杂的部件,必须熟读装配图并详细分析部件的结构及零件在部件中所起的作用,特别是那些装配精度要求高的部件。对部件内部不拆卸则无法搞清楚的部分,可一边分析试拆,一边记录,或者查阅相关参考资料后再制订拆卸方案。

(2)正确使用拆卸工具和设备。在制订部件的拆卸方案时,合理选择和正确使用相应的拆卸工具是很重要的。拆卸时,应尽量采用专用的或合适的工具和设备,避免乱敲乱打,防止零件损伤或变形。例如:拆卸轴套、滚动轴承、齿轮、带轮等,应该使用拉拔器或压力机;拆卸螺柱或螺母,应尽量采用对应尺寸的扳手。

(3)拆卸方法要正确。在拆卸过程中,还要确定合适的拆卸方法。若方法不当,往往容易造成零件损坏或变形,严重时可能导致零件报废。在制订拆卸方案时,应仔细揣摩部件的装配方法,切勿选择那些硬撬硬扭的方法,以免损坏零件。

(4)拆卸方案的调整。拆卸方案确定后并非是不可更改的。在实际拆卸过程中,随着拆卸过程的不断展开,可能会遇到一些方案中没有预料到的新问题。出现这种情况时,要根据新出现的情况修改拆卸方案,使之更为合理。

2.3.3 拆卸时的注意事项

为了保证零件之间相互配合关系的正确性,便于测绘后的清洗、装配和调整,拆卸时应注意以下事项。

(1)对拆卸零件要做好核对、标记。拆卸时应对每个零件命名并做标记,按拆卸顺序分组摆好并进行编号。许多配合的组件和零件,因为经过选配或质量平衡,所以装配的位置和方向均不允许改变,如多缸内燃机的活塞连杆组件,是按质量成组选配的,不能在拆装后互换。在拆卸时,有原标记的要核对,如果原标记已错乱或有不清晰者,则应按原样重新标记,以便安装时令方向、位置对号入位,避免搞错。也可用数码相机将拆卸的过程拍摄下来备用。

(2)分类存放零件。对拆卸下来的零件要求同一部件或组件的零件应尽量放在一起,根据零件的大小与精密度分别存放,以免混杂或损伤。另外,不应互换的零件要分组存放或做标记;怕脏、怕碰的精密零件(如丝杠、长轴类零件)应单独拆卸并小心存放,以免弯曲变形;怕油的橡胶件不应与带油的零件一起存放;易丢失的零件,如垫圈、螺母,要用铁丝串在一起或放在专门的容器里,各种螺柱应装上螺母存放。切不可将零件杂乱地堆放,使相似的零件混在一起,甚至遗失。避免重新装配时装错或装反,造成不必要的返工甚至无法装配。

(3)做好拆卸过程记录。拆卸记录必须详细具体,对每一拆卸步骤应逐条记录并整理出装配注意事项,尤其要注意装配的相对位置,必要时在记录本上绘制装配连接位置草图帮助记忆,力求记清每个零件的拆卸顺序和位置,以备重新组装。对复杂部件,最好在拆卸前拍照记录。对在装配中有一定的啮合位置、调整位置的部件,应先测量、鉴定,做出记号,并详细记录。

(4)保护拆卸零件的加工表面。在拆卸的过程中,一定不要损伤零件的加工表面,否则将给修复工作带来麻烦,并会因此而引起漏气、漏油、漏水等故障。

部件拆卸时要针对传动特点、装配关系拟定拆卸流程,具体拆卸流程包括拆卸前的准备、拆卸过程、拆卸后处理等环节,如图2.14所示。

拆卸前的准备	→	拆卸过程	→	拆卸后处理
1. 了解被拆卸部件的功能、技术条件、工作原理、精度保证方法。 2. 制订拆卸方案和确定拆卸步骤及工艺。 3. 准备好拆卸工具、量具及设备。		1. 按预定工艺流程、拆卸顺序进行拆卸。 2. 遵守拆卸原则及规范。 3. 记录拆卸环节要点。		1. 对拆下的部件进行标识,分类存放。 2. 分析各部件的结构特征、运动精度要求、材料特性等。 3. 检查零件是否完好,对零件清理、清洗,进行防锈处理。

图2.14 部件拆卸流程

2.3.4　常用的拆卸方法

拆卸时应根据部件结构特点的不同,采用合理的拆卸方法。常用的拆卸方法有击卸法、拉拔法、顶压法、温差法和破坏法。

1. 击卸法

击卸法是拆卸工作中最常用的方法,是利用锤子或其他重物在敲击或撞击零件时产生的冲击能量把零件拆下来的一种方法。击卸法的优点是工具简单,操作方便;不足之处是如果击卸法使用不当,则零件容易损伤或破坏。

使用击卸法时应注意以下事项。

(1)要根据被拆卸件的尺寸、形状、质量和配合牢固程度,选用质量适当的手锤,且锤击时要用力适当。

(2)必须对受击部位采取相应的保护措施,切忌用手锤直接敲击零件。一般应使用铜棒、胶木棒或木板等来保护受敲击的轴端、套端和轮辐等易变形、强度较低的零件或部位。拆卸精密或重要部件时,还应制作专用工具加以保护,如图 2.15 所示。为了防止损坏零件表面,必须垫好软衬垫,或者使用软材料(如紫铜)制作的手锤或冲棒(如铜锤、胶木棒等)打击。

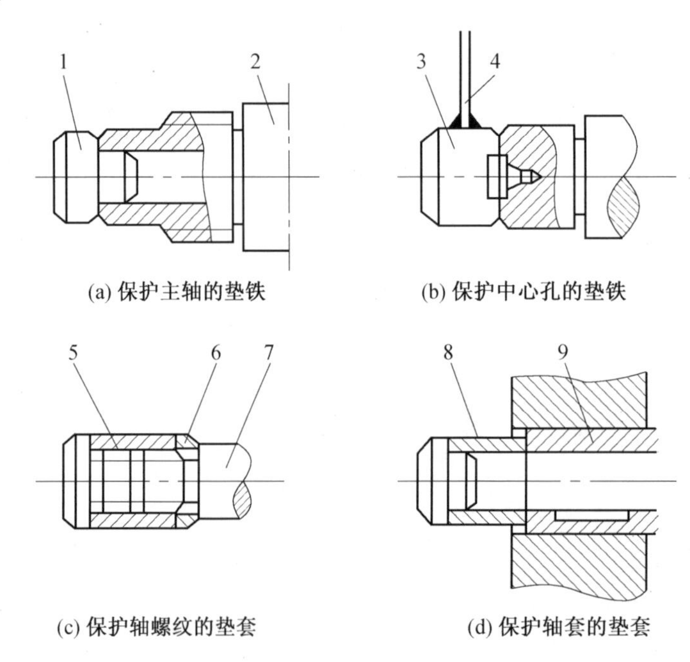

图 2.15　击卸保护

1、3—垫铁;2—主轴;4—铁条;5—螺母;6、8—垫套;7—轴;9—轴套

(3)应选择合适的锤击点,避免拆卸件变形或破坏。对于带有轮辐的带轮、齿轮等,应锤击轮与轴配合处的端面,锤击点要对称,不能敲击外缘或轮辐。

(4)因为严重锈蚀而使配合面难以拆卸时,可加煤油浸润锈蚀面。当略有松动时,再拆卸。

2. 拉拔法

对精度较高不允许敲击或无法用击卸法拆卸的部件应使用拉拔法。它是利用拔销器、拉拔器等专门工具或自制拉拔工具进行拆卸的方法。它是用静力或较小的冲击力进行拆卸的方法,不容易损坏零件,适用于拆卸精度较高的零件。如图 2.16 所示为利用拉拔器拆卸滚动轴承。

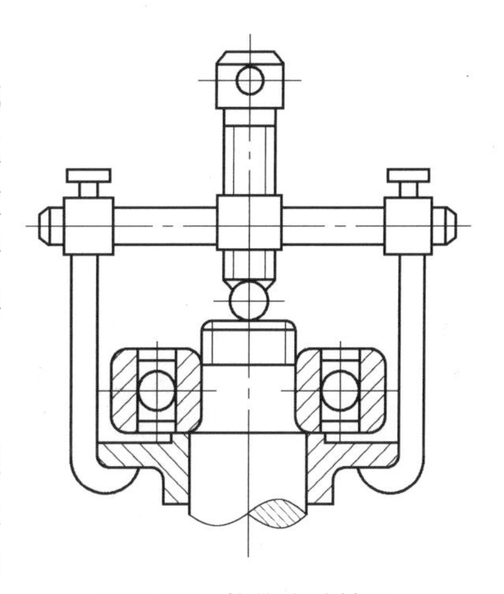
图 2.16　拉拔滚动轴承

3. 顶压法

利用螺旋 C 型夹头、机械式压力机、液压压力机或千斤顶等工具和设备进行拆卸,适用于形状简单静止的过盈配合件的拆卸。这种拆卸方法作用力稳而均匀,作用力的方向容易控制,但需要一定的设备。如图 2.17 所示,在压力机压力 P 的作用下,齿轮与轴分离。当不便使用上述工具进行拆卸时,可采用工艺孔,借助螺钉进行拆卸,如图 2.18 所示,键上加工螺孔,拧上螺钉进行拆卸。

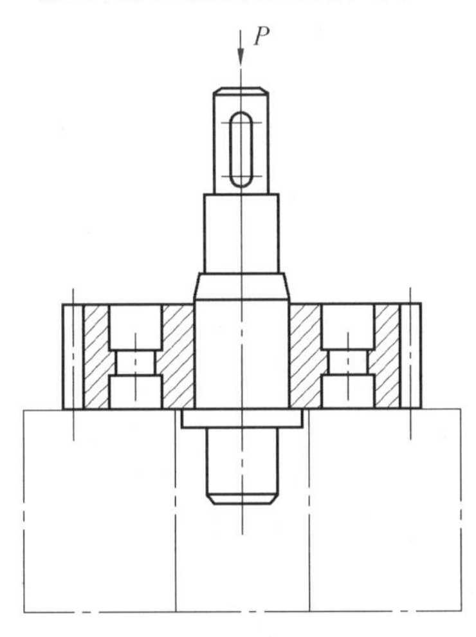

图 2.17　用压力机拆齿轮

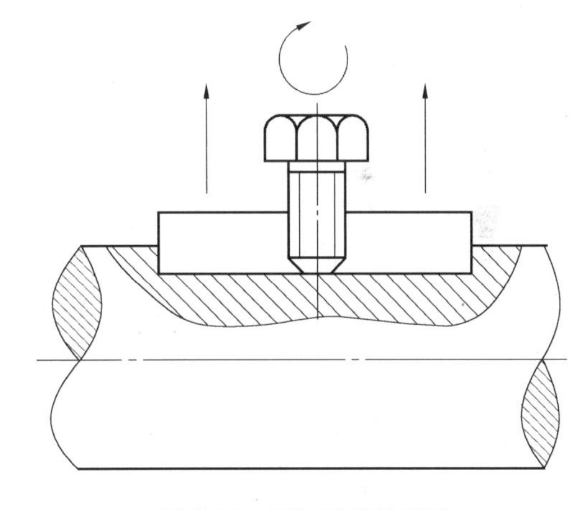
图 2.18　螺钉辅助拆卸键

4. 温差法(热胀冷缩法)

温差法是利用材料热胀冷缩的性能,加热包容件或冷却被包容件,使配合件在温差条件下失去过盈量,实现拆卸。加热或冷却必须快速,否则配合件会一起胀缩,使包容件与被包容件不易分开。拆卸尺寸较大,配合过盈量较大或无法用击卸、顶压等方法拆卸时,为使过盈量较大、精度较高的配合件容易拆卸,可用此种方法。图 2.19 所示为加热轴承内圈拆卸轴承。加热前用石棉把靠近轴承那一部分轴隔离开,然后在轴上套一个套圈,使之与零件隔热。用拆卸工具的抓钩抓住轴承的内圈,迅速将加热到 100 ℃的油倒入,使轴承加热,然后拉出轴承。

5. 破坏法

若必须拆卸焊接、铆接、胶接及难以拆卸的过盈连接等固定连接件,或轴与套互相咬死,或为保存主件而破坏副件,或发生事故而使零件变形、严重锈蚀而无法拆卸时,采取破坏拆卸。可采用车、锯、錾、钻、气割等方法。

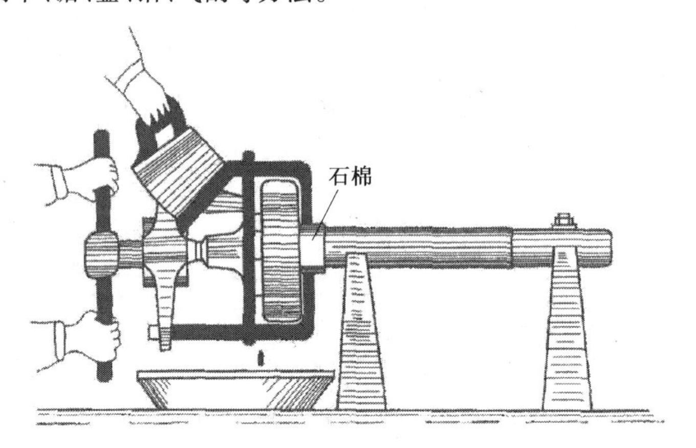

图 2.19 用热胀法拆卸轴承内圈

2.3.5 常见装配结构的拆卸方法

常用部件装配结构的拆卸应既遵循拆卸的一般原则,又结合其各自的特点,采用相应的拆卸方法来达到拆卸的目的。

1. 螺纹连接的拆卸

拆卸螺纹连接时,应选用扳手和螺纹旋具。螺纹旋具的选择主要根据被拆卸螺钉头部的开槽形状,而扳手的选择则应根据具体情况而定,尽量少用活扳手。

在拆卸时,应注意连接件的旋转方向,均匀施力。不确定旋转方向时,可进行试拆,待螺纹松动后,其旋转方向已明确,再逐步旋出。不要用力过猛,以免造成零件损坏。

(1)双头螺柱的拆卸。双头螺柱通常用并紧双螺母法来拆卸。并紧双螺母法是把两个与双头螺柱相同规格的螺母拧在双头螺柱的中部,并将两个螺母相对拧紧。此时,两个螺母锁死在螺柱的螺纹中,用扳手旋转靠近螺孔的螺母即可将双头螺柱拧出,如图 2.20(a)所示。双头螺柱还可以用螺帽拧紧法,如图 2.20(b)所示。需要注意的是,切不可用夹紧工具(如钢丝钳)等直接卡住螺柱,这样会造成螺纹损伤。

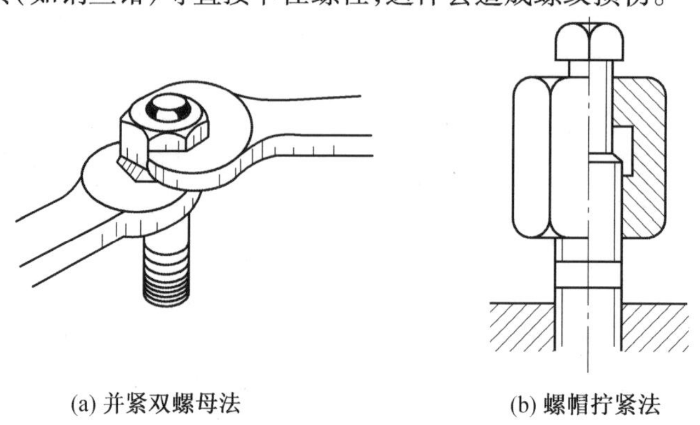

(a) 并紧双螺母法　(b) 螺帽拧紧法

图 2.20 双头螺柱的拆卸

(2)锈蚀螺母、螺钉的拆卸。如果部件长期没有拆卸,螺母会锈结在螺杆上,螺钉也会锈结在机件上。在这种情况下,可根据锈结的程度采用不同的方法来拆卸。

①对于锈结较轻的情况,可先用钳工锤敲击螺母或螺钉的四周,使其受震动而松动,然后用扳手交替拧紧和拧松,反复几次后即可将其卸下。

②若锈结时间较长,则可用煤油或松动剂浸渗一定时间,当锈层软化后,先轻锤击四周,使锈蚀面略微松动,再拧转和拆卸。

③对于锈结严重的部位,可用加热包容件的方法使其膨胀,然后快速旋出螺纹件。

④如果锈结的螺母用上述三种方法都没法拆卸,则可使用破坏性方法进行拆卸。拆卸时,在螺母的一侧钻一小孔(注意不要钻伤螺杆),然后采用锯割或錾削的方法将锈结的螺母拆除,如图2.21所示。

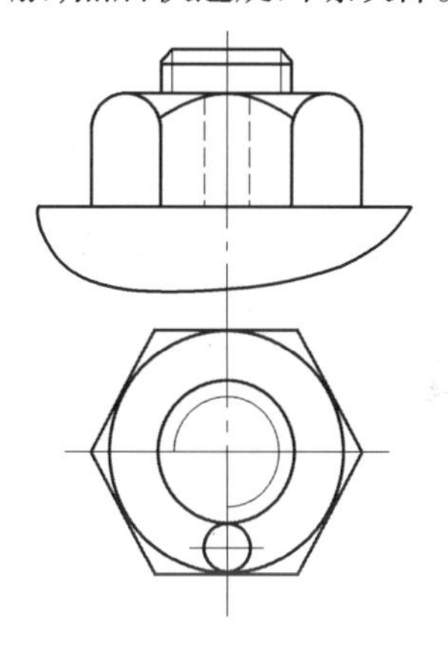

图2.21　钻孔法拆卸锈结螺母

(3)折断螺钉的拆卸。在拆卸过程中,有时会将螺钉折断。折断螺钉有断头在机体表面及以下和断头在机体表面外一部分这两种情况,可根据不同情况选用不同的方法进行拆卸。

当螺钉断在机体表面及以下时,可采用下列方法拆卸:①在螺钉上钻孔,打入多角淬火钢杆,再把螺钉旋出,如图2.22(a)所示。②在断头端中心钻螺孔,然后用丝锥攻出相反方向的螺纹,再拧进一个螺钉,将断螺钉取出,如图2.22(b)所示。

如果螺钉的断头露在机体表面外一部分,可以采用如下方法进行拆卸:①在螺钉断头上用钢锯锯出沟槽,然后用一字槽螺钉旋具旋出;或在断头上加工出扁头或方头,然后用扳手旋出。②在断头上焊弯杆,如图2.22(c)所示,或焊螺母,再用扳手旋出,如图2.22(d)所示。

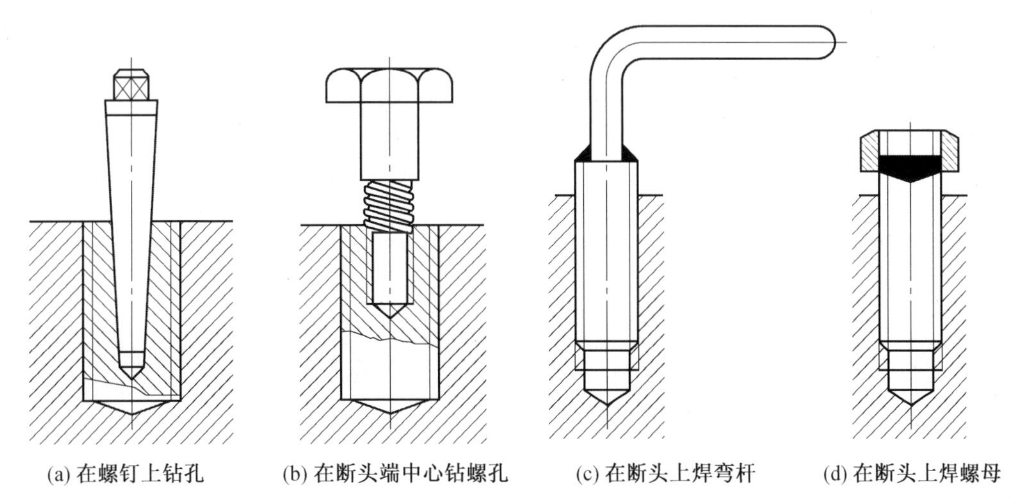

(a) 在螺钉上钻孔　(b) 在断头端中心钻螺孔　(c) 在断头上焊弯杆　(d) 在断头上焊螺母

图2.22　折断螺钉的拆卸

(4)成组螺纹紧固件的拆卸。成组螺纹紧固件大多是盘盖类零件,材料较软,厚度不大,容易变形。在拆卸这类零件时,螺栓或螺母必须按一定顺序拆卸,以使被拆紧固件的内应力均匀变化,防止因变形而失去精度。拆卸顺序与装配时的旋紧顺序相反,一般为先四周后中间,拆卸顺序如图 2.23 所示。先分别将其旋出 1 ~2 圈,再分几次将其全部旋出。

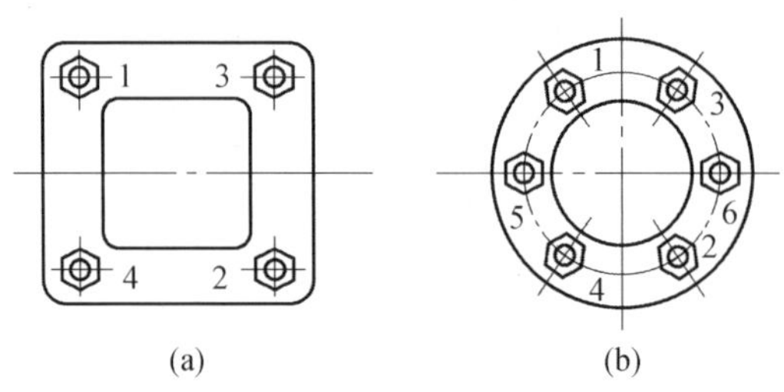

图 2.23　成组螺纹紧固件的拆卸顺序

2. 过盈配合件的拆卸

拆卸过盈配合件时,应按零件配合尺寸和过盈量大小,选择合适的拆卸工具和方法。当过盈量较小时,可用拉拔器将零件拉出,或用铜冲冲打将零件拆下,但不允许使用铁锤直接敲击部件,以防损坏零部件。当过盈量较大时,可采用压力机拆卸,若为保护配合面,则可采用温差法拆卸,即加热包容件或冷却被包容件后,再迅速压出。

无论使用何种方法拆卸,都要检查有无定位销、螺钉等附加固定或定位装置,若有,必须先拆卸。打击或压出时,加力部位要正确,受力要尽量均匀并使相对运动速度不要过大,合力作用线应尽量位于轴线或受力面的中心或附近。拆卸方向要正确,特别是带台阶或有锥度的过盈配合件的拆卸。

3. 销的拆卸

销也是常用的连接件,种类较多。由于销是安装在销孔内的,因此可以根据销孔的不同来选择不同的拆卸方法。

(1)通孔中销的拆卸。如果销安装在通孔中,则拆卸时可在机件下面放置带孔的垫块,或将机件放在 V 形支承槽或槽铁支承上面,用钳工锤和略小于销径的铜棒敲击销的一端(圆锥销为小端),即可将销拆出,如图 2.24 所示。如果销和零件配合的过盈量较大,手工不易拆出,则可借助压力机来拆除。对于定位销,在拆去被定位的零件以后,销往往会留在主要零件上,这时可用销钳或尖嘴钳将其拔出。

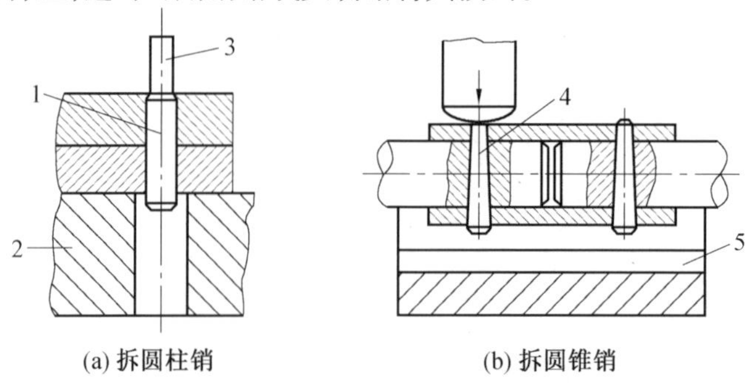

图 2.24　通孔中销的拆卸

1—圆柱销;2—垫块;3—圆棒;4—圆锥销;5—V 形支承槽

(2)盲孔中销的拆卸。对于盲孔中的销,先在销的头部钻孔攻出内螺纹,拧上六角头螺栓或带有凸边的螺杆,如图2.25所示,再用铜冲冲击将销拆卸。

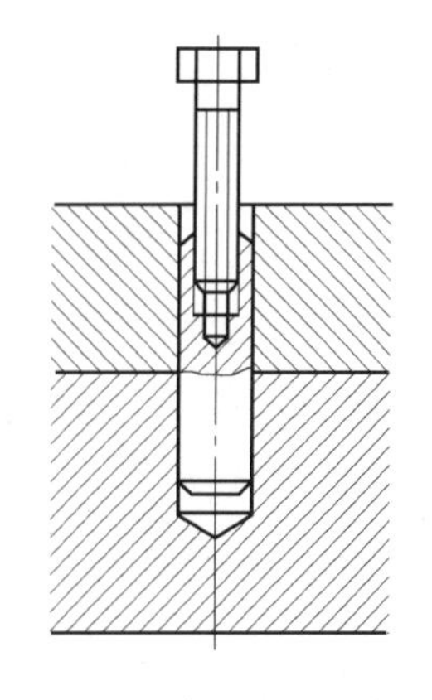

图2.25 盲孔中销的拆卸

4.轴系及轴上零件的拆卸

轴系的拆卸要视轴承与轴、轴承与机体的配合情况而定。如果轴承与机体的配合较松,则轴系连同轴承一同拆掉;反之,则应先将轴系与轴承分离,然后再将轴承从机体中拆出。

(1)滚动轴承的拆卸。滚动轴承属于精度较高的零件,拆卸时必须掌握正确的拆卸方法,并采取一定的保护措施,使轴承保持完好。当拆卸过盈量不大的位于轴末端的轴承时,可用小于轴承内径的铜棒、木棒抵住轴端,轴承下垫以垫块,用钳工锤轻击,然后慢慢拆出,如图2.26所示。但要注意一定不要过分用力。如果过盈量较大,则不可用钳工锤敲击,应采用专用工具来拆卸。

从轴上拆卸滚动轴承常使用拉拔器。必须使拔钩同时勾住轴承的内、外圈,且着力点也必须正确。

从轴上拆卸较大直径的滚动轴承时,可将轴系放在专用装置上,通过压力机对轴端施加压力将轴承拆下,如图2.27所示。

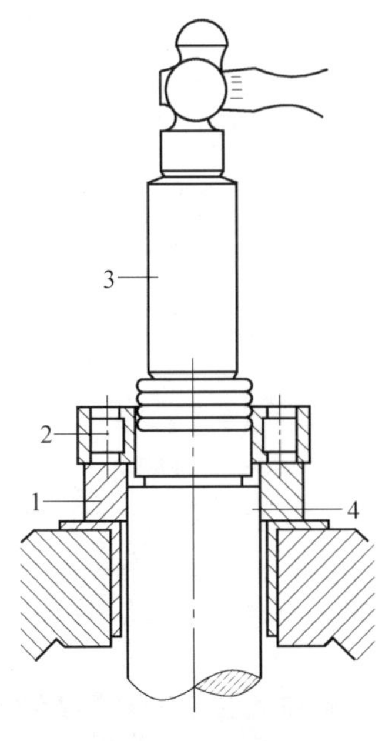

图2.26 用手锤、铜棒拆卸轴承图
1—垫块;2—轴承;3—铜棒;4—轴

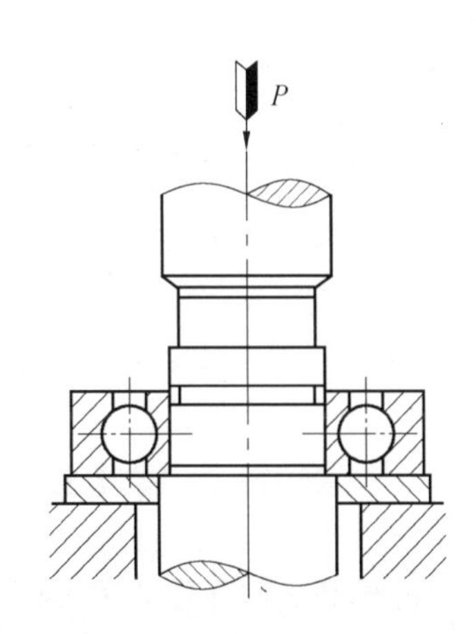

图2.27 用压力机拆卸较大直径的轴承

(2)其他轴系零件的拆卸。轴系零件除了滚动轴承之外,还有轴套和各种轮、盘、密封圈、联轴器等,其拆卸方法与滚动轴承相似。当这些零件与轴的配合较松时,一般用钳工锤和铜棒即可拆卸;较紧时,需借助拉拔器或压力机拆卸。轴上或机体内的挡圈需借助专用挡圈钳拆卸。

2.4 部件的装配

在机器或机构的使用与维护过程中，对设备或部件根据需要进行拆卸、清洗和修复完成后，需要进行装配。测绘部件时，拆卸、测量完成后，也需完成装配。因此，装配是拆装测绘实训中应该掌握的一项重要操作技能。

2.4.1 装配的基本概念

任何机器都是由零件、套件、组件、部件等组成。为保证有效地进行装配工作，通常将机器划分为若干能进行独立装配的装配单元。

(1)零件。零件是组成机器的最小单元，由金属或其他材料制成。

(2)套件。套件是在一个基准零件上装上一个或若干零件而构成的，是最小的装配单元。为此而进行的装配工作称为套装。

(3)组件。组件是在一个基准零件上装上若干套件及零件而构成的，如机床主轴箱中的主轴，在基准轴件上装上齿轮、套、垫片、键、轴承的组合件称为组件。为此而进行的装配工作称为组装。

(4)部件。部件是在一个基准零件上装上若干组件、套件和零件而构成的，如车床的主轴箱。部件的特征是在机器中能完成一定的、完整的功能。为此而进行的装配成部件的过程称为部装。

在一个基准零件上装上若干部件、组件、套件及零件，并最终装配成机器的过程称为总装。

装配时必须有基准零件或基准部件，其作用是连接需要装在一起的零件或部件，并决定这些部件之间的正确位置。

2.4.2 装配的主要过程

(1)熟悉机器设备及各部件总成装配图、有关技术文件与技术资料，了解所装配机械的用途、构造和工作原理，研究和熟悉各部件的作用、结构特点，它们相互间的连接关系及其连接方式。对于那些有配合要求、运动精度较高或有其他特殊技术条件的部件，应予以特别的重视。

(2)根据部件的结构特点和技术要求，确定合适的装配工艺、方法和程序，准备好必备的工具、量具、夹具。

(3)零件的清理和清洗。在装配过程中，零件的清理和清洗工作对提高装配质量、延长设备使用寿命都具有十分重要的意义。特别是对轴承、液压元件、精密配合件、密封件和有特殊要求的零件更为重要。

零件的清理和清洗主要包括三个方面内容：装配前，要清除零件上残存的型砂、铁锈、切屑、研磨剂及油污等，对孔、槽及其他容易残存污垢处更要仔细清洗，润滑油道要用高压空气或高压油吹洗干净；装配后，应对配钻、配铰、攻螺纹等加工时产生的切屑进行清理；

试车后,应对因摩擦而产生的金属微粒进行清理和清洗。

(4)连接是装配的重要工作。常用的零件连接方式有固定连接和活动连接两种:固定连接是指装配后零件间不产生相对运动,如螺纹连接、键连接、销连接、焊接、铆接等;活动连接是指装配后零件间可以产生相对运动的连接,如轴承、螺母丝杠连接等。

此外,还可用黏合剂把不同或相同材料牢固地连接在一起,这种方法操作简单方便、连接可靠。利用黏结技术,以黏代铆、以黏代机械夹固,简化了复杂的机械结构和装配工艺。

(5)校正、调整与配作。在装配过程中,常采用校正、调整与配作等工作来保证机械部件的运动精度。校正是指产品中相关部件相互位置的找正、找平及相应的调整。调整是指调节相关部件相互位置、配合间隙、结合面的松紧等,使机器或部件工作协调。配作是指几个零件配钻、配铰、配刮和配磨等,这是装配中间附加的一些钳工和机械加工工作。配钻和配铰要在调整并紧固连接螺钉后再进行。

(6)检验、试验。检验工作主要检验机构或部件的几何精度和工作精度等。试验工作主要试验机构或部件的运动的灵活性、振动情况、工作温度、转速、功率等性能参数是否达到相关技术要求。

2.4.3 装配时的注意事项

装配时的顺序应与拆卸顺序相反。要根据部件的结构特点,采用合适的工具或设备,严格仔细按顺序装配,装配时注意部件之间的方位和配合精度要求。

(1)对所有配合件和不能互换的零件,应按拆卸、修理或制造时所做的各种安装标记成对或成套装配,以防装配出错而影响装配进度。

(2)对于过盈配合零件的装配,应先涂润滑油脂,以利于装配和减少配合表面的初磨损。过盈连接的装配方法有锤击装配法、压合装配法和温差装配法。对于过盈量较小的配合,采用相应的铜棒、铜套等专门工具和工艺措施进行手工锤击装配;对于装配尺寸较大和过盈量较大的配合,可按技术条件借助压力机压合装配;对于大型零件或过盈量太大无法用锤击法或压合法进行装配的,可采用温差法装配。装配时如遇装配困难的情况,应先分析原因,排除故障,提出有效的改进方法,再继续装配,千万不可乱敲乱打鲁莽行事。

(3)螺钉、螺栓、螺母等螺纹件的装配要点如下。

①螺纹配合应能用手自由旋入,过紧会咬坏螺纹,过松则受力后螺纹会折断。

②装配时最好在连接螺纹部分涂上润滑油,便于以后拆卸与更换。

③螺钉、螺栓和螺母与被连接件接触的表面要光洁、平整,否则螺纹容易松动,为提高贴合质量可加垫圈。

④装配成组螺钉、螺栓和螺母时,为使零件贴合面受力均匀和贴合面紧密,应按一定顺序旋紧,并且不要一次完全旋紧,而应按顺序分两次或三次逐步旋紧。在旋紧条形或长方形布置的成组螺纹紧固件时,应从中间开始,逐渐向两边对称地扩展;在旋紧方形或圆形布置的成组螺纹紧固件时,应对称地进行。

⑤在工作中受冲击、振动、变载荷作用或温度变化很大时,螺纹连接会松动,为保证连接的可靠性,需要采用防松锁紧措施。螺纹连接防松措施见表2.1。

表 2.1　螺纹连接防松措施

防松措施	图示	特点及应用
双螺母防松		利用两螺母间产生的摩擦力及螺母旋紧后的对顶作用达到防松的目的。适合结构简单,无特殊要求的情况;不适合高速旋转的机器或振幅较大的情况
弹簧垫圈防松		装配时,螺母将弹簧垫圈压平,依靠弹簧垫圈的弹力,增加螺母与螺栓之间的摩擦力,起到防松作用。这种防松方法可靠性差,适合不太重要的连接
开口销防松		将开口销插进螺栓的销孔及螺母槽内,然后将开口销的两脚分开,使螺母与螺栓固定。这种方法防松可靠,但缺点是需在螺母端面上开槽和在螺栓上钻孔,增加了制造成本
圆螺母止动垫圈防松		螺母旋紧后,将止动垫圈的一边弯到贴紧螺母的侧边,对于圆螺母,需弯到贴紧螺母的槽中,这样就把螺母锁住,起到防松的作用
六角螺母止动垫圈防松		
串联钢丝防松		这种方法需要使用钢丝连续穿过一对或一组螺钉(或螺母)头部的小孔,利用钢丝的牵制达到防松的目的。这种方法适用于布置比较紧凑的成组螺纹连接。左图成对串联,右图成组串联。要注意钢丝的穿入方向,应使螺母或螺钉没有退回的余地,右图中实线的串法正确,虚线的串法错误
其他	还有点焊法、点铆法和粘接法	

(4)对配合表面要仔细检查和擦净,如有毛刺应修整后方可装配。对于运动零件的摩擦表面,装配前均应涂上适量的运转时所用的润滑油,如轴颈、轴承、轴套、活塞、活塞销和缸壁等。

(5)各部件的密封垫(纸板、石棉、钢皮、软木垫等)应统一按规格制作。自行制作时,应细心加工,切勿让密封垫覆盖润滑油、水和空气的通道。机器设备中的各种密封管道和部件,装配后不得有渗漏现象。

(6)在装配前,要对有平衡要求的旋转零件按要求进行静平衡或动平衡试验,合格后才能装配。这是因为某些新配件或修理件旋转零件,如带轮、飞轮、风扇叶轮、磨床主轴等,可能会因为金属组织密度不均匀、加工误差、本身形状不对称等,使部件的重心与旋转轴线不重合,在高速旋转时,会因此而产生很大的离心力,引起机器设备的振动,加速零件磨损。

旋转件不平衡的种类有静不平衡和动不平衡两种。常用静平衡法和动平衡法来消除质量分布不均匀所造成的旋转体的不平衡。对于直径较大且长度较短的零件(飞轮和带轮等),一般采用静平衡法消除静不平衡。而对于长度较长的零件(电动机转子和曲轴),为消除质量分布不均匀所引起的力偶不平衡和可能共存的静不平衡,则需采用动平衡法。

旋转件内的不平衡量可通过两种方法来达到平衡。

①去重法。去重法是用钻、铣、磨、锉、刮等方法除去不平衡量。

②配重法。配重法是用螺纹连接、补焊、粘接等方法加配质量或改变在预制的平衡槽内平衡块的位置或数量来达到平衡。

(7)对某些有装配技术要求的部件,如装配间隙、过盈量、灵活度、啮合印痕等,应边安装边检查,并随时进行调整、校对,以免装配后返工。

(8)每一个部件装配完毕,都必须严格仔细地检查和清理,防止有遗漏或错装的零件,尤其是要求固定安装的部件。严防将工具、多余零件及杂物留存在箱体之中,确认无遗漏之后,再进行手动或低速试运行,以防机器设备运转时引起意外事故。

2.5 台虎钳的拆装实训

2.5.1 台虎钳的概述

台虎钳又称虎钳,是用来夹持零件的通用夹具,其装置在工作台上,用以夹稳加工零件,是钳工车间的必备工具,也是钳工名称的来源。钳工的大部分工作都是在台虎钳上完成的,比如锯、锉、錾以及零件的装配和拆卸。

1. 种类

台虎钳以钳口的宽度为标定规格,常见规格从 75 mm 到 300 mm。按固定方式分为固定式和回转式两种,如图 2.28 所示。固定式钳体不可旋转,回转式的钳体可旋转 360°,使零件旋转到合适的工作位置。另外,按外形功能分为带砧和不带砧两种。

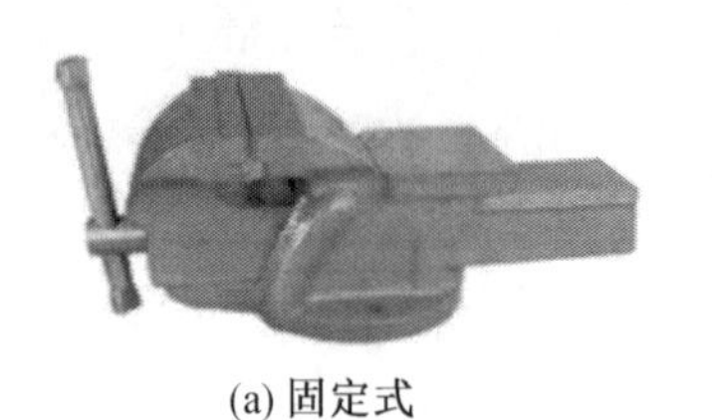
(a) 固定式

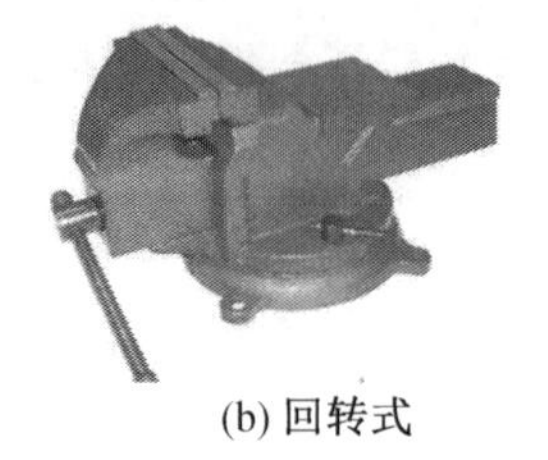
(b) 回转式

图 2.28　台虎钳

2. 结构

台虎钳是由钳身、转盘座、导螺母、丝杠、钳口板等组成，如图 2.29 所示。活动钳身通过导轨与固定钳身的导轨做滑动配合。丝杠装在活动钳身上，并与安装在固定钳身内的导螺母螺旋配合。当摇动丝杠手柄时，丝杠就可以旋转带动活动钳身相对于固定钳身做轴向移动，起夹紧或放松的作用。弹簧借助挡圈和开口销固定在丝杠上，其作用是当放松丝杠时，可使活动钳身及时地退出。

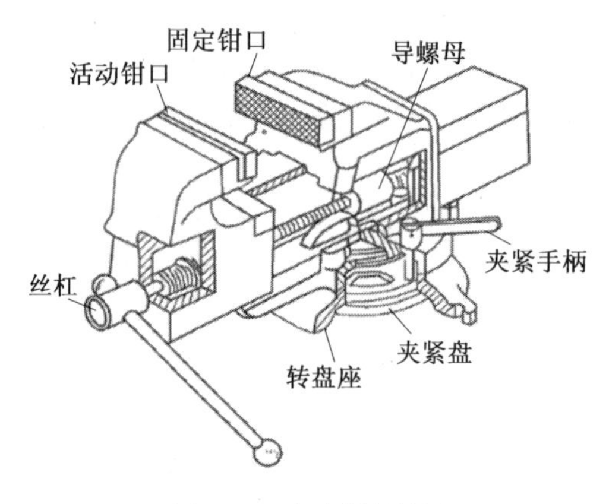

图 2.29　台虎钳结构图

在固定钳身和活动钳身上，各装有钢制钳口，并用螺钉固定。钳口的工作面上制有交叉的网纹，使零件夹紧后不易产生滑动。钳口经过热处理淬硬，具有较好的耐磨性。

固定钳身装在转盘座上，并能绕转盘座轴心线转动。当转到要求的方向时，扳动夹紧手柄使夹紧螺钉旋紧，便可在夹紧盘的作用下把固定钳身固紧。转盘座上有三个螺栓孔，用来与工作台固定。

台虎钳中有两种作用的螺纹：①螺钉将钳口板固定在钳身上、夹紧螺钉旋紧将固定钳身紧固时，螺纹起连接作用；②旋转丝杠，带动活动钳身相对固定钳身移动，将丝杠的转动转变为活动钳身的直线运动，把丝杠的运动传到活动钳身上时，起到传动作用。起传动作用的螺纹是传动螺纹。

3. 台虎钳的工作原理

转动手柄，由于挡圈的限制，丝杠可以旋转，但不能轴向移动，因此丝杠带动活动钳身做轴向移动，活动钳身带动活动钳口合拢或张开，从而夹紧或放松零件。松开夹紧螺钉时，固定钳身可绕转盘座轴心线做回转运动，以满足零件加工时不同位置的需要。旋紧夹紧螺钉时，固定钳身被紧固，不能做回转运动。

4. 台虎钳的使用要求

(1)固定钳身的钳口工作面应该处于钳台边缘。安装台虎钳时,必须使固定钳身的钳口工作面处于钳台边缘以外,以保证夹持长条形零件时,零件的下端不受钳台边缘的阻碍。

(2)台虎钳一定牢固地固定在工作台上。两个夹紧螺钉必须扳紧,使虎钳钳身在工作时没有松动现象,否则会损坏虎钳和影响加工。

(3)在夹紧零件时只许用手的力量扳动手柄,不得用手捶敲击手柄或套上长管子扳手柄,以免丝杠、导螺母或钳身因受力过大而损坏。

(4)需强力作业时,应该尽量使力量朝向固定钳身,否则丝杠和螺母会因受到过大的力而损坏。

(5)不能在活动钳身的光滑平面或钳口上敲击零件,而应该在固定钳身的平台上,以免降低活动钳身与固定钳身的配合性能及损坏钳口。

(6)保持丝杠、导螺母和其他活动表面的清洁,经常加润滑油和防锈油。

5. 台虎钳的技术要求

(1)台虎钳的铸件应平整,不得有裂纹。对外表面不影响使用性能的气孔、砂眼等缺陷允许修补,但不应影响外观质量。

(2)台虎钳的漆膜不应有明显的流痕、漏漆及色泽不同等缺陷。

(3)钳口硬度应不低于 HRC45。

(4)台虎钳应转动灵活,锁紧可靠。活动钳身在全行程内移动灵活,不应有局部过紧现象。

(5)台虎钳的空程转动量、钳口闭合间隙、导轨间隙等参数应符合相应的产品标准规定。

(6)台虎钳的夹紧力应符合相应的产品标准规定。

2.5.2 台虎钳的拆卸

1. 台虎钳拆卸前准备

(1)概括了解台虎钳,观察台虎钳的外形结构及零件间的装配关系、连接关系、传动方式等。

(2)了解结构性质和装配配合性质,明确各零件的相对位置并标记及记录。

(3)研究正确的拆卸方法、拆卸顺序。

(4)准备好必要的拆卸工具、量具,包括各类扳手、螺纹旋具、手钳、手锤、钢刷、毛刷、塞尺、游标卡尺及其他必备用品。

2. 台虎钳拆卸过程

(1)拆活动钳身。逆时针旋转丝杠手柄,直到慢慢卸下,如图2.30(a)所示。注意:拆下的钳身需用手托住底部,以防掉落砸伤人员。

(2)分别拆下丝杠上的开口销、挡圈、弹簧。逆时针转动手柄直至把丝杠从活动钳身上取下,如图2.30(b)所示。

(3)拆固定钳身。逆时针旋转夹紧手柄,直到卸下两个紧固螺钉,用手稳稳地取下钳身,有序地放到适当的位置,如图 2.30(c)所示。

(4)使用扳手从固定钳身中拆卸连接固定钳身与丝杠、导螺母的螺钉,再取下导螺母,如图 2.30(d)所示。

(5)拆钳口板。用内六角扳手拧下活动钳口板和固定钳口板的四个螺钉,拆下两钳口板,如图 2.30(e)所示。

(6)拆转盘座、夹紧盘。用扳手逆时转动螺母拆下三个螺栓,取下转盘座、夹紧盘,安全摆放,如图 2.30(f)所示。

(7)清洗、整理、摆放好各个零件,如图 2.30(g)所示。

(a) 拆活动钳身

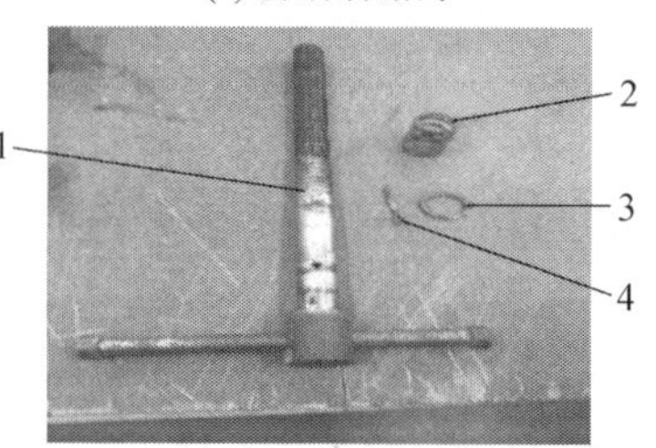

(b) 拆开口销、挡圈、弹簧

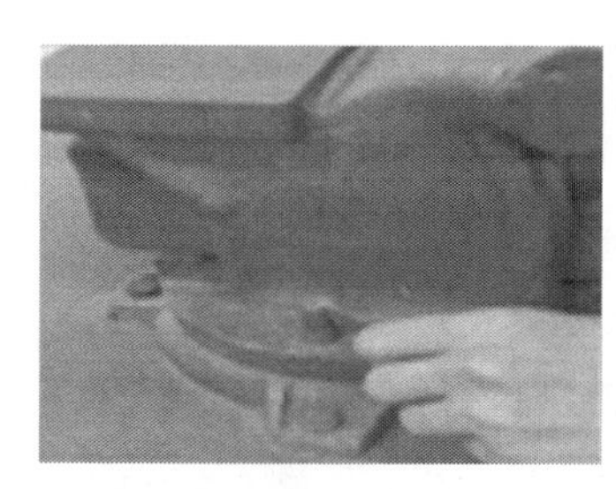

(c) 拆固定钳身

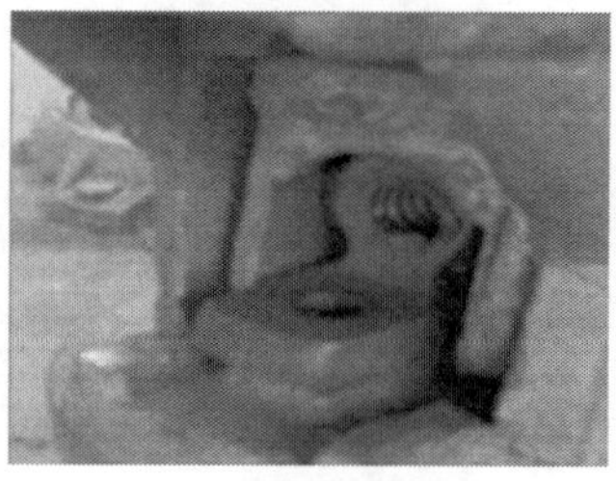

(d) 拆导螺母

图 2.30 台虎钳的拆卸步骤

1—丝杠;2—弹簧;3—挡圈;4—开口销

(e) 拆钳口板

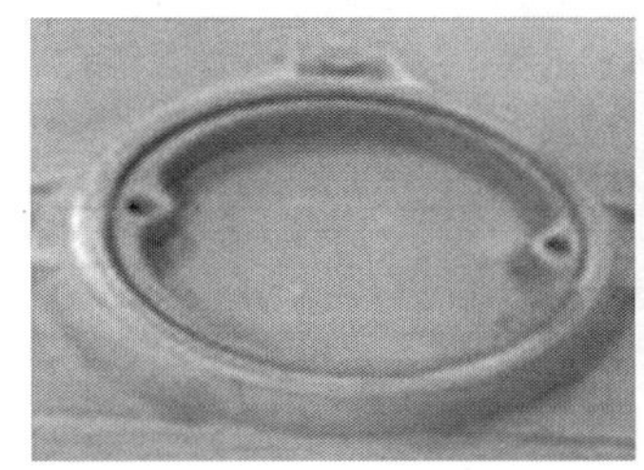
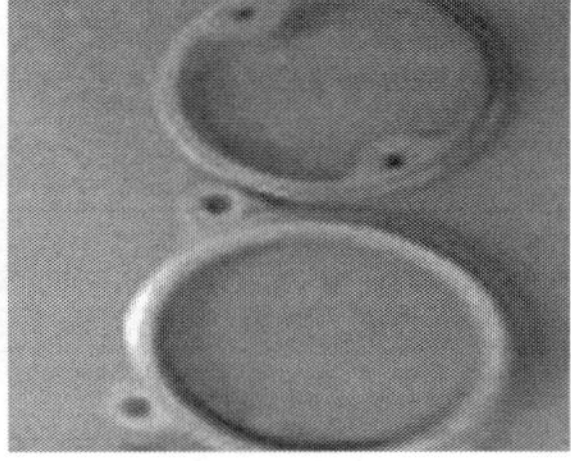

(f) 拆转盘座、夹紧盘

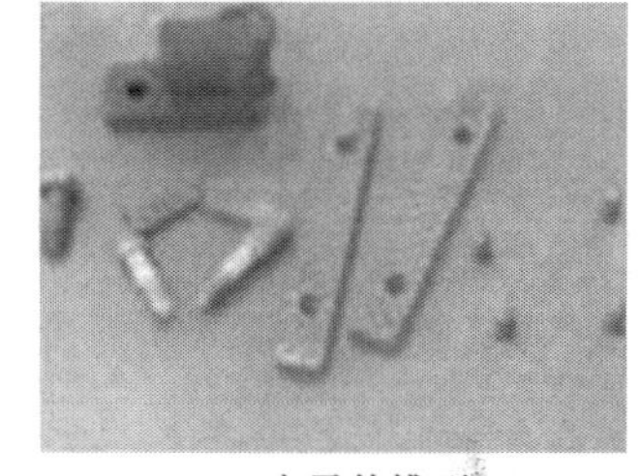

(g) 小零件排列

续图 2.30

2.5.3 台虎钳的装配

1. 装配前的准备工作

(1)研究产品装配图、工艺文件及技术资料,了解产品的结构,熟悉各部件的作用、相对位置、相互关系和连接方法。

(2)确定装配方法,准备所需要的工具。

(3)零件的清理与清洗。在装配过程中,零件的清理与清洗工作对提高装配质量、延长设备使用寿命具有十分重要的意义。特别是对轴承、液压元件、精密配合件、密封件和有特殊要求的零件更为重要。如果清理和清洗工作做得不好,会使轴承发热、产生噪声,从而加快磨损,很快失去原有的精度;对于滑动表面,可能会拉伤,甚至咬死;对于油路,可能造成油路阻塞,使转动配合件得不到良好的润滑,磨损加剧,甚至损坏咬死。对于台虎钳的清理和清洗,主要是用毛刷清理钳身导轨表面的金属碎屑,利用锉刀、砂纸等去除螺杆毛刺、活动钳身毛刺,清洗各部件上的油污,清洗螺杆并加润滑油。

2. 装配顺序

在装配设备时,应按照与拆卸相反的顺序进行,一般是由里到外,由下到上。装配前应先试装,达到要求后再进行装配。

3. 台虎钳的装配步骤

(1)放置夹紧盘和转盘座,由螺栓将其固定,再对螺母进行拧紧。

(2)在固定钳身上用扳手将导螺母与固定钳身利用螺钉连接固定,将配合好的固定钳身与转盘座用夹紧螺钉固定。

(3)利用内六角扳手将钳口板用内六角螺钉连接到固定钳身和活动钳身。

(4)活动钳身上装丝杠,将弹簧、挡圈、开口销按顺序依次组装。

(5)最后将活动钳身与固定钳身相配合,将丝杠与螺母孔配合,顺时针转动丝杠手柄,使活动钳身滑动轻快,调整两钳口间隙,使活动钳身移动任意位置时两钳口保持相互平行。

4. 台虎钳装配后检验及试验

安装完成后需要检查是否按照要求将各零件恢复原位,是否能正常工作。

(1)装配完成后需达到的要求。

①活动钳身移动应灵活,不得摇摆。

②钳口板上的连接螺钉头部不得伸出其表面,装配后两钳口板的夹紧表面应相互平行。

③夹紧零件后不允许自行松开零件,夹紧力符合规定。

④台虎钳的空程转动量、钳口闭合间隙、导轨间隙等参数符合规定标准规定。

(2)检验及试验方法。

①台虎钳的外观质量用目测检验,台虎钳的灵活性用手感检验。

②台虎钳的螺杆空程转动量用专用检具检验。

③钳口闭合间隙应在闭合状态下,从钳口顶端用塞尺检验。台虎钳的导轨配合间隙用塞尺检验。如受结构限制,不能用塞尺检验,则允许用通用量具测量包容件与被包容件的尺寸,其差值即为导轨配合间隙。

④夹紧力试验。应将台虎钳固定在检验台上,并将钳口张开至二分之一开口度,然后把夹紧力测试仪置于钳口夹持面的中间位置并夹紧,当夹紧力达到额定值时,保持3 min,卸载后,台虎钳不应有影响使用的现象产生。

第3章 零部件测绘基础

零部件测绘时，必须完整地获取零部件尺寸、制造材料、表面质量（粗糙度）、精度以及其他必要的制造信息，以便生成完整的零部件工程图。工程图上的尺寸，一般都是用量具在零部件的各个表面上测量出来的。因此，必须掌握常用测量工具的基本知识和使用方法。技术要求等零件制造信息，则需要查阅参考资料计算分析来确定。本章将讲述测绘时零部件工作图上尺寸及技术要求的确定方法。

3.1 测量的基本知识

3.1.1 测量方法的分类

在实际工作中，测量方法通常是指获得测量结果的具体方式，可以按下面几种情况进行分类。

1. 按实测几何量是否是被测几何量分

（1）直接测量。直接测量是指被测几何量的量值直接由计量器具读出。例如，用游标卡尺、千分尺测量轴径的大小。

（2）间接测量。间接测量是指欲测量的几何量的量值由实测几何量的量值按一定的函数关系式运算后获得。

一般来说，直接测量的精度比间接测量的精度高。因此，应尽量采用直接测量，对于受条件所限无法进行直接测量的场合采用间接测量。

2. 按测量时被测表面与计量器具的测头是否接触分

（1）接触测量。接触测量是在测量过程中，计量器具的测头与被测表面接触，即有测量力存在。例如，用立式光学比较仪测量轴径。

（2）非接触测量。非接触测量是在测量过程中，计量器具的测头不与被测表面接触，即无测量力存在。例如，用光切显微镜测量表面粗糙度，用气动量仪测量孔径。

接触测量时,测头和被测表面的接触会引起弹性变形,即产生测量误差。而非接触测量则无此影响,故易变形的软质表面或薄壁零件多采用非接触测量。

3. 按零件上被测几何量是否同时测量分

(1)单项测量。单项测量是对零件上的各个被测几何量分别进行测量。例如,用公法线千分尺测量齿轮的公法线长度变动,用跳动检查仪测量齿轮的齿圈径向跳动等。

(2)综合测量。综合测量是对零件上几个相关几何量的综合效应同时测量得到综合指标,以判断综合结果是否合格。例如,用齿距仪测量齿轮的齿距累积误差,实际上反映的是齿轮的公法线长度变动和齿圈径向跳动两种误差的综合结果。

3.1.2 测量误差的来源

由于测量误差的存在,因此测得值只能近似地反映被测几何量的真值。在实际测量中,产生测量误差的因素很多,归纳起来主要有以下几方面。

1. 计量器具误差

计量器具误差是计量器具本身的误差,包括计量器具的设计、制造和使用过程中的误差,这些误差的总和反映在示值误差和测量的重复性上。

2. 方法误差

方法误差是指测量方法的不完善,包括计算公式不准确,测量方法选择不当,零件安装、定位不准确等,所引起的误差。例如,在接触测量中,测头测量力的影响使被测零件和测量装置产生变形,从而产生测量误差。

3. 环境误差

环境误差是指测量时环境条件(温度、湿度、气压、照明、振动、电磁场等)不符合标准的测量条件所引起的误差,它会产生测量误差。

4. 人员误差

人员误差是测量人员人为的差错,如测量瞄准不准确、读数或估读错误等,都会产生人员方面的测量误差。

3.1.3 测量误差的分类

按测量误差的特点和性质可分为系统误差、随机误差和粗大误差三类。

1. 系统误差

系统误差是指在一定测量条件下,多次测取同一量值时,绝对值和符号均保持不变的测量误差,或者绝对值和符号按某一规律变化的测量误差。

2. 随机误差

随机误差是指在一定测量条件下,多次测取同一量值时,绝对值和符号以不可预测的方式变化着的测量误差。随机误差主要由测量过程中一些偶然性因素或不确定因素引起。例如,量仪传动机构的间隙、摩擦、测量力的不稳定以及温度波动等引起的测量误差,都属于随机误差。

3. 粗大误差

粗大误差就是对测量结果产生明显歪曲的测量误差。含有粗大误差的测得值称为异常值,它的数值比较大。粗大误差的产生有主观和客观两方面的原因:主观原因如测量人员疏忽造成的读数误差;客观原因如外界突然振动引起的测量误差。由于粗大误差明显歪曲测量结果,因此在处理测量数据时,应根据判别粗大误差的准则设法将其剔除。

3.1.4 测量精度分类

测量精度是指被测几何量的测得值与其真值的接近程度。测量误差越大,则测量精度就越低;测量误差越小,则测量精度就越高。为了反映系统误差和随机误差对测量结果的不同影响,测量精度可分为以下几种。

(1)正确度。正确度反映测量结果受系统误差的影响程度。系统误差小,则正确度高。

(2)精密度。精密度反映测量结果受随机误差的影响程度。它是指在一定测量条件下连续多次测量所得的测得值之间相互接近的程度。随机误差小,则精密度高。

(3)准确度。准确度反映测量结果同时受系统误差和随机误差的综合影响程度。若系统误差和随机误差都小,则准确度高。

3.2 常用测量工具

测量工具简称量具,是专门用来测量零件尺寸、检验零件形状或安装位置的工具。在测量尺寸时,针对不同尺寸精度应选用不同的测量工具。一般测绘工作使用的量具如下。

(1)简易量具。包括塞尺、钢直尺、卷尺和卡钳等,用于测量精度要求不高的尺寸。

(2)游标量具。包括游标卡尺、高度游标卡尺、深度游标卡尺、齿厚游标卡尺和公法线游标卡尺等,用于测量精度要求较高的尺寸。

(3)千分量具。包括内径千分尺、外径千分尺和深度千分尺等,用于测量高精度要求的尺寸。

(4)平直度量具。水平仪,用于水平度的测量。

(5)角度量具。包括直角尺、角度尺、正弦尺和量角规等,用于角度测量。

(6)圆角半径量具。圆角规,可测量圆角和圆弧半径。

(7)螺纹螺距量具。螺纹规,用于测量螺纹螺距。

量具的种类众多,下面简要介绍常见的钢直尺、内外卡钳、游标卡尺、外径千分尺等量具的原理及使用方法。

3.2.1 钢直尺

钢直尺是最简单的长度量具,用来测量长度尺寸,有 150 mm、300 mm、500 mm 和 1 000 mm四种规格。图 3.1 所示为 150 mm 钢直尺。

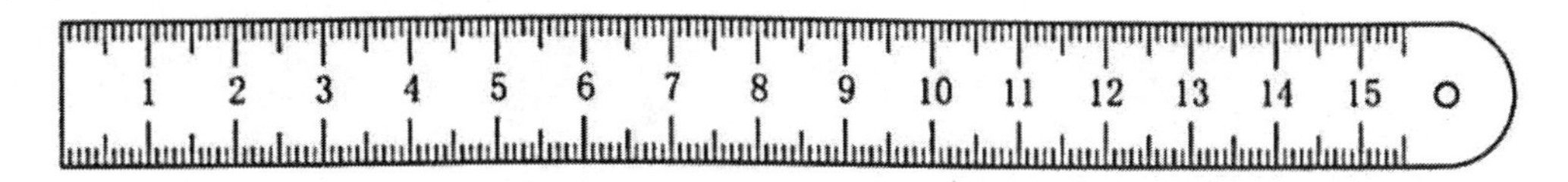

图 3.1 150 mm 钢直尺

零件的线性尺寸可直接由钢直尺量取,直径尺寸(轴径或孔径)也可使用钢直尺直接去测量。除钢直尺本身的读数误差比较大以外,还由于钢直尺无法正好放在零件直径的正确位置,所以测量精度较差。因此,对零件直径尺寸的测量,可以利用钢直尺和内外卡钳配合起来进行。

3.2.2 内外卡钳

卡钳具有结构简单、维护和使用方便等特点,广泛应用于测量精度要求不高的零件尺寸的测量和检验,特别是对锻铸件毛坯尺寸的测量和检验,卡钳是最合适的测量工具。卡钳按用途的不同分为内卡钳和外卡钳两种,如图 3.2 所示。内卡钳用于测量内径和凹槽,外卡钳用于测量外径和平面。卡钳本身不能直接读出结果,需要与钢直尺、游标卡尺或千分尺等结合使用。

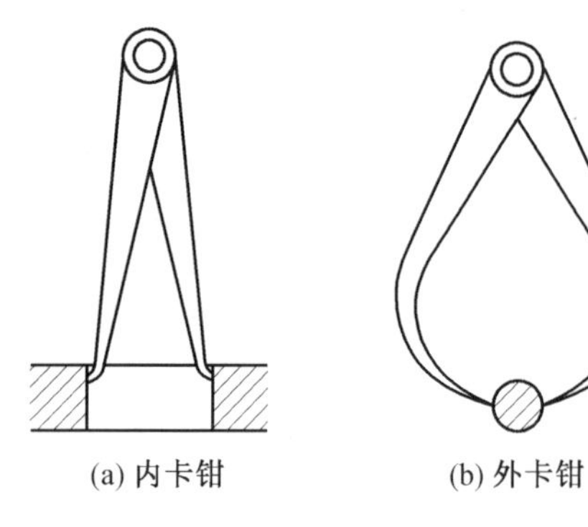

(a) 内卡钳 (b) 外卡钳

图 3.2 内外卡钳

1. 内卡钳的使用

内卡钳用于测量内径和凹槽的长度。用内卡钳测量内径,应使两个钳脚的测量面连线正好垂直相交于内孔的轴线上,即钳脚的两个测量面应是内孔直径的两个端点。因此,测量时应将一个钳脚测量面停留在孔壁上作为支点,另一个钳脚由孔口略往里面一些并逐渐向外试探,沿孔壁圆周方向摆动,当沿孔壁圆周方向能摆动的距离最小时,表示内卡钳钳脚的两个测量面已处于内孔直径的两个端点上了。内卡钳测量方法如图 3.3 所示。

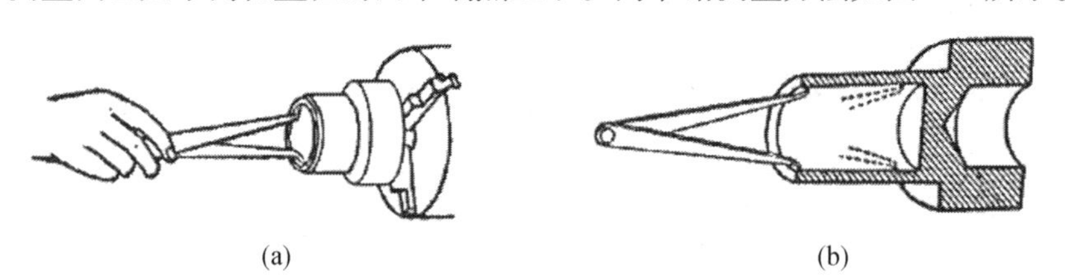

(a) (b)

图 3.3 内卡钳测量方法

用已在钢直尺上或游标卡尺上取好尺寸的内卡钳测量内径时,如图 3.4(a)所示。如内卡钳在孔内有较大的自由摆动,则表示卡钳尺寸比孔径小;如内卡钳放不进,或放进孔内后紧得不能自由摆动,就表示内卡钳尺寸比孔径大;如内卡钳放入孔内,按照上述的测量方法能有 1 ~2 mm 的自由摆动距离,表明孔径与内卡钳尺寸正好相等。所以,用内卡钳测量内径,就是比较内卡钳在零件孔内的松紧程度。测量时不要用手抓住卡钳测量,如图 3.4(b)所示,此时难以比较内卡钳在零件孔内的松紧程度,同时会使卡钳变形而产生测量误差。

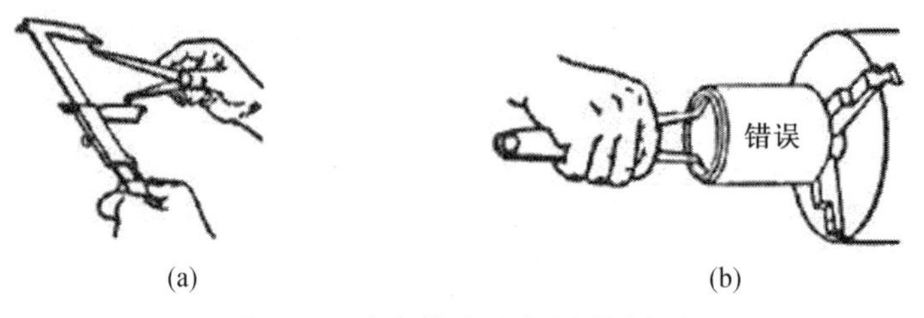

(a) (b)

图 3.4 内卡钳取尺寸和测量方法

2. 外卡钳的使用

用外卡钳测量长度尺寸后，在钢直尺上读取尺寸数值时，其中一个钳脚的测量面应靠在钢直尺的端面上，另一个钳脚的测量面对准尺寸刻线，且两个测量面的连线应与钢直尺平行，人的视线要垂直于钢直尺，如图3.5(a)所示。

用外卡钳测量外径尺寸，应使两个测量面的连线垂直于零件的轴线。靠外卡钳的自重滑过零件外圆时，我们手中的感觉应该是外卡钳与零件外圆正好是点接触，此时外卡钳两个测量面之间的距离就是被测零件的外径。当卡钳滑过外圆时，若手中没有接触感，则说明外卡钳比零件外径尺寸大；当依靠外卡钳的自重不能滑过零件外圆时，就说明外卡钳比零件外径尺寸小。因此，用外卡钳测量外径就是比较外卡钳与零件外圆接触的松紧程度，如图3.5(b)所示，以卡钳的自重能刚好滑下为合适。切不可将卡钳歪斜地放在零件上测量，这样会加大测量的误差。

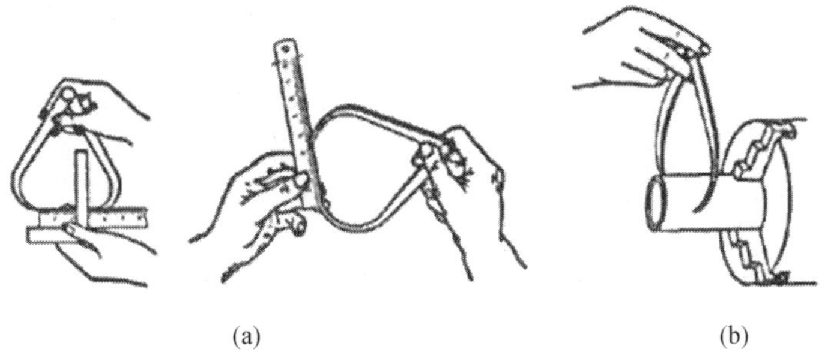

图3.5 外卡钳在钢直尺上取尺寸和测量方法

卡钳虽然是简单量具，但若熟练掌握使用要领，也可获得较高的测量精度。例如，用外卡钳比较两根轴的直径大小时，即使轴径只差0.01 mm，有经验的老师傅也能分辨得出。又如用内卡钳与外径千分尺联合测量内孔尺寸这种内径测量方法，称为内卡钳搭外径千分尺，是利用内卡钳在外径千分尺上读取准确的尺寸，如图3.6所示，再去测量零件的内径；或内卡钳在孔内调整好与孔接触的松紧程度，再在外径千分尺上读出具体尺寸。这种测量方法不仅在缺少精密的内径量具时是测量内径的好办法，而且对于如图3.6所示的零件的内径，由于它的孔内有轴而使用精密的内径量具有困难，这时应用内卡钳搭外径千分尺测量内径的方法，就能解决问题。

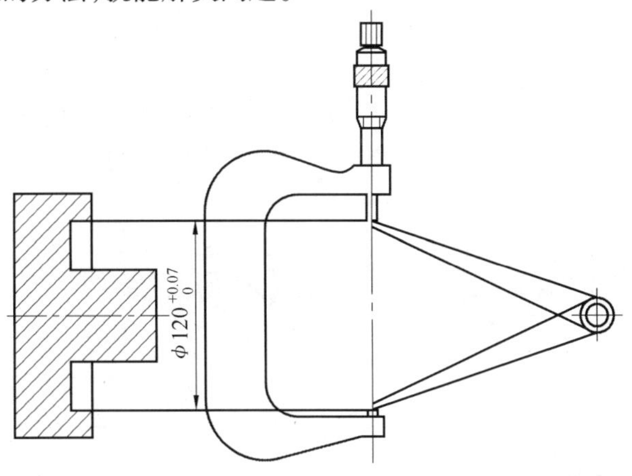

图3.6 内卡钳搭外径千分尺测量内径

3.2.3 游标卡尺

游标卡尺是测量机械尺寸的通用工具,具有结构简单、使用方便、精度中等、测量范围大等特点,可以用来测量零件的外径、内径、长度、宽度、厚度、深度和孔距等,应用范围很广。

游标卡尺的种类很多,常见的游标卡尺的结构如图 3.7 所示,主要由以下几部分组成。

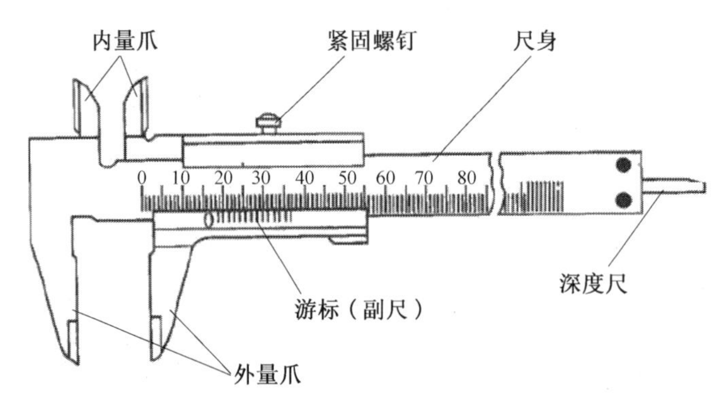

图 3.7 常见的游标卡尺的结构

(1)具有固定量爪的尺身。尺身上有类似于钢直尺的主尺刻度。主尺上的刻线间距为 1 mm。主尺的长度决定游标卡尺的测量范围。

(2)具有活动量爪的尺框。尺框上有游标,游标卡尺的游标读数值可制成 0.1 mm、0.05 mm 和 0.02 mm 三种。游标读数值就是指使用这种游标卡尺测量零件尺寸时,卡尺上能够读出的最小数值。

(3)在 0~125 mm 的游标卡尺上,还带有测量深度的深度尺。深度尺固定在尺框的背面,能随着尺框在尺身的导向凹槽中移动。测量深度时,应把尺身尾部的端面紧靠在零件的测量基准平面上。

(4)测量范围等于和大于 200 mm 的游标卡尺,带有随尺框做微动调整的微动装置。使用时,先用紧固螺钉把微动装置固定在尺身上,再转动微动螺母,活动量爪就能随同尺框做微量的前进或后退。微动装置的作用是使游标卡尺在测量时用力均匀,便于调整测量压力,减少测量误差。

目前,国内生产的游标卡尺测量范围及其游标读数值见表 3.1。

表 3.1 游标卡尺测量范围及其游标读数值 mm

测量范围	游标读数值	测量范围	游标读数值
0~25	0.02,0.05,0.10	300~800	0.05,0.10
0~200	0.02,0.05,0.10	400~1 000	0.05,0.10
0~300	0.02,0.05,0.10	600~1 500	0.05,0.10
0~500	0.05,0.10	800~2 000	0.10

1. 游标卡尺的读数原理和读数方法

游标卡尺的读数机构由主尺和游标两部分组成。当活动量爪与固定量爪贴合时,游标上的“0”刻线(简称游标零线)对准主尺上的“0”刻线,此时量爪间的距离为0。当尺框向右移动到某一位置时,固定量爪与活动量爪之间的距离就是零件的测量尺寸。此时,零件尺寸的整数部分可在游标零线左边的主尺刻线上读出来,而比1 mm小的小数部分,则可借助游标读数机构来读出。

下面以游标读数值为0.02 mm的游标卡尺为例,讲解游标卡尺的读数。游标读数值为0.02 mm的游标卡尺如图3.8(a)所示。主尺刻线间距(每格)为1 mm,当游标零线与主尺零线对准(两爪合并)时,游标上的第50刻线正好指向主尺上的49 mm,而游标上的其他刻线都不会与主尺上任何一条刻线对准。因此,

$$游标每格间距=49/50=0.98(mm)$$

$$主尺每格间距与游标每格间距相差=1-0.98=0.02(mm)$$

读数时,先在主尺上读出副尺零线左面所对应的尺寸整数值部分,再找出副尺上与主尺刻度对准的那一条刻线,读出副尺的刻线数值,乘以精度值,所得的乘积即为小数值部分,整数与小数之和就是被测零件的尺寸。如图3.8(a)所示,精度为0.02 mm,读数步骤如下。

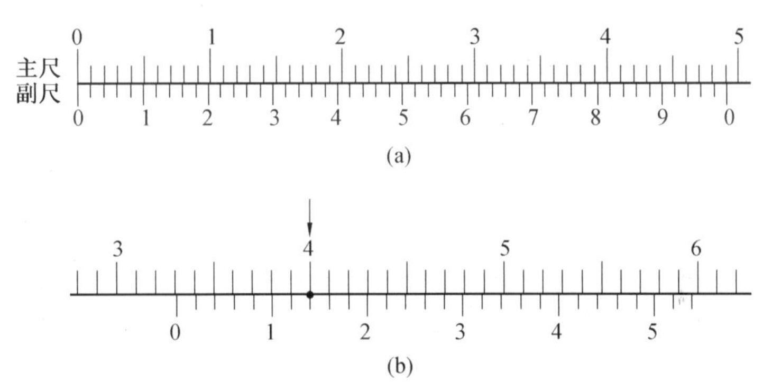

图3.8　游标卡尺读数

(1)在主尺上读出副尺零线以左的刻度,该值就是最后读数的整数部分,图示为33 mm。

(2)副尺上一定有一条刻线与主尺的刻线对齐。在副尺上读出该刻线距零线的格数,将其与刻度间距(精度)0.02 mm相乘,就得到最后读数的小数部分,图3.8(b)所示为0.14 mm。

(3)将所得到的整数和小数部分相加,即

$$33+7\times0.02=33.14(mm)$$

2. 游标卡尺的测量精度

游标卡尺适用于中等精度尺寸的测量和检验。用游标卡尺去测量要求不高的铸锻件毛坯或精度尺寸,都是不合理的。前者容易损坏量具,后者测量精度达不到要求,因为量具都有一定的示值误差,游标卡尺的示值误差见表3.2。

游标卡尺的示值误差由游标卡尺本身的制造精度决定,与使用的正确与否无关。例如,用游标读数值为0.02 mm的0～125 mm的游标卡尺(示值误差为±0.02 mm),测量ϕ50的轴时,若游标卡尺上的读数为50.00 mm,实际直径可能是ϕ50.02,也可能是ϕ49.98。这不是游标卡尺的使用方法上的问题,而是游标卡尺本身制造精度所允许产生

的误差。因此,若该轴的直径尺寸是IT5级精度的基准轴($\phi50^{0}_{-0.025}$),则轴的制造公差为0.025 mm,而游标卡尺本身就有着±0.02 mm的示值误差,选用这样的量具去测量,显然是无法保证轴径的精度要求的。

表3.2 游标卡尺的示值误差 mm

游标读数值	示值误差
0.02	±0.02
0.05	±0.05
0.10	±0.10

如果受条件限制(如受测量位置限制)无法使用其他精密量具,必须用游标卡尺测量精密的零件尺寸,又该怎么办呢?此时,可以用游标卡尺先测量与被测尺寸相当的块规,消除游标卡尺的示值误差(即用块规校对游标卡尺)。若要测量上述$\phi50$的轴,需先测量50 mm的块规,看游标卡尺上的读数是否为50 mm。如果不是,则与50 mm的差值就是游标卡尺的实际示值误差,测量零件时,应把此误差作为修正值。例如,测量50 mm块规时,游标卡尺上的读数为49.98 mm,即游标卡尺的读数比实际尺寸小0.02 mm,则测量轴径时,应在游标卡尺的读数上加上0.02 mm,才得到轴的实际直径尺寸;若测量50 mm块规时的读数是50.01 mm,则在测量轴径时,应在读数上减去0.01 mm才是轴的实际直径尺寸。另外,游标卡尺测量时的松紧程度(即测量压力的大小)和读数误差(即看准是哪一条刻线对准)对测量精度的影响亦很大。所以,当用游标卡尺测量精度要求较高的尺寸时,最好采用与测量相等尺寸的块规相比较的方法。

3. 游标卡尺的使用

量具使用得是否合理,直接影响零件尺寸的测量精度,甚至发生质量事故,造成不必要的损失。所以,必须重视量具的正确使用,对测量技术精益求精,保证获得正确的测量结果,确保产品质量。

使用游标卡尺测量零件尺寸,必须注意下列几点。

(1)根据被测零件的特点、尺寸大小和精度要求选用合适的类型、测量范围和分度值。

(2)测量前应将游标卡尺擦干净,并将两量爪合并,检查游标卡尺的精度状况,大规格的游标卡尺要用标准棒校准检查。

(3)当测量零件的外尺寸时,卡尺两测量面的连线应垂直于被测量表面,不能歪斜。测量时,可以轻轻摇动卡尺,放正垂直位置,如图3.9(a)所示。否则,当量爪在如图3.9(b)所示的错误位置上时,将使测量结果a比实际尺寸d大。决不可把卡尺的两个量爪调节到接近甚至小于所测尺寸,再把卡尺强制地卡到零件上去。这样做会使量爪变形,或使测量面过早磨损,使卡尺失去应有的精度。

(4)读数时,要正对游标刻线,看准对齐的刻线,正确读数,不能斜视,以减少读数误差。

(5)严禁在毛坯面、运动零件或温度较高的零件上进行测量,以防损伤量具精度和影响测量精度。

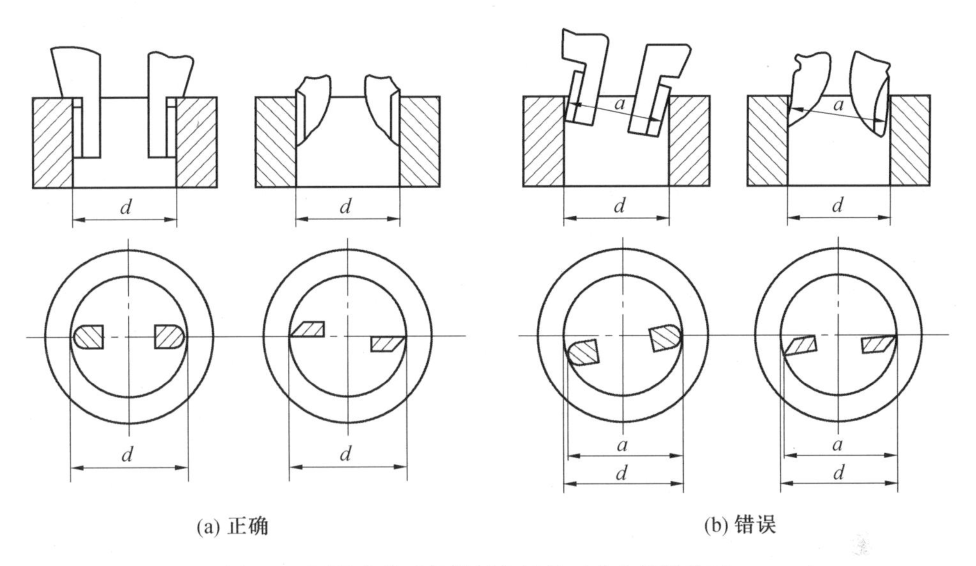

图 3.9　测量内孔时的游标卡尺的正确和错误位置

3.2.4　外径千分尺

1. 外径千分尺的结构、工作原理和读数方法

外径千分尺(简称千分尺)的主要用途是测量零件的外径和外尺寸,是比游标卡尺更精密的长度测量仪器。普通千分尺如图 3.10 所示,由固定尺架、测砧、测微螺杆、固定刻度套管、微分筒、测力装置、锁紧螺钉等组成。固定刻度套管上有一条水平线,这条线的上、下各有列间距为 1 mm 的刻度线,上面的刻度线恰好在下面两相邻刻度线中间。可旋转的微分筒上的刻度线是将圆周分为 50 等份的水平线。

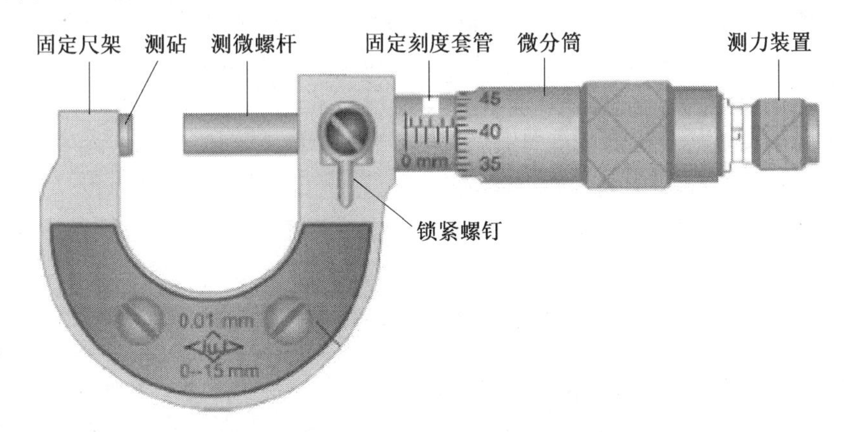

图 3.10　普通千分尺

根据螺旋运动原理,微分筒旋转一周,测微螺杆前进或后退一个螺距(0.5 mm)。当微分筒旋转一个分度后,转过了 1/50 周,这时螺杆沿轴线移动了 1/50×0.5 mm = 0.01 mm,因此,使用千分尺可以准确读出 0.01 mm 的数值。

在测量长度时，将被测零件放在测砧和测微螺杆之间，拧紧测微螺杆即可测量。读数时，先以微分筒的端面为准线，读出固定刻度套管下刻度线的分度值（只读出以毫米为单位的整数），再以固定刻度套管上的水平横线作为读数准线，读出可动刻度上的分度值。如果微分筒的端面与固定刻度套管的下刻度线之间无上刻度线，则测量结果即为下刻度线的数值加可动刻度的值；如果微分筒的端面与下刻度线之间有一条上刻度线，则测量结果即为下刻度线的数值加 0.5 mm，再加可动刻度的值，如图 3.11 所示读数为12+24×0.01＝12+0.24＝12.24（mm）。

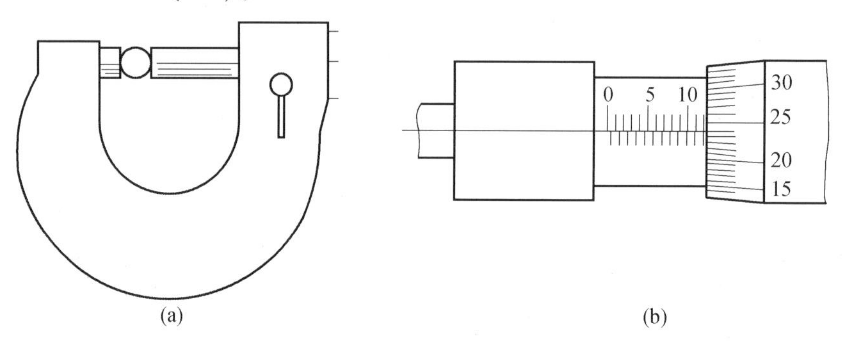

图 3.11 千分尺的读数方法

2. 千分尺的使用方法和注意事项

（1）根据被测零件的特点、尺寸大小和精度要求选用合适的类型、测量范围和分度值。一般测量范围为 25 mm，如要测量（20±0.03）mm 的尺寸，则可选用 0～25 mm 的千分尺。

（2）测量前，擦拭干净千分尺的测砧并进行零位校对。

（3）测量时，被测零件与千分尺要对正，以保证测量位置准确。使用千分尺时，先调节微分筒，使其开度稍大于所测尺寸，测量时可先转动微分筒，当测砧即将接触零件表面时，再转动测微螺杆，即听到“咔咔”声，表示压力合适，并可开始读数。要避免因测量压力不等而产生的测量误差。

（4）读数时，要正对刻线，看准对齐的刻线，正确读数；特别要注意观察固定刻度套管上中线之下的刻线位置，防止误读 0.5 mm。

（5）绝对不允许用力旋转微分筒来增加测量压力，使测微螺杆过分压紧零件表面，致使精密螺纹因受力过大而发生变形，损坏千分尺的精度。

（6）严禁在零件的毛坯面、运动零件或温度较高的零件上进行测量，以防损伤千分尺的精度和影响测量精度。

（7）使用完毕后，将千分尺擦拭干净并上油，放入专用盒内，置于干燥处。

3.3 常见尺寸的测量方法

1. 测量线性尺寸

一般可用钢直尺或游标卡尺直接量取尺寸的大小，如图 3.12 所示。

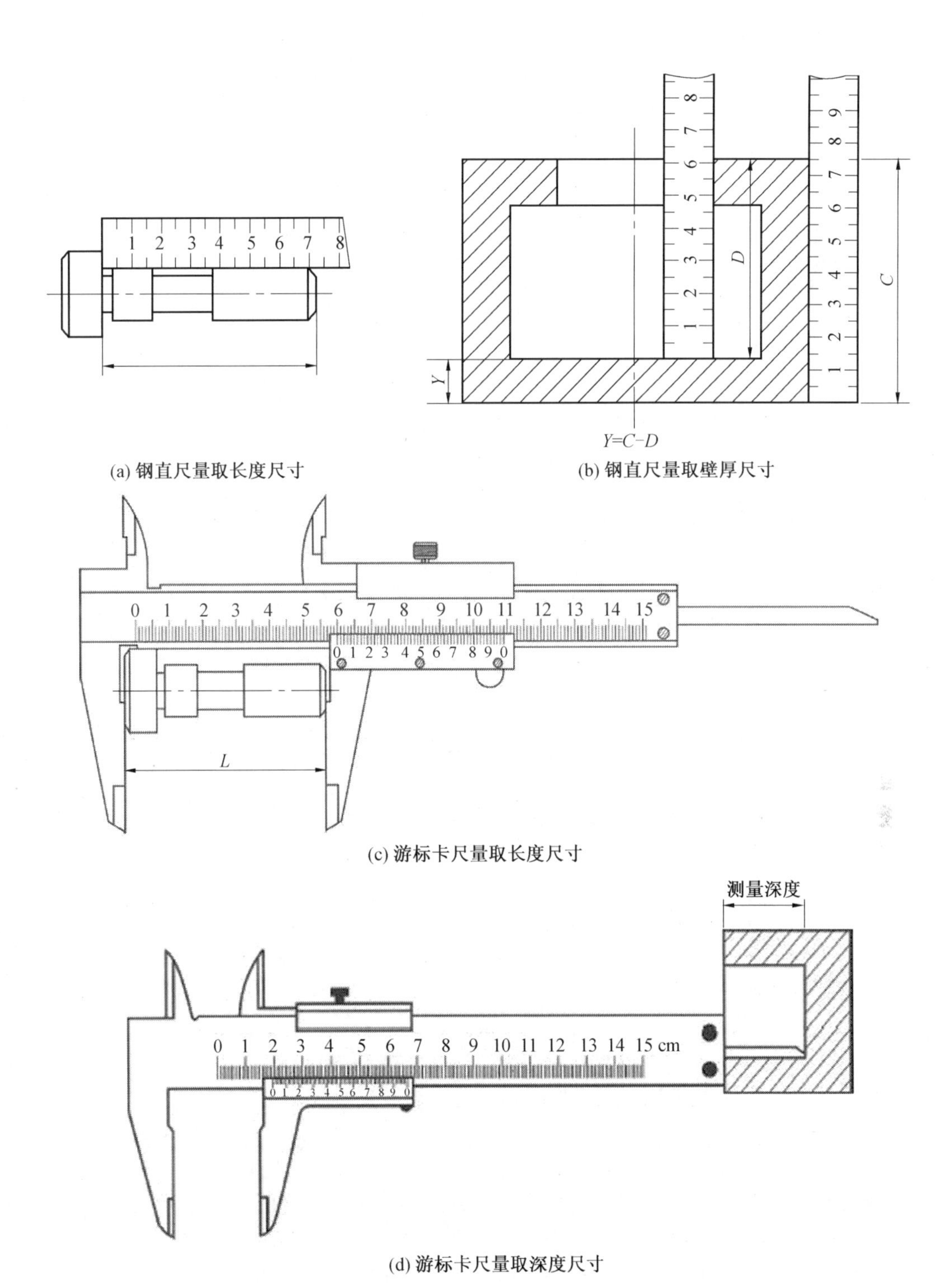

(a) 钢直尺量取长度尺寸

(b) 钢直尺量取壁厚尺寸

(c) 游标卡尺量取长度尺寸

(d) 游标卡尺量取深度尺寸

图 3.12　线性尺寸测量方法

2. 测量直径尺寸

内径和外径尺寸可以使用卡钳、游标卡尺和千分尺来测量，如图 3. 13 所示。

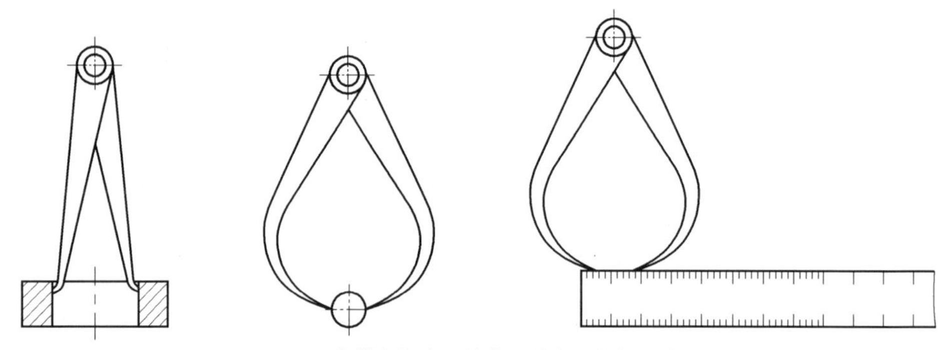

(a) 卡钳和钢直尺结合测量内、外径尺寸

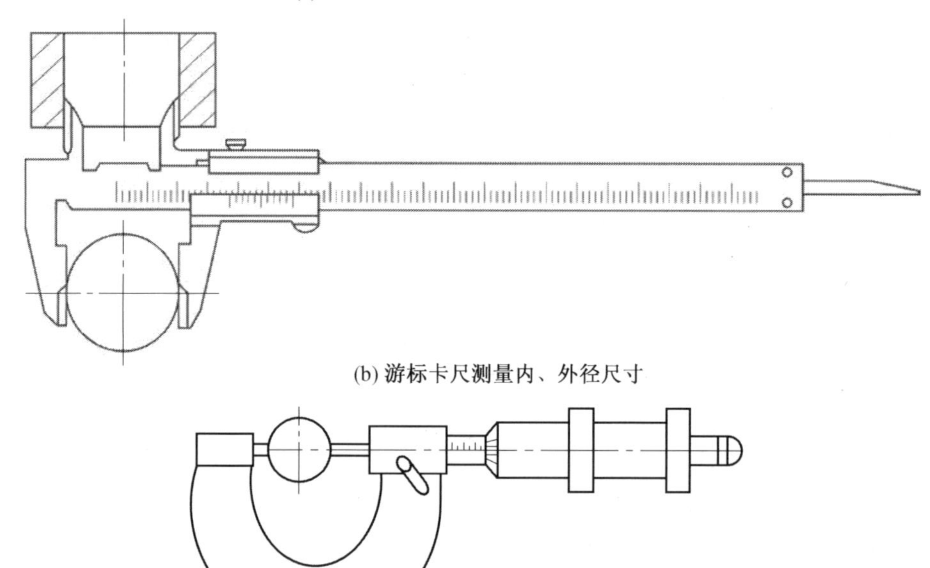

(b) 游标卡尺测量内、外径尺寸

(c) 千分尺测量内、外径尺寸

图 3. 13　内、外径尺寸测量方法

3. 两孔中心距和孔中心高度的测量

(1)两孔中心距的测量。

精度较低的中心距可用卡钳和钢直尺配合测量，测量方法如图 3. 14(a)所示。精度较高的中心距可用游标卡尺测量，测量方法如图 3. 14(b)所示。

(2)孔中心高度的测量。

孔的中心高度可用钢直尺或游标卡尺测量，图 3. 15(a)所示为用钢直尺和游标卡尺测量孔的中心高度的方法，也可用卡钳配合钢直尺进行测量(图 3. 15(b))。

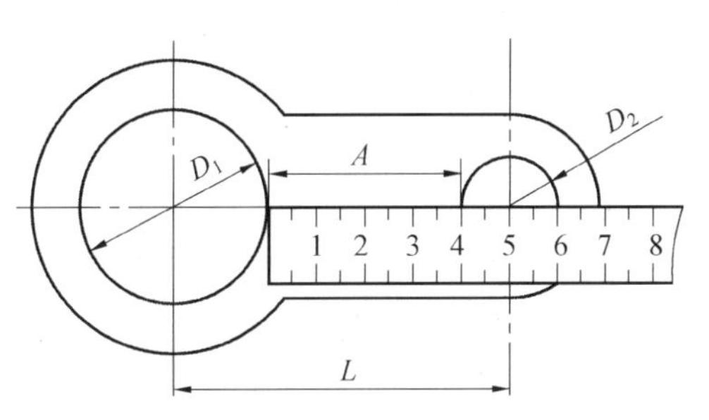

孔径不相等：$L=A+(D_1+D_2)/2$

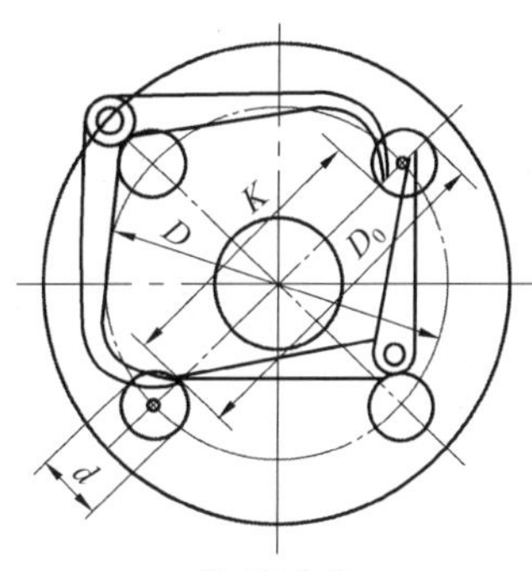

$D=K+d=D_0$

(a)

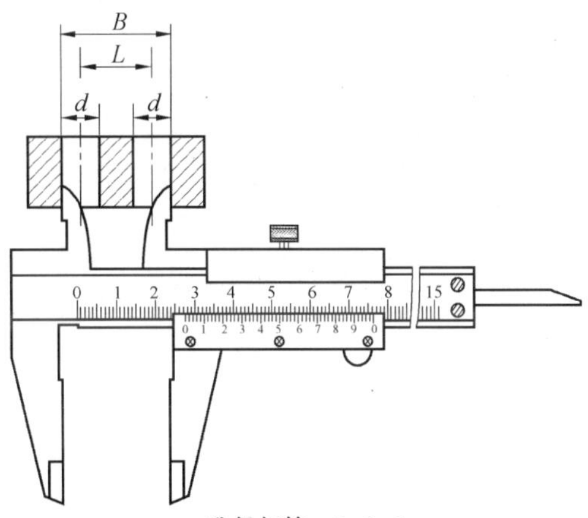

孔径相等：$L=B-d$

(b)

图 3.14　两孔中心距的测量

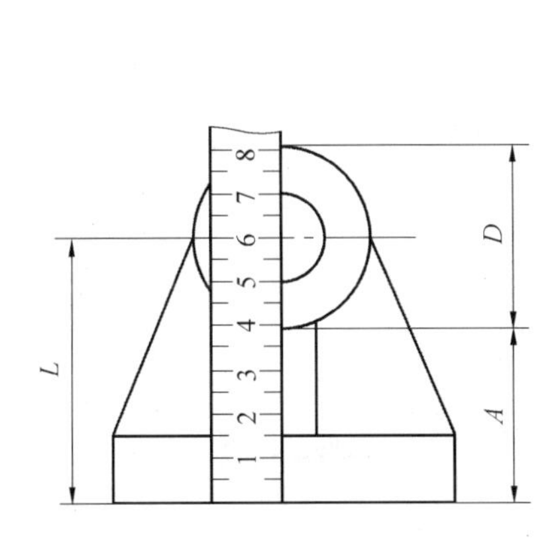

$L=A+D/2$

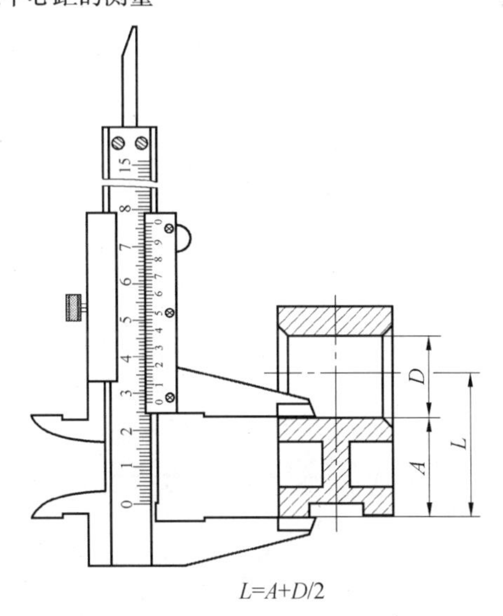

$L=A+D/2$

(a) 用钢直尺和游标卡尺测量孔的中心高度

图 3.15　孔中心高度的测量

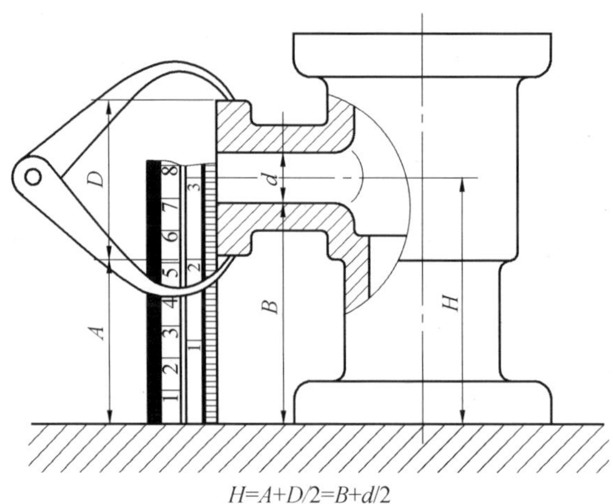

$H=A+D/2=B+d/2$

(b) 用卡钳配合钢直尺测量孔的中心高度

续图 3.15

4. 壁厚的测量

零件的壁厚可用钢直尺或者卡钳和钢直尺配合测量，也可用游标卡尺和量块配合测量，测量方法如图 3.16 所示。

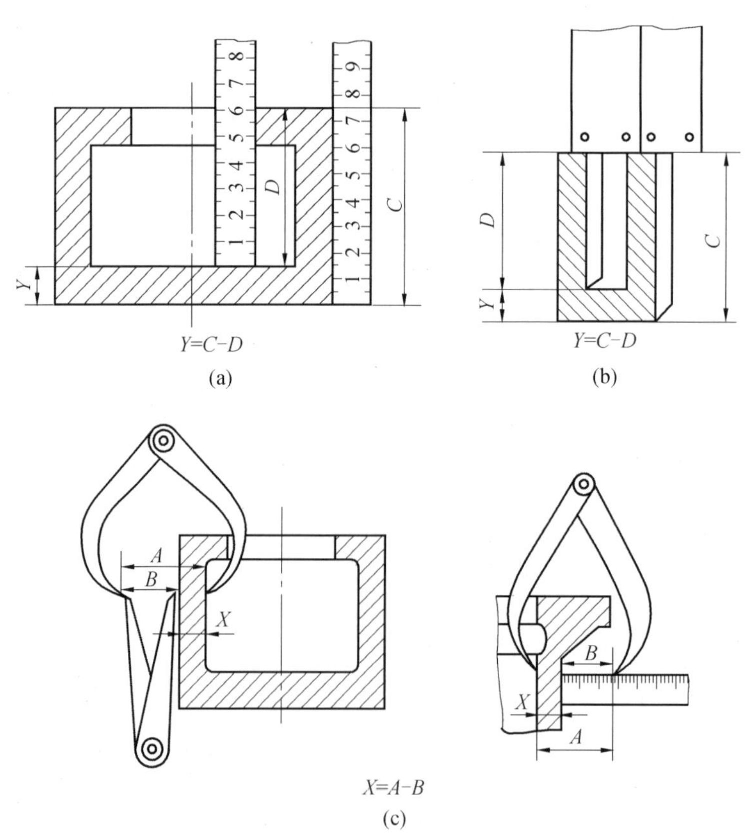

图 3.16　测量零件壁厚

5. 测量圆角

一般用圆角规测量圆角。每套圆角规有很多片，一半测量外圆角，一半测量内圆角，每片刻有圆角半径的大小。测量时，只要在圆角规中找到与被测部分完全吻合的一片，从该片上的数值可知圆角半径的大小，如图3.17所示。

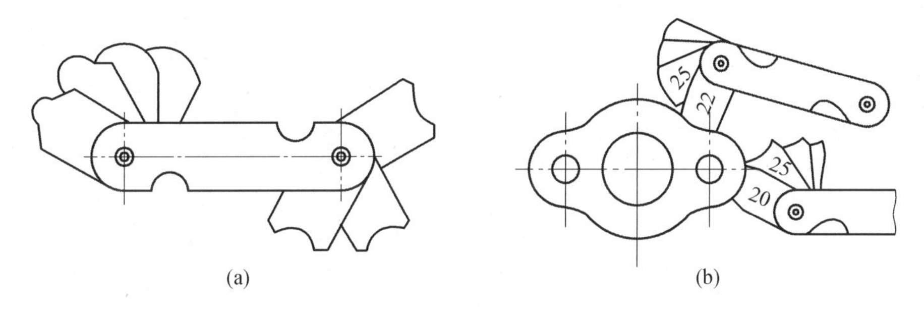

图3.17　用圆角规测量圆角

6. 测量角度

可用量角规测量角度，如图3.18所示。

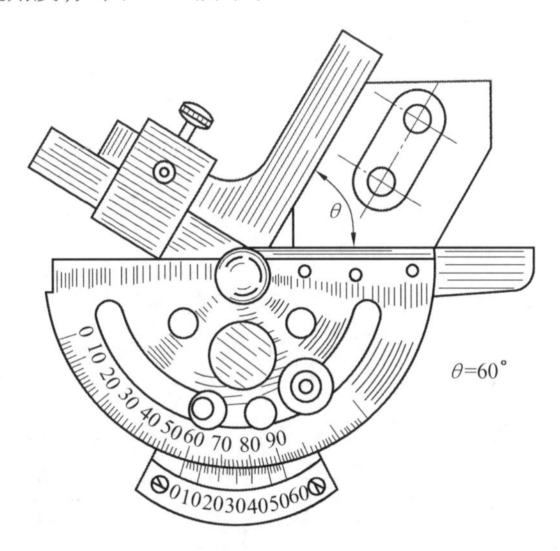

图3.18　用量角规测量角度

7. 测量曲线或曲面

要准确测量曲线或曲面，必须用专门的量仪进行测量；要求不太准确时，常采用下面三种方法测量。

(1)拓印法。对于柱面部分的曲率半径的测量，可用纸拓印其轮廓，得到如实的平面曲线，然后判定该曲线的圆弧连接情况，测量其半径，如图3.19(a)所示。

(2)铅丝法。对于曲线回转面零件的母线曲率半径的测量，可用铅丝弯成实形后，得到如实的平面曲线，然后判定曲线的圆弧连接情况，再用中垂线法求得各段圆弧的中心，测量其半径，如图3.19(b)所示。

(3)坐标法。将被测表面上的曲线部分平行放在纸上，先用铅笔描画出曲线轮廓，在曲线轮廓上确定一系列均等的点,然后逐个求出曲线上各点的坐标值,再根据点的坐标值确定各点的位置,最后按点的顺序用曲线板画出被测表面轮廓曲线,如图 3.19(c)所示。

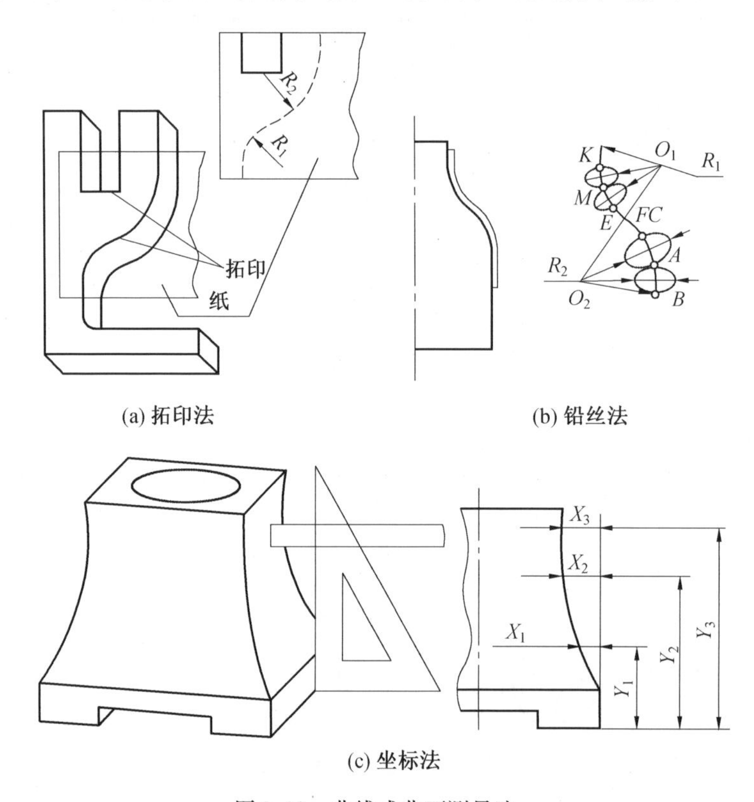

(a) 拓印法 (b) 铅丝法

(c) 坐标法

图 3.19 曲线或曲面测量法

8. 测量螺纹

测量螺纹需要测出螺纹的直径和螺距。螺纹的旋向和线数可直接观察(一般连接用螺纹为右旋单线螺纹)。对于外螺纹,可测量外径和螺距;对于内螺纹,可测量内径和螺距。测螺距可用螺纹规或者用直尺测量,螺纹规是由一组带牙的钢片组成,如图 3.20(a)所示,每片的螺距都标有数值,只要在螺纹规上找到一片与被测螺纹的牙型完全吻合,从该片上就可知被测螺纹的螺距大小,测量方法如图 3.20(b)所示。然后把测得的螺距和内、外径的数值与螺纹标准核对,选取与其相近的标准值。

另外,也可用游标卡尺先测量出螺纹大径,再用薄纸压痕法测出螺距,判断出螺纹的线数和旋向后,根据牙型、大径、螺距查标准螺纹表,取最接近的标准值。测量方法如图 3.20(c)所示。

9. 测量齿轮

齿轮是常用件,其标准化的结构参数有三个,分别是压力角、齿数和模数。标准齿轮的压力角 $\alpha=20°$,齿数可以数出来,因此,齿轮的测绘主要在于求出模数。模数获得后,可以通过模数和齿数作为基准参数来计算其他齿轮参数(表 3.3)。齿轮其他结构参数可由其具体结构测量获取。

直齿圆柱齿轮制图测绘的步骤如下。

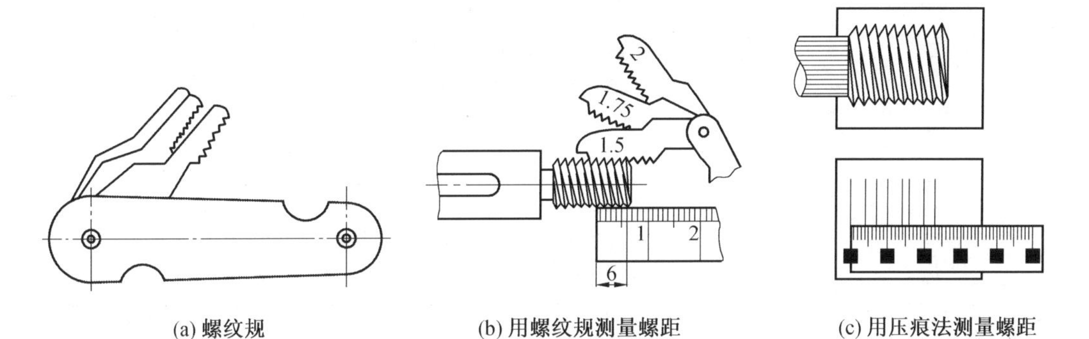

(a) 螺纹规　(b) 用螺纹规测量螺距　(c) 用压痕法测量螺距

图 3.20　螺距测量方法

表 3.3　直齿圆柱齿轮参数

序号	名称	符号	计算公式
1	齿距	P	
2	齿顶高	h_a	$h_a=m$
3	齿根高	h_f	$h_f=1.25m$
4	齿高	h	$h=2.25m$
5	分度圆直径	d	$d=mz$
6	齿顶圆直径	d_a	$d_a=m(z+2)$
7	齿根圆直径	d_f	$d_f=m(z-2.5)$
8	中心距	a	$a=m(z_1+z_2)/2$

(1)先测量齿顶圆直径(d_a),如图 3.21 所示。当齿轮的齿数为偶数时(图 3.21(a)),可直接量得 d_a;当齿轮的齿数为奇数时(图 3.21(b)),应通过测出轴孔直径 D 和孔壁至齿顶的径向距离 H,然后按 $d_a'=D+2H$ 算出 d_a'。图中,$d_a'=59.4$ mm。

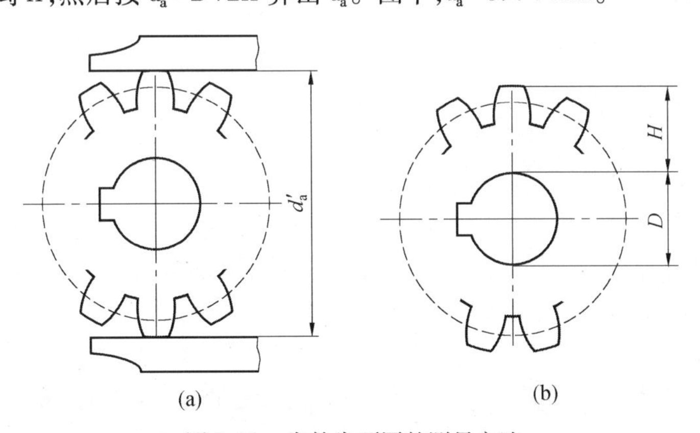

图 3.21　齿轮齿顶圆的测量方法

(2)数出齿轮齿数,如 $z=16$。

(3)根据齿轮计算公式(表 3.3)计算出模数的测量值 m',如

$$m'=\frac{d_a'}{z+2}=\frac{59.4}{16+2}=3.3\ (\text{mm})$$

(4)修正模数,因为模数是标准值(表3.4),查标准模数表取最接近的标准值。根据计算出的模数值3.3 mm,查表取得最接近的标准值 $m=3.5$ mm。

表3.4 渐开线直齿圆柱齿轮模数 mm

第一系列	1	1.25	1.5	2	2.5	3	4	5	6
第二系列	1.25	1.375	1.75	2.25	2.75	3.5	4.5	5.5	(6.5)
第一系列	8	10	12	16	20	25	32	40	50
第二系列	7	9	11	14	18	22	28	36	45

注:优先选用第一系列,其次是第二系列,括号内的数值尽可能不用。

(5)根据齿轮计算公式计算出齿轮各部分尺寸(表3.3),包括齿顶圆 d_a、齿根圆 d_f、分度圆 d 等。计算公式见表3.3。

10. 尺寸测量的注意事项

(1)尺寸数字的标注。在零件草图上标注的所有尺寸数字,一律标注实际测量的尺寸数值。

(2)正确处理实测数据。对于关键零件的尺寸和各零件的重要尺寸,应反复测量多次,然后取其平均值。一般总体尺寸应直接测量,不能由中间尺寸计算而得。在对较大的孔、轴、长度等尺寸进行测量时,必须考虑其几何形状误差的影响,多测几个点,取平均值。

(3)测量时,应确保零件的自由状态,避免装夹、量具接触压力等造成零件变形而引起的测量误差。对组合前后形状有变化的零件,应掌握其变化前后的差异。

(4)配合面的测量。两零件有配合或在连接处其形状结构即使一样,测量时也必须各自测量、分别记录,然后相互检查确定尺寸,绝不能只测一处简单行事。

3.4 尺寸圆整

由于被测零件存在制造误差、测量误差及使用中磨损而引起的误差等,因此测得的实际值偏离原设计值。这些误差的存在使得实测值常带有多位小数,这样的数值大多数没有实际意义,在加工或测量过程中也很难做到。测绘过程中对实测数据进行分析、推断,以实测值为基本依据,参照同类产品或类似产品的配合性质及配合类别,合理地确定其基本尺寸和尺寸公差的过程称为尺寸圆整。尺寸圆整不仅可以简化计算、清晰图面,更重要的是可以采用标准化刀具、量具和标准化配件,提高测绘效率,缩短设计和加工周期,提高劳动生产率,从而获得良好的经济效益。

对测绘尺寸进行尺寸圆整,首先应进行数值优化,数值优化是指各种技术参数数值的简化和统一,即选用国标推荐使用的优先数。数值优化是标准化的基础。

3.4.1 优先数和优先数系

在产品的设计制造过程中,经常用到各种参数。当选定一个数值作为某种产品的参数指标后,这个数值就会按照一定的规律向产品相关的参数指标传播扩散。如螺栓尺寸确定后,不仅会传播到螺母的内径上,也会传播到加工、检验用的机床和量具,继而又传向垫圈、扳手的尺寸等。由此可见,在设计和生产过程中,技术参数数值的微小的差别,经过多次传播后,会造成尺寸规格繁多杂乱。由参数值之间的关联产生的扩散称为数值扩散。技术参数随意取值势必给组织现代化生产及协作配套带来很大困难。为此,人们在生产中总结出来了一种符合科学的数值标准——优先数和优先数系标准,见表3.5。在设计和测绘中遇到数值选择时,特别是在确定产品的参数系列时,必须按标准规定最大限度地采用。

表3.5 标准尺寸(10~100 mm)(GB/T 2822—2005)

R			*Ra*			*R*			*Ra*		
*R*10	*R*20	*R*40	*Ra*10	*Ra*20	*Ra*40	*R*10	*R*20	*R*40	*Ra*10	*Ra*20	*Ra*40
10.0	10.0		10	10			35.5	35.5		36	36
	11.2			11				37.5			38
12.5		12.5	12	12	12	40.0	40.0	40.0	40	40	40
		13.2			13			42.5			42
		14.0		14	14		45.0	45.0		45	45
		15.0			15			47.5			48
16.0	16.0	16.0	16	16	16	50.0	50.0	50.0	50	50	50
			17		17			53.0			53
	18.0	18.0		18	18		56.0	56.0		56	56
20.0	20.0	19.0			19			60.0			60
		20.0	20	20	20	63.0	63.0	63.0	63	63	63
		20.2			21			67.0			67
	22.4	22.4		22	22		71.0	71.0		71	71
		23.6			24			75.0			75
25.0	25.0	25.0	25	25	25	80.0	80.0	80.0	80	80	80
		26.5			26			85.0			85
	28.0	28.0		28	28		90.0	90.0		90	90
		30.0			30			95.0			90
31.5	31.5	31.5	32	32	32	100.0	100.0	100.0	100	100	100
		33.5			34						

注:首先在优先数系 *R* 系列按 *R*10、*R*20、*R*40 的顺序选用。如必须将数值圆整,可在 *Ra* 系列中按 *Ra*10、*Ra*20、*Ra*40 的顺序选用。

3.4.2 尺寸的圆整和协调

1. 一般尺寸的圆整

未注公差的尺寸为一般尺寸，公差值可按国标未注公差规定或由企业统一规定。圆整这类尺寸，一般不保留小数，圆整后的基本尺寸要符合国标规定。

对尺寸进行圆整时，其小数尾数删除应采用四舍六入五单双法，即逢 4 以下舍去，逢 6 以上进位，遇 5 则以保证偶数的原则决定进舍。

例如，29.67 应圆整为 29.7（逢 6 以上进 1 位）；29.73 圆整为 29.7（4 以下舍去）；但对 29.55 和 29.65 两个实测尺寸，当需要保留一位小数时，则都应圆整为 29.6（保证圆整后的尺寸为偶数）。

必须指出的是，尾数的删除应以删除的一组数来进行，不得将小数逐位删除。如实测尺寸为 35.456，当圆整后需保留一位小数时，不得进行如下的逐位圆整：35.456→35.46→35.5，而只能圆整成 35.4。

所有尺寸圆整时，都应尽可能使其符合国家标准的尺寸系列值，尺寸尾数多为 0、2、5、8 或某些偶数值。

2. 轴向主要尺寸（功能尺寸）的圆整

在大批量生产条件下，零件制造误差是系统误差与随机误差造成的，其概率分布应符合正态分布曲线，故假定零件的实际尺寸应位于零件公差带中部，即当尺寸只有一个实测值时，就可将其当成公差中值，尽量将基本尺寸按国标圆整成整数，并同时保证所给公差等级在 IT9 级以内。公差值可以采用单向公差或双向公差，最好为后者。

【例 3.1】 现有一个非圆结构尺寸实测值为 19.98，请确定其基本尺寸和公差等级。

查表 3.5，20 与实测值接近。根据保证所给公差等级在 IT9 级以内的要求，初步定为 20IT9，查表 3.6，得公差为 0.052。非圆的长度尺寸公差一般处理为：孔按 H，轴按 h，一般长度按 js（对称公差带），故取基本偏差代号为 js，公差等级取为 9 级，则此时的上下偏差为：$es=+0.026$，$ei=-0.026$，实测尺寸 19.98 的位置基本符合要求。

表 3.6 标准公差数值（GB/T 1800.1—2020）

基本尺寸		公差等级																			
		IT01	IT0	IT1	IT2	IT3	IT4	IT5	IT6	IT7	IT8	IT9	IT10	IT11	IT12	IT13	IT14	IT15	IT16	IT17	IT18
大于	至	μm													mm						
—	3	0.3	0.5	0.8	1.2	2	3	4	6	10	14	25	40	60	0.10	0.14	0.25	0.40	0.60	1.0	1.4
3	6	0.4	0.6	1	1.5	2.5	4	5	8	12	18	30	48	75	0.12	0.18	0.30	0.48	0.75	1.2	1.8
6	10	0.4	0.6	1	1.5	2.5	4	6	9	15	22	36	58	90	0.15	0.22	0.36	0.58	0.90	1.5	2.2
10	18	0.5	0.8	1.2	2	3	5	8	11	18	27	43	70	110	0.18	0.27	0.43	0.70	1.10	1.8	2.7
18	30	0.6	1	1.5	2.5	4	6	9	13	21	33	52	84	130	0.21	0.33	0.52	0.84	1.30	2.1	3.3
30	50	0.6	1	1.5	2.5	4	7	11	16	25	39	62	100	160	0.25	0.39	0.62	1.00	1.60	2.5	3.9
50	80	0.8	1.2	2	3	5	8	13	19	30	46	74	120	190	0.30	0.46	0.74	1.20	1.90	3.0	4.6

续表 3.6

基本尺寸		公差等级																			
		IT01	IT0	IT1	IT2	IT3	IT4	IT5	IT6	IT7	IT8	IT9	IT10	IT11	IT12	IT13	IT14	IT15	IT16	1T17	IT18
大于	至	μm													mm						
80	120	1	1.5	2.5	4	6	10	15	22	35	54	87	140	220	0.35	0.54	0.87	1.40	2.20	3.5	5.4
120	180	1.2	2	3.5	5	8	12	18	25	40	63	100	160	250	0.40	0.63	1.00	1.60	2.50	4.0	6.3
180	250	2	3	4.5	7	10	14	20	29	46	72	115	185	290	0.46	0.72	1.15	1.85	2.90	4.6	7.2
250	315	2.5	4	6	8	12	16	23	32	52	81	130	210	320	0.52	0.81	1.30	2.10	3.20	5.2	8.1
315	400	3	5	7	9	13	18	25	36	57	89	140	230	360	0.57	0.89	1.40	2.30	3.60	5.7	8.9
400	500	4	6	8	10	15	20	27	40	63	97	155	250	400	0.63	0.97	1.55	2.50	4.00	6.3	9.7
500	630	4.5	6	9	15	16	22	30	44	70	110	175	280	440	0.70	1.10	1.75	2.80	4.40	7.0	11.0
630	800	5	7	10	13	18	25	35	50	80	125	200	320	500	0.80	1.25	2.00	3.20	5.00	8.0	12.5
800	1 000	5.5	8	11	15	21	29	40	5.6	90	140	230	360	560	0.90	1.40	2.30	3.60	5.60	9.0	14.0

3. 配合尺寸的圆整

配合尺寸属于零件上的功能尺寸，影响产品性能和装配精度。要确定配合尺寸，需做好以下工作。

（1）确定轴孔基本尺寸（方法同轴向主要尺寸的圆整）。

（2）确定配合性质（根据拆卸时零件之间松紧程度，可初步判断出是有间隙的配合还是有过盈的配合）。

（3）确定基准制（一般取基孔制，但也要根据零件的作用来决定）；确定公差等级（在满足使用要求的前提下，尽量选择较低等级）。在确定好配合性质后，还应具体确定选用的配合。

【例 3.2】 现有一个实测值为 ϕ19.98，请确定其基本尺寸和公差等级。

查表 3.5，ϕ20 与实测值接近。根据保证所给公差等级在 IT9 级以内的要求，初步定为 20IT9，查公差表得公差为 0.052。若取基本偏差为 f，则极限偏差 $es=-0.020$，$ei=-0.072$，此时，ϕ19.98 不是公差中值，需要做调整，选为 ϕ20h9，其 $es=0$，$ei=-0.052$。ϕ19.98 基本为公差中值。再根据零件所在位置的作用校对一下，即可确定下来。

4. 尺寸协调

标注尺寸时，必须注意把装配在一起的有关零件的测绘结果加以比较，并确定其基本尺寸和公差，不仅相关尺寸的数值要相互协调，而且在尺寸的标注形式上也必须采用相同的方法。

3.5 技术要求的确定

3.5.1 极限与配合的确定

零件的尺寸公差由多方面因素综合决定。通常情况下,确定零件的尺寸公差需要考虑三个方面的因素:配合基准制的选择、公差等级的选择和配合的选择。

1. 配合基准制的选择

要根据实际情况来选取不同的配合基准制。一般情况下,从工艺和经济的角度来考虑,应优先选用基孔制配合。以下情况应选择基轴制配合。

(1)在同一基本尺寸的轴上,有不同配合要求的孔与其相配合。

(2)两个相互配合的零件中有一个是标准件,应以标准件作为基准。

(3)对于特大件或特小件,应考虑采用基轴制。

2. 公差等级的选择

为确定被测件的公差等级,通常需要考虑以下三方面因素。

(1)根据被测零件所在部位的精度高低、零件所在部位的重要性、配合表面粗糙度等级来选取公差等级。

(2)根据各个公差等级的应用范围和各种加工方法所能达到的公差等级进行选取。各种加工方法所能达到的公差等级见表3.7。

表3.7 各种加工方法所能达到的公差等级

<table>
<tr><th>公差等级</th><th>加工方法</th><th>应用</th></tr>
<tr><td>IT01 ~ IT2</td><td>研磨</td><td>用于量块、量仪</td></tr>
<tr><td>IT3 ~ IT4</td><td>研磨</td><td>用于精密仪器、精密机件的光整加工</td></tr>
<tr><td>IT5</td><td rowspan="2">研磨、珩磨、精磨精铰、粉末冶金</td><td rowspan="4">用于一般精密配合,IT6 ~ IT7 级用于机床和较精密的仪器</td></tr>
<tr><td>IT6</td></tr>
<tr><td>IT7</td><td rowspan="2">磨削、拉削、铰孔、精车、精镗、精铣、粉末冶金</td></tr>
<tr><td>IT8</td></tr>
<tr><td>IT9</td><td rowspan="2">车、镗、铣、刨、插</td><td rowspan="2">用于一般要求,主要用于长度尺寸的配合,如键和键槽的配合</td></tr>
<tr><td>IT10</td></tr>
<tr><td>IT11</td><td rowspan="2">粗车、粗镗、粗铣、粗刨、插、钻、冲压、压铸</td><td rowspan="2">尺寸不重要的配合。IT12 ~ IT13 级也用于非配合尺寸</td></tr>
<tr><td>IT12 ~ IT13</td></tr>
<tr><td>IT14</td><td>冲压、压铸</td><td rowspan="2">用于非配合尺寸</td></tr>
<tr><td>IT15 ~ IT18</td><td>铸造、锻造</td></tr>
</table>

(3)考虑孔和轴的工艺等价性。对于基本尺寸≤500 mm、公差等级≤IT3 的配合,推荐选择轴的公差等级比孔的公差等级高一级;对于基本尺寸>500 mm、公差等级>IT8 的

配合,推荐选择孔与轴相同的公差等级。

确定公差等级的常用方法有类比法和计算法。

①类比法。参照同类产品,结合零件的使用要求类比选定。同时,再参照表3.8进行确定。在零件加工过程中,公差等级在满足基本要求的前提下,应尽量选用较低的公差等级。对于精密度较高、处于重要部位、配合表面粗糙度参数值较小的零件,应当选择较高的公差等级。

表3.8 公差等级的应用举例

公差等级	应用条件说明	应用举例
IT01	用于特别精密的尺寸传递基准	特别精密的标准量块
IT0	用于特别精密的尺寸传递基准及宇航中特别重要的极个别精密配合尺寸	特别精密的标准量块,个别特别重要的精密机械零件尺寸,校对检验IT6级轴用量块的校对量规
IT1	用于精密的尺寸传递基准、高精密测量工具及特别重要的极个别精密配合尺寸	高精密标准量规,校对检验IT7~IT9级轴用量规的校对量规,个别特别重要的精密机械零件尺寸
IT2	用于高精密的测量工具、特别重要的精密配合尺寸	检验IT6~IT7级零件用量规的尺寸制造公差,校对检验IT8~IT11级轴用量规的校对塞规,个别特别重要的精密机械零件尺寸
IT3	用于精密测量工具,小尺寸零件的高精度的精密配合以及和C级滚动轴承配合的轴径与外壳孔径	检验IT8~IT11级零件用量规和校对检验IT9~IT13级轴用量规的校对量规;与特别精密的P4级滚动轴承内环孔(直径至100 mm)相配合的机床主轴;精密机械和高速机械的轴颈,与P4级向心球轴承外环相配合的壳体孔径、航空及航海工业中导航仪器上特殊精密的个别小尺寸零件的精度配合
IT4	用于精密测量工具、高精度的精密配合和P4级、P5级滚动轴承配合的轴径和外壳孔径	检验IT9~IT12级零件用量规和校对IT12~IT14级轴用量规的校对量规;与P4级轴承孔(孔径>100 mm)及与P5级轴承孔相配合的机床主轴;精密机械和高速机械的轴颈,与P4级轴承相配合的机床外壳孔,柴油机活塞销及活塞销座孔径,高精度(1~4级)齿轮的基准孔或轴径,航空及航海工业中所用仪器的特殊精密的孔径
IT5	用于配合公差要求很小,形状公差要求很高的条件下。这类公差等级能使配合性质比较稳定,相当于旧国标中的最高精度,用于机床、发动机和仪表中特别重要的配合尺寸,一般机械中应用较少	检验IT11~IT14级零件用量规和校对IT14~IT15级轴用量规的校对量规;与P5级滚动轴承相配合的机床箱体孔;与E级滚动轴承孔相配合的机床主轴;精密机械及高速机械的轴颈,机床尾架套筒,高精度分度盘轴颈,分度头主轴,精密丝杠基准轴颈,高精度镗套的外径等;发动机中主轴仪表中的精密孔的配合,5级精度齿轮的气孔及5级、6级精度齿轮的基准轴

续表 3.8

公差等级	应用条件说明	应用举例
IT6	广泛用于机械制造中的重要配合，配合表面有较高均匀性的要求，能保证相当高的配合性质，使用可靠	检验 IT12～IT15 级零件用量规和校对 IT15～IT16 级轴用量规的校对量规；与 E 级轴承相配的外壳孔及与滚子轴承相配合的机床主轴轴颈、机床制造中装配式青铜蜗轮、轮壳外径安装齿轮、蜗轮、联轴器、皮带轮、凸轮的轴颈；机床丝杠支承轴颈、矩形花键的定心直径、摇臂钻床的立柱等；机床夹具的导向件的外径尺寸，精密仪器中的精密轴，航空及航海仪表中的精密轴、自动化仪表，邮电机械，手表中特别重要的轴，发动机中气缸套外径，曲轴主轴颈，活塞销、连杆衬套，连杆和轴瓦外径；6 级精度齿轮的基准孔和 7 级、8 级精度齿轮的基准轴颈，特别精密（如 1 级或 2 级）精度齿轮的顶圆直径
IT7	在一般机械中广泛应用。应用条件与 IT6 级相似，但精度稍低	检验 IT14～IT16 级零件用量规和校对 IT16 级轴用量规的校对量规，机床中装配式青铜蜗轮轮缘孔径，联轴器、皮带轮、凸轮等的孔径；机床卡盘座孔，摇臂钻床的摇臂孔，车床丝杠的轴承孔，机床夹头导向件的内孔，发动机中连杆孔、活塞孔、铰制螺柱定位孔；纺织机械中的重要零件，印染机械中要求较高的零件，精密仪器中精密配合的内孔，电子计算机、电子仪器、仪表中重要内孔，自动化仪表中重要内孔，7 级、8 级精度齿轮的基准孔和 9 级、10 级精密齿轮的基准轴
IT8	在机械制造中属于中等精度，在仪器、仪表及钟表制造中，由于基本尺寸较小，所以属于较高精度范围，在农业机械、纺织机械、印染机械、自行车、缝纫机、医疗器械中应用量广	检验 IT16 级零件用量规，轴承座衬套沿宽度方向的尺寸配合，手表中跨齿轴、棘爪拨针轮等与夹板的配合，无线电仪表中的一般配合；电子仪器仪表中较重要的内孔，计算机中变速齿轮孔和轴的配合，医疗器械中牙科车头的钻头套的孔与车针柄部的配合，电机制造中铁芯与机座的配合，发动机油环槽宽，连杆轴瓦内径，低精度（9～12 级精度）齿轮的基准孔与 11～12 级精度齿轮和基准轴，6～8 级精度齿轮的顶圆
IT9	应用条件与 IT8 级类似，但精度要求低于 IT8 级	机床制造中轴套外径与孔，操作件与轴，空转皮带轮与轴，操纵系统的轴与轴承等的配合；纺织机械、印染机械中的一般配合零件，发动机中机油架体内孔，飞轮与飞轮套、汽缸盖孔径、活塞槽环的配合等；光学仪器、自动化仪表中的一般配合，手表中要求较高零件的未注公差尺寸的配合，单键连接中键宽配合尺寸，打字机中的运动件配合等
IT10	应用条件与 IT9 级类似，但精度要求低于 IT9 级	电子仪器仪表中支架上的配合，打字机中铆合件的配合尺寸，闹钟机构中的中心管与前夹板、轴套与轴、手表中的未注公差尺寸，发动机中油封挡圈孔与曲轴皮带轮毂

续表 3.8

公差等级	应用条件说明	应用举例
IT11	配合精度要求较粗糙,装配后可能有较大的间隙,特别适用于要求间隙较大且有显著变动而不会引起危险的场合	机床上法兰盘止口与孔、滑块与滑移齿轮、凹槽等,农业机械及冲压加工的配合零件,钟表制造中不重要的零件,手表制造用的工具及设备中的未注公差尺寸,纺织机械中较粗糙的活动配合,印染机械中要求较低的配合,医疗器械中手术刀片的配合,不作测量基准用的齿轮顶圆直径公差
IT12	配合精度要求很低,装配后有很大的间题	非配合尺寸及工序间尺寸,发动机分离杆,手表制造中工艺装备的未注公差尺寸,计算机行业切削加工中未注公差尺寸的极限偏差,医疗器械中手术刀柄的配合,机床制造中扳手孔与扳手座的连接
IT13	应用条件与 IT12 级类似,但精度要求较低	非配合尺寸及工序间尺寸,计算机、打字机中切削加工零件及圆片孔,二孔中心距的未注公差尺寸
IT14	用于非配合尺寸及不包括在尺寸链中的尺寸	机床、汽车、拖拉机、冶金、矿山、石油化工、电机、电器、仪器、仪表、造船、航空、医疗器械、钟表、自行车、造纸、纺织机械等工业中未注公差尺寸的切削加工零件中未注公差尺寸的极限偏差
IT15	用于非配合尺寸及不包括在尺寸链中的尺寸	冲压件、木模铸造零件、重型机床中尺寸大于 3 150 mm 的未注公差尺寸
IT16	用于非配合尺寸及不包括在尺寸链中的尺寸	打字机中浇铸件尺寸,无线电制造中箱体外形尺寸,压弯延伸加工用尺寸,纺织机械中木制零件及塑料零件尺寸公差,木模制造和自由锻造时的尺寸
IT17/IT18	用于非配合尺寸及不包括在尺寸链中的尺寸	塑料成型尺寸公差,医疗器械中的一般外形尺寸公差,冷作、焊接尺寸用公差

②计算法。根据实际测量的间隙或过盈的大小,通过计算来确定公差等级。

计算方法如下:

$$\text{配合公差}=\text{孔公差}+\text{轴公差}$$

即

$$T_{\text{配合}}=T_{\text{孔}}+T_{\text{轴}} \tag{3.1}$$

当用实测间隙或过盈量的大小来代替配合公差时,式(3.1)可改写为

$$T_{\text{测量}}=T_{\text{孔}}+T_{\text{轴}} \tag{3.2}$$

应用式(3.1)和式(3.2),查表 3.6 便可确定被测件的公差等级。

【例 3.3】 测出 $\phi35$ 轴与孔的实际间隙为 25 μm,请确定轴、孔的公差等级。

查表 3.6,当孔精度等级为 IT6 级时,标准公差为 16 μm;当轴的公差等级为 IT5 级时,标准公差为 11 μm,此时轴、孔的配合公差为

$$T_{配合}=T_{孔}+T_{轴}=16+11=27\ \mu m$$

该选择与实测间隙接近，选择正确。

3. 配合的选择

基本尺寸相同，相互配合的孔、轴公差带之间的关系称为配合。选用配合时应尽量选择国家标准中规定的公差带和配合。在实际测绘设计中，应该首先采用表3.9所示的优先配合。当优先配合不能满足要求时，再从常用配合中选择，当常用配合也不能满足要求时，再选择一般的配合。在特殊情况下，可根据国家标准的规定，用标准公差系列和基本偏差系列组成配合，以满足特殊的要求。

表3.9　优先配合的选用

优先配合		配合特性及应用举例
基孔制	基轴制	
H11/c11	C11/h11	间隙非常大，用于很松的、转动很慢的动配合；要求大公差与大间隙的外露组件；要求装配方便的、很松的配合
H9/d9	D9/h9	间隙很大的自由转动配合，用于精度并非主要要求时，或有大的温度变动、高转速或大的轴距压力时
H8/f7	F8/h7	间隙不大的转动配合，用于中等转速与中等轴颈压力的精确转动；也用于装配较易的中等定位配合
H7/g6	G7/h6	间隙较小的滑动配合，用于不希望自由转动，但可自由移动和滑动并精密定位时；也可用于要求明确的定位配合
H7/h6	H7/h6	均为间隙定位配合，零件可自由装拆，而工作时一般相对静止不动。在最大实体条件下的间隙为零，在最小实体条件下的间隙由公差等级决定
H8/h7	H8/h7	
H9/h9	H9/h9	
H11/h11	H11/h11	
H7/k6	K7/h6	过渡配合，用于精密定位
H7/n6	N7/h6	用于过渡配合，允许有较大过盈的更紧密定位
H7/p6	P7/h6	过盈定位配合，即小过盈配合，用于定位精度特别重要时，能以最好的定位精度达到部件的刚性要求而对内孔承受压力无特殊要求，不依靠配合的紧固件传递摩擦负荷
H7/s6	S7/h6	中等压入配合，适用于一般钢件，或用于薄壁件的冷缩配合，用于铸铁件可得到最紧的配合
H7/u6	U7/h6	压入配合，适用于可以承受大压力的零件或不宜承受大压力的冷缩配合

在选择配合时，还要综合考虑以下因素。

（1）孔和轴的定心精度。相互配合的孔、轴的定心精度要求高时，不宜用间隙配合，多用过渡配合。过盈配合也能保证定心精度。

（2）受载荷情况。若载荷较大，对过盈配合过盈量要增大，对过渡配合要选用过盈概率大的过渡配合。

（3）拆装情况。经常拆装的孔和轴的配合比不经常拆装的配合要松些。有时零件虽然不经常拆装,但受结构限制装配困难的配合,也要选松一些的配合。

(4)配合件的材料。当配合件中有一件是铜或铝等塑性材料时,因它们容易变形,故选择配合时可适当增大过盈或减小间隙。

(5)装配变形。对于一些薄壁套筒的装配,还要考虑装配变形的问题。

(6)工作温度。当工作温度与装配温度相差较大时,选择配合时要考虑热变形的影响。

(7)生产类型。在大批量生产时,加工后的尺寸通常服从正态分布。但在单件小批量生产时,多采用试切法,加工后孔的尺寸多偏向最小极限尺寸,轴的尺寸多偏向最大极限尺寸。这样,对同一配合,单件小批量生产比大批量生产总体上就显得紧一些。因此,在选择配合时,对同一使用要求,单件小批量生产时采用的配合应比大批量生产时要松一些。

3.5.2 基准的确定

尺寸基准是标注尺寸的起点,是设计和制造过程中的重要依据。基准要素的选择包括零件上基准部位的选择和基准数量的确定两个方面。

1. 基准部位的选择

基准部位根据设计和加工要求、零件的结构特征,并兼顾基准统一的原则来确定。常选用零件在机器中定位的结合面作为基准。例如,常用箱体类零件的地平面和侧面、盘类零件的轴线、回转零件的支承轴颈或支承孔的轴线等作为基准。

基准要素应具有足够的刚度和尺寸,以保证定位要素稳定、可靠。选用加工精度较高的表面作为基准部位。

2. 基准数量的确定

基准数量应根据公差项目的定向、定位和几何功能要求来确定。定向公差大多只需要一个基准,如平行度、垂直度、同轴度和对称度等,一般只用一个平面或一条轴线作基准要素;而定位公差则需要一个或多个基准,如位置度,就可能要用到两三个基准要素。

3.5.3 表面粗糙度的确定

表面粗糙度是评定零件表面质量的一项重要技术指标,对于零件的配合、耐磨性、抗腐蚀性以及密封性等都有显著影响,是零件图中必不可少的一项技术要求。

零件表面粗糙度的选用应该既满足零件表面的功能要求,又要考虑经济合理。一般情况下,凡是零件上有配合要求或有相对运动的表面,粗糙度参数值要小,参数值越小,表面质量越高,但加工成本也越高。因此,在满足使用要求的前提下,应尽量选用较大的粗糙度参数值,以降低成本。对于零件表面结构的状况,可由三类参数加以评定:轮廓参数(由 GB/T 3505—2009《产品几何技术规范(GPS) 表面结构 轮廓法 术语、定义及表面结构参数》定义)、图形参数(由 GB/T 18618—2009《产品几何技术规范(GPS) 表面结构 轮廓法 图形参数》定义)、支承率曲线参数(由 CB/T 18778.2—2003《产品几何量技术规范(GPS) 表面结构 轮廓法 具有复合加工特征的表面 第2部分:用线性化的支承率曲线表征高度特征》和 GB/T 18778.3—2006《产品几何技术规范(GPS) 表面结构 轮廓法具有复合特征的表面 第3部分:用概率支承率曲线表征高度特性》定义)。其中,轮廓参数是我国机械图样中最常用的评定参数。评定粗糙度轮廓的两个高度参数为 *Ra*、*Rz*,其中 *Ra* 为常用的评定参数。表面粗糙度评定参数 *Ra* 数值及其对应的表面特征加工方法见附录十二。

确定表面粗糙度的方法很多,常用的方法有仪器测量法、比较法和类比法。仪器测量法和比较法适用于测量没有磨损或磨损极小的零件表面。对于磨损严重的零件表面,只能用类比法来确定。

1. 仪器测量法

利用测量仪器来确定被测表面粗糙度,是确定粗糙度最精确的一种方法。所用测量仪器主要有光切显微镜和干涉显微镜等。

(1)光切显微镜(又称为双管显微镜)。利用光切原理来间接测量表面粗糙度,测量结果需要计算后得出。该仪器适宜于测量用车、铣、刨等加工方法所加工的金属零件的平面或外圆表面。光切法主要用于测量 *Rz* 值,测量范围为0.8 ~80 μm。

(2)干涉显微镜。利用光波干涉原理来测量表面粗糙度。主要用于测量表面粗糙度的 *Rz* 和 *Ra* 值,可用于测量表面粗糙度较高的表面,通常测量范围为0.03 ~1 μm。

2. 比较法

比较法是将被测表面与标有一定评定参数值的表面粗糙度样板直接进行比较,从而估计出被测表面粗糙度的一种测量方法。比较时,可用视觉或触觉判断,还可以借助放大镜或比较显微镜判断;另外,选择样板时,样板的材料、表面形状、加工方法、加工纹理方向等应尽可能与被测表面一致。表面粗糙度样板的材料、形状及制造工艺应尽可能与零件相同,否则往往会产生较大的误差。在生产实际中,也可直接从零件中挑选样品,用仪器测定粗糙度参数值后作为样板。

3. 类比法

参照同类产品,结合零件的使用要求类比选定零件的表面质量。用类比法确定表面粗糙度的一般原则有以下几点。

(1)在同一零件上,工作表面的粗糙度值应比非工作表面小。

(2)摩擦表面的粗糙度值应比非摩擦表面小,滚动摩擦表面的粗糙度值应比滑动摩擦表面小。

(3)运动速度高、单位面积压力大的表面及受交变应力作用的重要表面的粗糙度值都小。

(4)配合性质要求越稳定,其配合表面的粗糙度值应越小;配合性质相同时,零件尺寸越小,粗糙度也应越小;同一精度等级,小尺寸比大尺寸、轴比孔的粗糙度要小。

(5)表面粗糙度参数值应与尺寸公差及几何公差相协调。一般来说,尺寸公差和几何公差小的表面,其粗糙度值也应小。

(6)防腐性、密封性要求高时,外表面等表面粗糙度值应较小。

(7)凡有关标准已对表面粗糙度要求做出规定的,应按标准规定选取表面粗糙度,如轴承、齿轮等。

在选择参数值时,应仔细观察被测表面的粗糙度情况,认真分析被测表面的作用、加

工方法和运动状态等，按照表3.10初步选定粗糙度值，再对比表3.11做适当调整。

表3.10 轴和孔的表面粗糙度参数推荐值

<table>
<tr><th colspan="3">表面特征</th><th colspan="6">Ra/μm</th></tr>
<tr><td rowspan="10">轻度装卸零件的配合表面（如挂轮、滚刀等）</td><td rowspan="2">公差等级</td><td rowspan="2">表面</td><td colspan="6">基本尺寸/mm</td></tr>
<tr><td colspan="3">≤50</td><td colspan="3">50～500</td></tr>
<tr><td rowspan="2">IT5</td><td>轴</td><td colspan="3">≤0.2</td><td colspan="3">≤0.4</td></tr>
<tr><td>孔</td><td colspan="3">≤0.4</td><td colspan="3">≤0.8</td></tr>
<tr><td rowspan="2">IT6</td><td>轴</td><td colspan="3">≤0.4</td><td colspan="3">≤0.8</td></tr>
<tr><td>孔</td><td colspan="3">≤0.8</td><td colspan="3">≤1.6</td></tr>
<tr><td rowspan="2">IT7</td><td>轴</td><td colspan="3" rowspan="2">≤0.8</td><td colspan="3" rowspan="2">≤1.6</td></tr>
<tr><td>孔</td></tr>
<tr><td rowspan="2">IT8</td><td>轴</td><td colspan="3">≤0.8</td><td colspan="3">≤1.6</td></tr>
<tr><td>孔</td><td colspan="3">≤1.6</td><td colspan="3">≤3.2</td></tr>
<tr><td rowspan="10">过盈配合的配合表面
①装配按机械压入法
②装配按热处理法</td><td rowspan="2">公差等级</td><td rowspan="2">表面</td><td colspan="6">基本尺寸/mm</td></tr>
<tr><td colspan="2">≤50</td><td colspan="2">50～120</td><td colspan="2">120～500</td></tr>
<tr><td rowspan="2">IT5</td><td>轴</td><td colspan="2">≤0.2</td><td colspan="2">≤0.4</td><td colspan="2">≤0.4</td></tr>
<tr><td>孔</td><td colspan="2">≤0.4</td><td colspan="2">≤0.8</td><td colspan="2">≤0.8</td></tr>
<tr><td rowspan="2">IT6～IT7</td><td>轴</td><td colspan="2">≤0.4</td><td colspan="2">≤0.8</td><td colspan="2">≤1.6</td></tr>
<tr><td>孔</td><td colspan="2">≤0.8</td><td colspan="2">≤1.6</td><td colspan="2">≤1.6</td></tr>
<tr><td rowspan="2">IT8</td><td>轴</td><td colspan="2">≤0.8</td><td colspan="2">≤1.6</td><td colspan="2">≤3.2</td></tr>
<tr><td>孔</td><td colspan="2">≤1.6</td><td colspan="2">≤3.2</td><td colspan="2">≤3.2</td></tr>
<tr><td rowspan="2">IT9</td><td>轴</td><td colspan="2">≤1.6</td><td colspan="2">≤3.2</td><td colspan="2">≤3.2</td></tr>
<tr><td>孔</td><td colspan="2">≤3.2</td><td colspan="2">≤3.2</td><td colspan="2">≤3.2</td></tr>
<tr><td rowspan="4">精密定心用配合的零件表面</td><td rowspan="2">公差等级</td><td rowspan="2">表面</td><td colspan="6">径向圆跳动公差/μm</td></tr>
<tr><td>≤2.5</td><td>≤4</td><td>≤6</td><td>≤10</td><td>≤16</td><td>≤25</td></tr>
<tr><td rowspan="2">IT5～IT8</td><td>轴</td><td>≤0.05</td><td>≤0.1</td><td>≤0.1</td><td>≤0.2</td><td>≤0.4</td><td>≤0.8</td></tr>
<tr><td>孔</td><td>≤0.1</td><td>≤0.2</td><td>≤0.2</td><td>≤0.4</td><td>≤0.8</td><td>≤1.6</td></tr>
<tr><td rowspan="6">滑动轴承的配合表面</td><td rowspan="2">公差等级</td><td rowspan="2">表面</td><td colspan="6">基本尺寸/mm</td></tr>
<tr><td colspan="2">≤50</td><td colspan="2">50～120</td><td colspan="2">120～500</td></tr>
<tr><td rowspan="2">IT6～IT9</td><td>轴</td><td colspan="6">≤0.8</td></tr>
<tr><td>孔</td><td colspan="6">≤1.6</td></tr>
<tr><td rowspan="2">IT10～IT12</td><td>轴</td><td colspan="6">≤3.2</td></tr>
<tr><td>孔</td><td colspan="6">≤3.2</td></tr>
</table>

表 3.11 表面粗糙度的表面特征、加工方法及应用举例

表面微观特性		Ra/μm	Rz/μm	加工方法	应用举例
粗糙表面	微见刀痕	≤20	≤80	粗车、粗铣、粗刨、钻孔、锉、锯断、粗砂轮等	半成品粗加工过的表面、非配合的加工表面，如轴端面、倒角、钻孔、齿轮和苯轮侧面、键槽底面、垫圈接触面
半光表面	可见加工痕迹	≤10	≤40	车、铣、刨、镗、钻、粗铰	轴上不安装轴承、齿轮处的非配合表面，紧固件的自由装配表面，轴和孔的退刀槽
	微见加工痕迹	≤5	≤20	车、铣、刨、镗、磨、拉、粗刮、滚压	半精加工表面、箱体、支架、盖面、套筒等和其他零件结合而无配合要求的表面，需要发蓝的表面等
	看不清加工痕迹	≤2.5	≤10	车、铣、刨、镗、磨、拉、刮、压、铣齿	接近于精加工表面，箱体上安装轴承的撞孔表面，齿轮的工作面
光表面	可辨加工痕迹方向	≤1.25	≤6.3	车、镗、磨、拉、刮、精铰、磨齿、滚压	四柱销、圆锥销、与滚动轴承配合的表面，卧式车床导轨面，内、外花键定心表面
	微辨加工痕迹方向	≤0.63	≤3.2	精铰、精镗、磨、刮、滚压	要求配合性质稳定的配合表面，工作时受交变应力的重要零件，较高精度车床的导轨面
	难辨加工痕迹方向	≤0.32	≤1.6	精磨、珩磨、研磨、超精加工	精密机床主轴锥孔、顶尖圆锥面、发动机曲轴、凸轮轴工作表面，高精度齿轮齿面
极光表面	暗光表面	≤0.16	≤0.8	精磨、研磨、普通抛光	精密机床主轴轴颈表面，一般量规工作表面，气缸套内表面，活塞销表面
	亮光泽面	≤0.08	≤0.4	超精磨、精抛光、镜面密制	精密机床主轴轴颈表面，滚动轴承的滚珠，高压油泵中柱塞和柱塞套配合表面
	镜状光泽面	≤0.04	≤0.2		
	镜面	≤0.01	≤0.05	镜面磨削、超精研	高精度量仪、量块的工作表面，光学仪器中的金属镜面

3.5.4 零件材料与热处理的选择

对零件材料的确定是测绘中的一项重要内容。确定零件材料通常有类比法、火花鉴别法、化学分析法、光谱分析法、金相组织观察法和被测件表面硬度的测定等方法。

测绘时，对一般用途的零件可参照应用场合相似的零件材料选取，或查阅有关图纸、材料手册等来确定零件材料与热处理方法。常用热处理和表面处理方法见附录二。

1. 轴的材料与热处理的选择

轴套类零件是机器中常见的一类零件，在机器中起着传递动力和支承零件的作用，其各组成部分多是回转体。轴上通常要安装一些带轮毂的零件，因此要求轴的材料有良好的综合机械性能，轴常采用中碳钢和中碳合金钢。碳素结构钢、常用优质碳素结构钢的牌号及用途见附录十一。轴的常用材料及热处理见表3.12。

表3.12 轴的常用材料及热处理

工作条件	材料与热处理
用滚动轴承支承	45、40Cr钢，调质HBS200～250；50Mn，正火或调质HBS270～323
用滑动轴承支承，低速轻载或中载	45钢，调质HBS225～255
用滑动轴承支承，速度稍高，轻载或中载	45、50、40Cr、42MnVB钢，调质HBS228～255；轴颈表面淬火，HRC45～50
用滑动轴承支承，速度较高，中载或重载	40Cr钢，调质HBS228～255；轴颈表面淬火，不小于HRC54
用滑动轴承支承，高速中载	20、20Cr、20MnVB钢，轴颈表面渗碳、淬火、低温回火，HRC58～62
用滑动轴承支承，高速重载，冲击和疲劳应力都高	20CrMnTi，轴颈表面渗碳、淬火、低温回火，不小于HRC59
用滑动轴承支承，高速重载，精度很高(<0.003 mm)，承受很高的疲劳应力	38CrMoAlA，调质HBS248～286，轴颈渗氮不小于HV900

2. 齿轮的材料与热处理的选择

齿轮工作时，通过齿面接触传递运动和动力，两齿面相互啮合，既有滚动，又有滑动。因此，要求齿轮材料在机械性能方面具有高的疲劳强度和抗拉强度、高的表面硬度和耐磨性、适当的芯部强度和足够的韧性。齿轮的材料与热处理见表3.13。

表3.13 齿轮的材料与热处理

工作条件	材料与热处理
低速轻载	45钢，调质HBS200～250
低速中载，如标准系列减速器齿轮	45、40Cr钢，调质HBS200～250
低速重载或中速中载，如车床变速箱中的次要齿轮	45钢，表面淬火，350～370 ℃中温回火，齿面硬度HRC40～45
中速重载	40Cr、40MnB钢，表面淬火，中温回火，齿面硬度HRC45～50
高速轻载或中载，有冲击的小齿轮	20、20Cr、20CrMnVB钢，渗碳，表面淬火，低温回火，齿面硬度HRC52～62；38CrMoAl钢，渗氮，渗氮深度0.5 mm，齿面硬度HRC50～55
高速中载，无猛烈冲击，如车床变速箱中的齿轮	20CrMnTi钢，渗碳，淬火，低温回火，齿面硬度HRC56～62

续表 3.13

工作条件	材料与热处理
高速中载,模数>6 mm	20CrMnTi 钢,渗碳,淬火,低温回火,齿面硬度 HRC52 ~ 62
高速中载,模数<5 mm	20Cr、20Mn2B 钢,渗碳,淬火,低温回火,齿面硬度 HRC52 ~ 62
大直径齿轮	ZG340 ~ 640,正火,HBS180 ~ 220

3. 箱体类零件的材料与热处理的选择

箱体类零件主要用于支承、容纳、安装机器中的其他零件,箱体上会有安装底板、安装孔和凸台、内腔和筋板等结构,因此是各类零件中最复杂的一种。常见的箱体类零件有内燃机缸体和缸盖、泵壳、床身、变速机箱体,主要受压应力,也受一定的弯曲应力和冲击力。因此,要求箱体类零件具有足够的刚度、抗拉强度和良好的减震性。制造箱体类零件常用的材料见表 3.14。

表 3.14 制造箱体类零件常用的材料

工作条件	材料与热处理
受力较大,要求高的抗拉强度、高韧性(或在高温高压下工作)	铸钢
受力不大,且受静压力,不受冲击	灰铸铁 HT150、HT200
相对运动件(有摩擦、易磨损);抗拉强度要求较高	灰铸铁如 HT250 或孕育铸铁 HT300、HT350
受力不大,要求轻且热导性好的小型箱体件	铝合金铸造如 ZAlSi5CuMg(ZL105)、ZAl-Cu5Mn(ZL201)
受力小,耐腐蚀的轻件	工程塑料,ABS 有机玻璃、尼龙
受力较大,形状简单件或单件	型钢焊接,如 Q235、45 钢

大部分箱体类零件由铸造或焊接而成。毛坯中的铸造或焊接残余应力会使箱体产生变形。为了保证箱体加工后精度的稳定性,对箱体毛坯或粗加工后要用热处理方法消除残余应力,减少变形。箱体类零件有以下常用的热处理措施。

(1)热时效。铸件在 500 ~ 600 ℃下退火,可以大幅度地降低或消除铸造箱体中的残余应力。

(2)热冲击时效。将铸件快速加热,利用其产生的热应力与铸造残余应力叠加,使原有残余应力松弛。

(3)自然时效。自然时效和振动时效可以提高铸件的松弛刚性,使铸件的尺寸精度稳定。

常用铸铁的种类、牌号、性能及用途见附录十。

3.5.5 零件结构工艺性

零件的形状是结构设计的需要和加工工艺可能性的综合体现,零件的加工工艺性包

括铸造、锻造和机械加工对零件形状的影响。因此，进行零件测绘时，应考虑零件的结构工艺性。

1. 零件上的铸造工艺结构

(1)铸造圆角。为了避免落砂和铸件冷却发生裂纹、缩孔等，在铸件的转角处制成圆角，外部圆角较大($R=a$)，内部圆角较小($R=(1/5\sim1/3)a$，a为壁厚)，如图3.22所示。

(2)起模斜度(拔模斜度)。为起模方便，铸件、锻件的内外壁沿起模方向有起模斜度。零件上的起模斜度大小不同，较小的起模斜度在零件图上可以不画，较大的起模斜度应按几何形体画出(图3.22)。一般铸铁件起模斜度为1°~3°。

(3)壁厚均匀。为保证铸件各处冷却速度相同(同时凝固成型)，避免先后凝固不一，使后凝固部分金属缺欠而产生裂纹或缩孔，铸件的壁厚应是均匀等壁厚或尺寸相差不大(在20%~25%之内)。当壁厚不同时，应逐步过渡，如图3.23所示($h=A-a$，$h/L<1/4$)，内部壁厚应小于外部壁厚。

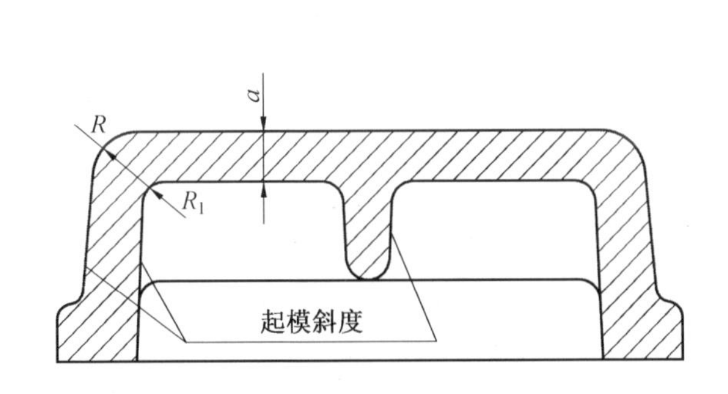

图3.22 圆角、起模斜度与壁厚

图3.23 壁厚的过渡

2. 机械加工对零件结构的影响

(1)为减少机械加工工作量，便于装配，应尽量减少加工面和接触面，如图3.24所示。

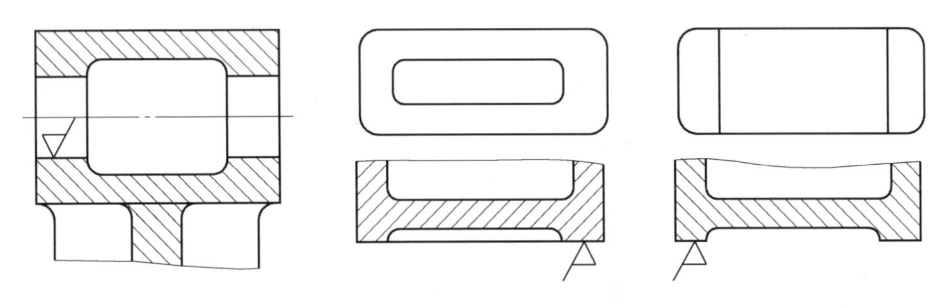

图3.24 减少内孔、平面加工量

(2)为了加工工艺和装配的需要，零件上常设计有倒角、退刀槽与砂轮越程槽，如图3.25所示。

(3)结构应合理，图3.26(a)所示的结构是为防止钻头歪斜和折断而特意设计的凸台，使孔的端面垂直孔的轴线。

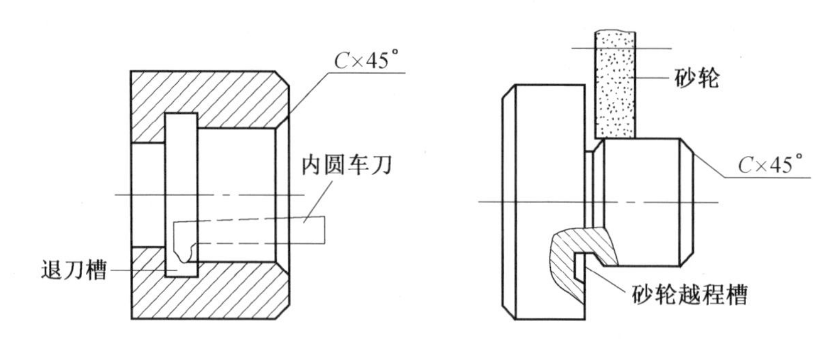

图 3.25　倒角、退刀槽与砂轮越程槽

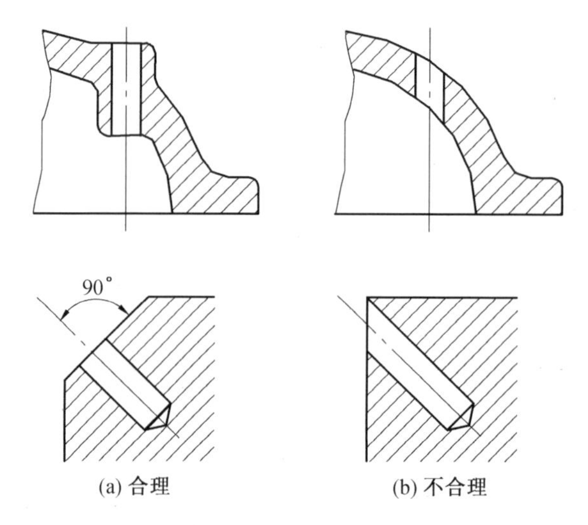

图 3.26　钻孔处的结构

(4)凸台和凹坑。零件上与其他零件的接触面一般都要加工。为了减少加工面积,并保证零件表面之间有良好的接触,通常在铸件上设计出凸台、凹坑。图 3.27(a)、(b)是螺栓连接的支承面,做成凸台或凹坑的形式;图 3.27(c)、(d)是为了减少加工面积而做成凹槽、凹腔的形式。

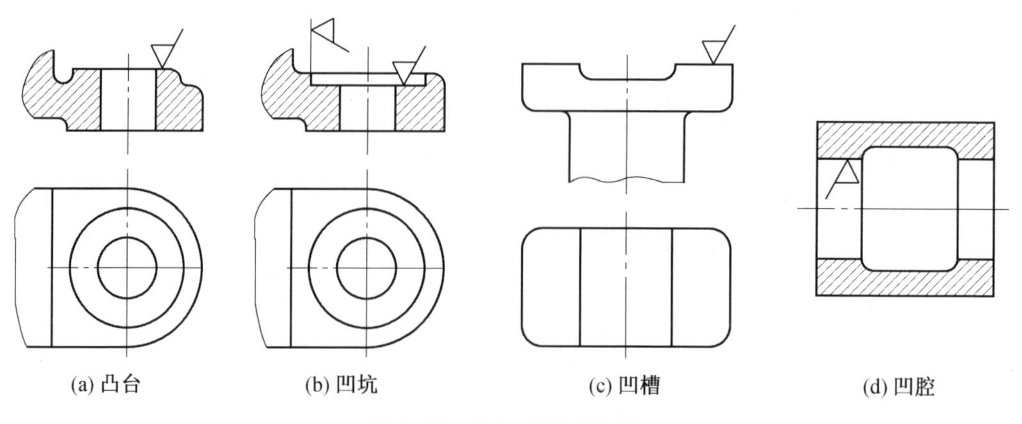

图 3.27　凸台、凹坑等结构

3.6 草图绘制

1. 画零件草图的步骤

零件草图是在测绘现场通过目测估计实物,并徒手按大致比例画出的零件图(即徒手目测图),并把测量的尺寸数字标注于图中。

零件草图一般按以下步骤绘制。

(1)了解零件的作用,分析零件的结构,确定视图表达方案。

(2)画图框和标题栏,布置图形,定出各视图位置,画主要轴线、中心线或作图基准线。布置图形时应考虑各视图间应留有足够位置标注尺寸。

(3)画出各个视图,擦去多余图线,校对后描深。画图过程分先画底稿和再描深两步进行。仔细检查绘制完成的草图,不要漏画细部结构,如倒角、小圆孔和圆角等。铸造缺陷不应反映在视图上。

(4)画出标注尺寸的全部尺寸界线和尺寸线。标注尺寸时,可再次检查零件结构形状是否表达完整、清晰。

(5)测量零件尺寸,并逐个填写尺寸数字,注写零件表面粗糙度代号,填写标题栏,完成零件草图。

2. 绘制零件草图的要求

零件草图不是潦草之图,它是后续绘制零件图的重要依据,应该具备零件图的全部内容。画出的零件草图要满足以下几点要求。

(1)遵守相应的国家标准。

(2)目测时要基本保持各部分的比例关系。

(3)图形正确,符合三视图的投影规律。

(4)线型粗细分明,图样清晰。

(5)字体工整,尺寸数字准确无误。

(6)在保证质量的前提下,绘图速度要快,初学者宜在草图纸(方格纸)上画图。

3. 徒手绘图基础

绘制草图的基本要求是准确。准确有两方面的含义:一是能够真实地反映零件的特征;二是各线段之间的比例与零件相对应部分的比例应基本一致。徒手绘图要达到上述要求,又不能借助任何绘图工具,这就必须掌握一定的方法和技巧。

徒手绘图时,可在方格纸上进行,尽量使图形中的直线与分格线重合,这样不但容易画好图线,而且便于控制图形大小和图形间的相互关系。在画各种图线时,宜采取手腕悬空,小指轻触纸面的姿势,也可随时将图纸转动到适当的角度,以利画图。零部件的图形无论怎样复杂,总是由直线、圆、圆弧和曲线组成。因此,要画好草图,必须掌握各种线条的画法。

(1)握笔方法。握笔的位置要比尺规作图高些,以利于运笔和观察目标。笔杆与纸面成45°~60°角。

(2)直线的画法。画线时,眼睛看着图线的末端。画短线用手腕运笔,画长线则用手臂动作。短直线应一笔画出,长直线则可分段相接而成。画水平线时,可将图纸稍微倾斜放置,从左到右画出;画竖直线时,由上向下较为顺手;画倾斜线时,最好将图纸转动到适宜运笔的角度,如图3.28所示。

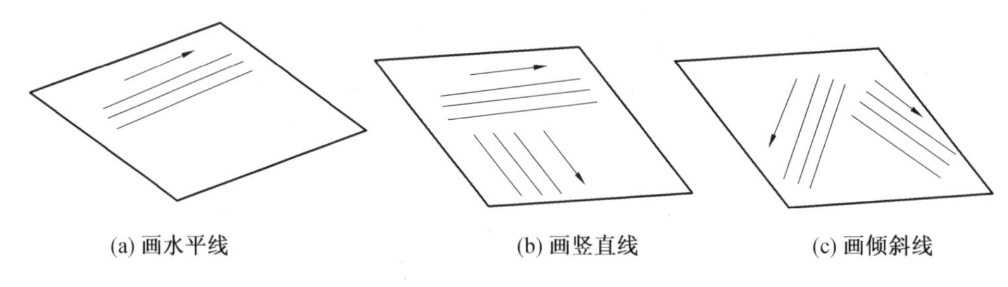

图3.28 直线的徒手画法

(3)常用角度的画法。画30°、45°、60°等常见角度,可根据直角边的比例关系,在两直角边上定出两端点,然后连接而成,如图3.29所示。

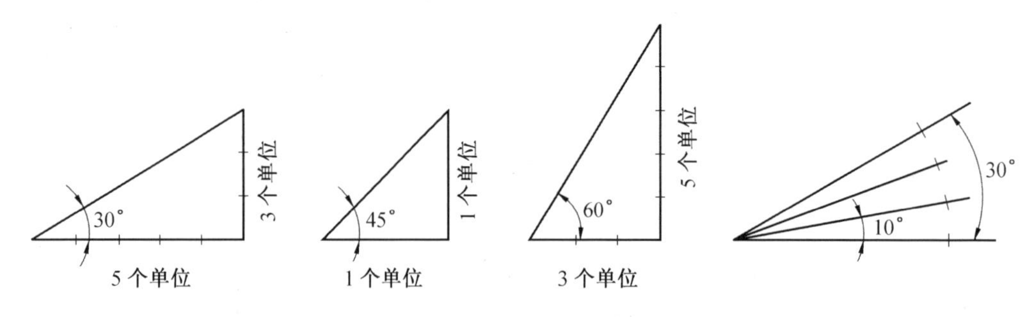

图3.29 常见角度的画法

(4)圆的画法。画小圆时,先画中心线,在中心线上按半径大小目测定出四点,然后过四点分两半画出,如图3.30(a)所示。也可过四点先画正方形,再画内切的四段圆弧,如图3.30(b)所示。画直径较大的圆,可过圆心加画一对十字线,按半径大小目测八点,然后依次连接,如图3.30(c)所示。

(5)圆角、圆弧连接的画法。画圆角时,先将直线画成相交后作角平分线,在角平分线上定出圆心位置,使其与角两边的距离等于圆角半径的大小;过圆心向角两边引垂线,定出圆弧的起点和终点,同时在角平分线上定出圆周上的一点;徒手把三点连成圆弧,如图3.31(a)所示。采用类似方法可以画圆弧连接,如图3.31(b)所示。

(6)椭圆的画法。画椭圆时,先根据长、短轴定出四点,画出一个矩形,然后画出与矩形相切的椭圆,如图3.32(a)所示。也可先画出椭圆的外切菱形,然后画出椭圆,如图3.32(b)所示。

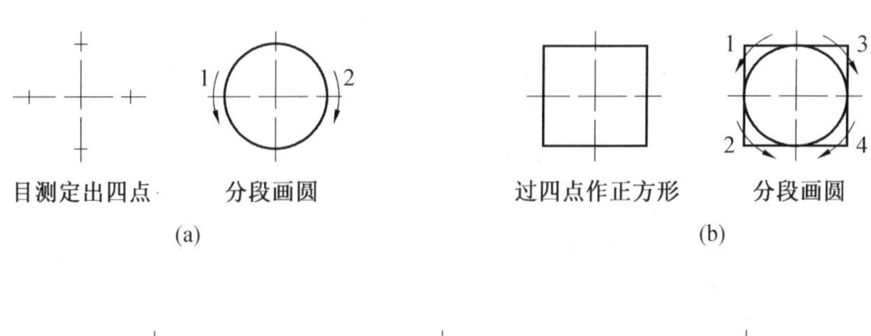

(a) (b)

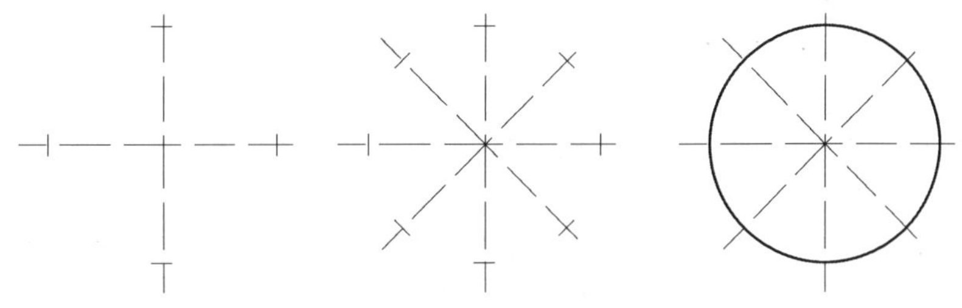

(c)

图3.30 圆的画法

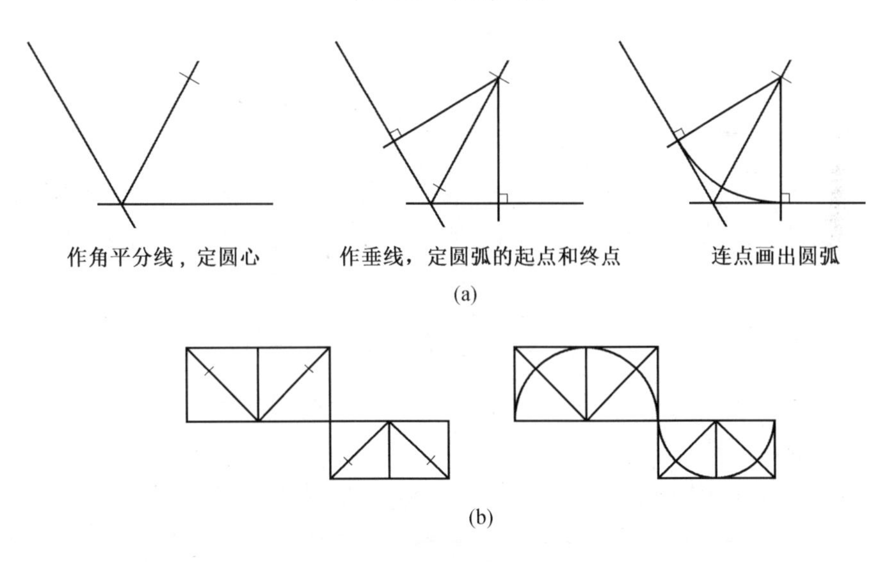

(a)

(b)

图3.31 圆角、圆弧连接的画法

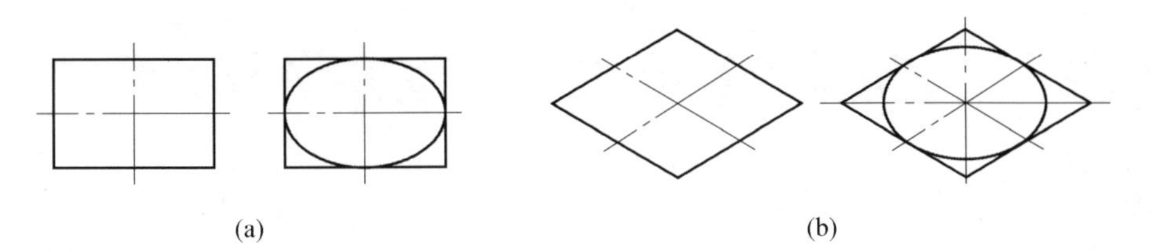

(a) (b)

图3.32 椭圆的画法

第4章 典型零件的测绘

零件是组成机器或部件的基本制造单元,任何机器或部件都是由若干个零件按一定的装配关系连接而成。虽然零件的结构形状多种多样,表达方法各不相同,但零件之间也有许多共同之处,如零件的作用、主要结构形状以及在视图表达方法上有着共同的特点和一定的规律性。根据零件之间的这些共性,通常把零件分为轴套类、盘盖类、叉架类和箱体类四类典型零件。本章将介绍这四类典型零件的作用、结构特点、视图表达方案的选择、尺寸、技术要求以及零件测绘的方法和步骤。

4.1 轴套类零件的测绘

轴套类零件是轴类零件和套类零件的统称,是组成机械部件的最常见零件。轴是用来支承和传递动力的。套一般装在轴上或机体的孔中,起到定位、支承、导向和保护传动零件的作用。

4.1.1 轴套类零件的结构特点

轴类零件的主体形状是同轴回转体,通常由直径大小不等的圆柱体、圆锥体组成,呈阶梯状(图4.1(a))。除主体外还有一些局部的结构,如为了传递动力而开的键槽、锁紧轴上零件的螺纹、销孔等标准结构,为方便加工和安装而加工出的退刀槽、砂轮越程槽、倒角、圆角、中心孔等工艺结构。

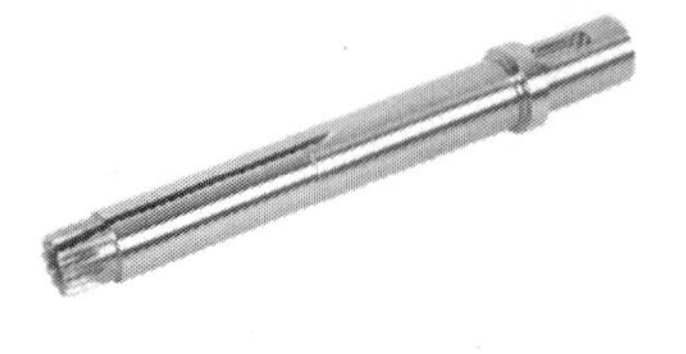

(a) 电机花键轴

(b) 轴套

图4.1 电机花键轴和轴套

套类零件通常是长圆筒状,其内孔和外表面常加工有越程槽、油孔、键槽等结构,内、外端面均有倒角(图4.1(b))。

4.1.2 轴套类零件表达方案的选择

(1)轴套类零件的主体为回转体,常用主视图来表达各阶梯长度、径向大小及各种局部结构的轴向位置。零件水平放置,符合加工位置原则。大端在左或按工作位置放置,尽量把孔、槽的外形朝向前,以便表达出它们的外轮廓形状。

(2)其他局部结构(如键槽)需要画出断面图,槽、螺纹孔等画出局部剖视图,重要的退刀槽、圆角等细小结构常用局部放大图表达。

(3)对形状简单而轴向尺寸较长的部分,常采用折断后缩短的方法绘制。

(4)实心轴一般按不剖绘制(包括在装配图上),但轴上如有内部结构形状,则需采用局部剖视来表达。空心套类零件如存在内部结构,则需要全剖、半剖或局部剖视来表达。

根据以上原则,轴套类零件常采用一个非圆主视图,若干个断面图、局部视图、局部放大图等来表达其结构。

4.1.3 轴套类零件的尺寸和技术要求的确定

1. 尺寸

零件的尺寸标注,除了要求正确、完整、清晰外,还必须合理。为了标注合理,需要对零件的结构和工艺进行分析,先确定尺寸基准,再标注尺寸。

轴套类零件的尺寸主要有轴向尺寸和径向尺寸两类(即轴的长度尺寸和直径尺寸)。重要的轴向尺寸要以轴的安装端面(轴肩端面)为主要尺寸基准,其他尺寸可以以轴的两端面作为辅助尺寸基准。径向尺寸(即轴的直径尺寸)是以零件水平放置的轴线为主要尺寸基准。除确定合理的尺寸基准外,在尺寸标注时还应注意以下几点。

(1)主要尺寸应首先注出,其余各段长度尺寸多按车削加工顺序注出,轴上的局部结构多数是就近轴肩定位。

(2)为了使标注的尺寸清晰,便于看图,宜将剖视图上的内、外尺寸分开标注,将车、铣、钻等不同工序的尺寸分开标注。

(3)零件上的标准结构(螺纹、键槽、销孔等),应按该结构标准的尺寸标注。其他常见的工艺结构(退刀槽、倒角、倒圆、中心孔)按照工艺结构的标注方法统一标注。

2. 技术要求

技术要求是零件在设计、加工和使用中应达到的技术性能指标,主要包括尺寸公差、几何公差、表面粗糙度、热处理及其他有关制造要求。

(1)尺寸公差的选择。

①轴与其他零件有配合要求的尺寸,应标注尺寸公差,公差等级选择的基本原则就是在能够满足使用要求的前提下,应尽量选择低的公差等级。在一般应用场合,可根据轴的使用要求参考同类型的零件图,用类比法确定尺寸公差。轴的主要配合直径尺寸公差等

级一般为 IT6 ~ IT9 级,精密轴段可选 IT5 级。另外,相对运动的或经常拆卸的配合尺寸的公差等级要高一些,相对静止的配合的公差等级相应要低一些。

②与标准化结构(如齿轮、带轮等)有关的轴孔或与标准化零件(如滚动轴承)配合的轴孔,其尺寸公差应符合标准化结构或零件的要求。

③重要阶梯轴的轴向位置尺寸或长度尺寸可按使用要求给定尺寸公差,或按装配尺寸链要求分配公差。

④套类零件孔径尺寸公差一般为 IT7 ~ IT9 级,精密轴套孔为 IT6 级。套类零件的外圆表面通常是支承表面,常用过盈配合或过渡配合与轮、箱体、机架上的孔配合,外径尺寸公差一般为 IT6 ~ IT7 级。但如果外径尺寸没有配合要求,可直接标注直径尺寸。

(2)几何公差的选择。

①形状公差。轴套类零件装配后通常用轴承支承在两段轴颈上,这两个轴颈是装配基准。轴类零件的形状公差是圆度和圆柱度。若轴颈要求较高,则可直接标注其允许的公差值,并根据轴承的精度选择公差等级,一般为 IT6 ~ IT7 级。

套类零件有配合要求的外表面,其圆度公差应控制在外径尺寸公差范围内,精密轴套孔的圆度公差一般为尺寸公差的 1/3 ~ 1/2,对较长的套筒零件,除圆度要求之外,还应标注圆孔轴线的直线度公差。

②位置公差。两支承轴颈的同轴度要求是基本要求,另外,其他配合轴颈相对两支承轴颈的同轴度要求是相互位置精度的普遍要求,常用径向圆跳动来表示,以便测量。一般配合精度的轴颈,其支承轴颈的径向圆跳动一般为 0.01 ~ 0.03 mm,高精度的轴为 0.001 ~ 0.005 mm,还有轴向定位端面与轴线的垂直度要求。此外,如轴上有键槽,则两工作面有对称度要求。

(3)表面粗糙度的选择。

零件表面粗糙度根据各个表面的工作要求及精度等级来确定。有配合要求的表面,其表面粗糙度参数值较小;无配合要求的表面,其表面粗糙度参数值较大。

①轴套类零件都是机械加工表面,轴的支承轴颈表面粗糙度等级较高,常选择 Ra0.4 ~ 1.6 μm,其他配合轴颈的表面粗糙度为 Ra1.6 ~ 3.2 μm,接触表面的表面粗糙度为 Ra3.2 ~ 6.3 μm,非配合表面粗糙度则选择 Ra12.5 μm。

②套类零件有配合要求的外表面粗糙度可选择 Ra0.8 ~ 1.6 μm,孔的表面粗糙度一般为 Ra0.8 ~ 3.2 μm,要求较高的精密套可达 Ra0.4 μm。

在实际制图测绘时,零件几何公差、表面粗糙度的技术要求可参考同类零件进行类比确定。

4.1.4 轴套类零件的测绘

以下以图 4.2 所示的主动轴零件的测绘来介绍轴套类零件测绘的一般过程。

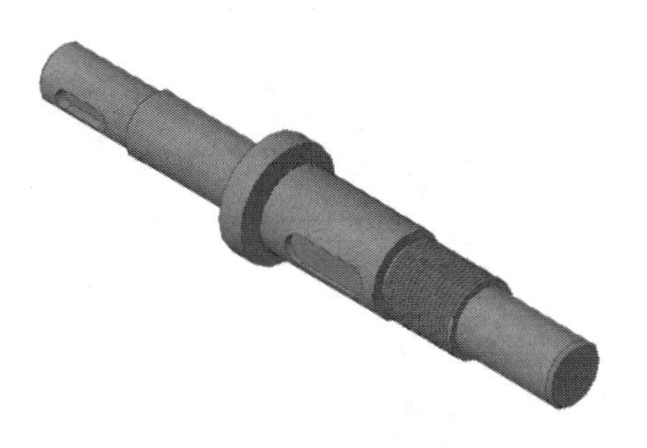

图4.2 主动轴立体图

1. 对主动轴进行概括了解

测绘前首先要了解被测零件在机器中的用途、结构、各部位的功用及其与其他零件的关系等。

主动轴属于轴类零件，在减速器、变速器等部件中用来传递动力和运动。从图4.2中可知，其结构由几段不同直径的回转体组成，最大圆柱为轴肩，一段有螺纹结构，有两处键槽，一处退刀槽，一处砂轮越程槽，两端有倒角。

2. 绘制零件草图

根据轴套类零件的表达方案，确定主动轴轴线水平放置，键槽朝前，采用一个主视图和两处断面图来表达其结构并绘制出零件草图。根据零件的实物以及与之配合的零件，将需测绘零件的各部分尺寸界线、尺寸线并在草图上标注。标注之前，要正确选择基准。该零件以轴线为径向尺寸基准，以轴肩右端面为轴向尺寸基准。

3. 尺寸测量

测量尺寸时，要根据被测尺寸的精度选择测量工具。线性尺寸的测量主要用千分尺、游标卡尺和钢直尺等，千分尺的测量精度在IT5 ~ IT9级之间，游标卡尺的测量精度在IT10级以下，钢直尺一般用来测量非功能尺寸。轴套类零件应测量的尺寸主要有以下几类。

(1)径向尺寸。用游标卡尺或千分尺直接测量各段轴颈尺寸并圆整，与轴承配合的轴颈尺寸要和轴承的内孔系列尺寸相匹配，和齿轮、带轮等配合的尺寸要注意与之相匹配。

(2)轴向尺寸。轴套类零件的轴向长度尺寸一般为非功能尺寸，用钢直尺、游标卡尺或千分尺测量各段阶梯长度和轴套类零件的总长度，测出的数据圆整成整数。需要注意的是，轴套类零件的总长度尺寸应直接测量，不要用各段轴向的长度进行累加计算。

(3)键槽、螺纹结构尺寸。键槽尺寸主要有槽宽 b、深度 t 和长度 l，从键槽的外观形状即可判断与之配合的键类型。先测量出的 b、t、l 值，再根据国标规定键、键槽规格，确定其尺寸。螺纹结构先根据外形确定牙型、旋向和线数，再用游标卡尺或千分尺测出螺纹的公称直径、用螺纹量规直接测量螺距，最后查标准螺纹表确定标准螺纹尺寸。

(4)倒角、退刀槽、圆角等的结构尺寸。按照所在轴段直径查表确定，再按照工艺结构标注方法在草图上标注。

4. 确定技术要求

对主动轴来说，尺寸公差主要有：轴颈支承段（与滚动轴承配合）的精度等级用类比法确定为IT6级且轴与轴承配合多为过渡或过盈配合，故公差带代号确定为k6。对于有键槽的两段轴，因需与带轮、齿轮等存在间隙配合，故公差带代号选取f7。两处键槽与键为紧密连接，公差带代号为P9，通过查表将上述各段轴的偏差及键槽深度的偏差通过查表确定，标注在其设计尺寸之后。

中间带键槽的轴段与齿轮配合，传递运动与动力，所以其轴线与两端支承段的同轴度要求比较高，用类比法确定其同轴度公差，在草图上标注出来。

采用类比法或查资料确定轴上有配合要求的表面粗糙度选择 $Ra1.6\ \mu m$，接触面选择 $Ra3.2\ \mu m$，其余各加工表面选用 $Ra12.5\ \mu m$。

5. 确定材料和热处理的选择

轴的材料常采用合金钢制造，如35、45合金钢，调质到HBW230～260。

6. 完成零件图

与相配零件尺寸核对无误后，完成草图绘制，待装配图完成后，再依据草图绘制零件图，如图4.3所示。

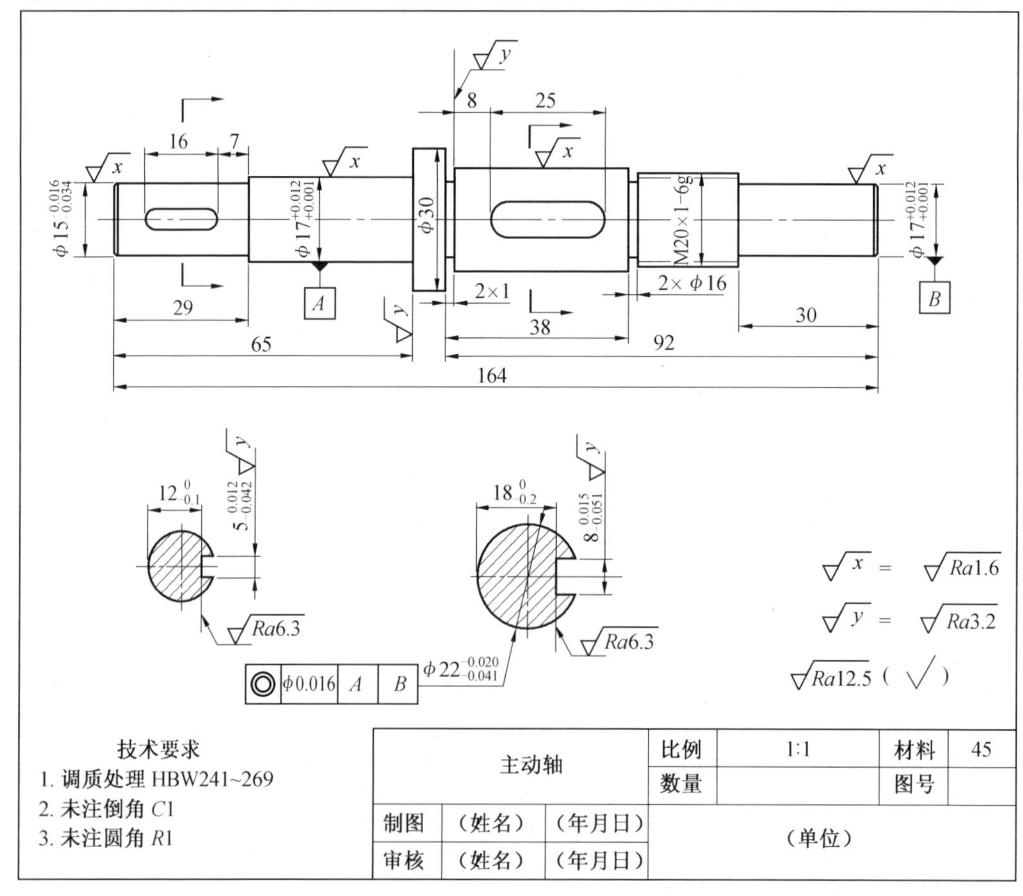

图4.3 主动轴零件图

4.2 盘盖类零件的测绘

盘盖类零件是盘类零件和盖类零件的统称，是机器或部件上的常见的组成零件。盘类零件的主要作用有连接、支承、轴向定位及传递运动和动力，如齿轮、皮带轮、阀门和手轮等。盖类零件的主要功能有支承、轴向定位、密封等，如轴承盖、泵盖、阀盖、端盖(图4.4)等。

图4.4 端盖

4.2.1 盘盖类零件的结构特点

盘盖类零件的主要结构是由同一轴线不同直径的若干回转体组成，这一特点与轴类零件类似。但它与轴类零件相比，其轴向尺寸较小，径向尺寸较大，形似圆盘状。为加强结构连接的强度，常有肋板、轮辐等连接结构。为便于安装紧固，沿圆周均匀分布有螺栓孔或螺纹孔，此外还有销孔、键槽等标准结构。

4.2.2 盘盖类零件表达方案的选择

盘盖类零件主要在车床上加工，应按加工位置原则放置零件，即轴线的水平方向投影来选择主视图。但对有些不以车床加工为主的零件，可按形状特征和工作位置确定。

盘盖类零件一般需要两个主要视图：以投影为非圆的视图作为主视图，且常采用轴向全剖视图或半剖视图来表达内部结构；另一个视图往往选择左视图或右视图来表达零件的外形和安装孔、轮辐等的分布情况。对没有表达清楚的部位，可选择局部视图、移出断面图或局部放大图来表达，如轮辐、肋板等局部结构，可用移出断面图或重合断面图表示。

4.2.3 盘盖类零件的尺寸和技术要求的确定

1. 尺寸

盘盖类零件的宽度和高度方向以回转轴线为主要基准，长度方向一般选择经过加工的大端面或安装的定位端面为主要基准。

盘盖类零件的内、外结构尺寸分开并集中在非圆视图中注出。在投影为圆的视图上标注分布在盘上的各孔、轮辐等定形尺寸、定位尺寸。某些细小结构的尺寸，多集中在断面图上标注出。

零件上的标准结构（螺纹孔、键槽、销孔等）应按该结构标准的尺寸标注。零件上其他常见的工艺结构（退刀槽、越程槽、油封槽、倒圆、中心孔）按照工艺结构标注方法统一标注。

2. 技术要求

（1）尺寸公差的选择。盘盖类零件有配合要求的内外圆表面要标注尺寸公差，按照配合要求选择基本偏差和公差等级，公差等级一般为 IT6 ~ IT9 级。

（2）几何公差的选择。盘盖类零件与其他零件接触到的定位端面应有平面度、垂直度等要求，有配合要求的外圆柱面与内孔表面应有同轴度要求，一般为 IT7 ~ IT9 级精度。具体几何公差项目要根据零件具体要求确定。

（3）表面粗糙度的选择。凡有配合的内、外表面结构要求高，其粗糙度参数值均较小；其轴向定位的端面，表面粗糙度参数值也较小。一般情况下，零件有相对运动配合的表面粗糙度为 Ra0.8 ~ 1.6 μm，相对静止配合的表面粗糙度为 Ra3.2 ~ 6.3 μm，非配合表面粗糙度为 Ra6.3 ~ 12.5 μm。也有许多盘盖类零件非配合表面是铸造面，如电机、水泵、减速器的端盖外表面，则不需要标注参数值。

盘盖类零件的技术要求与轴套类零件的技术要求大致相同，其尺寸公差、几何公差、表面粗糙度等技术要求在实际测绘中可采用类比法参照同类型零件选用。

4.2.4 盘盖类零件的测绘

盘盖类零件的测绘主要是确定各部分内外径、厚度、孔深以及其他结构，以图 4.5 端盖为例，测绘步骤如下。

(a) 立体图

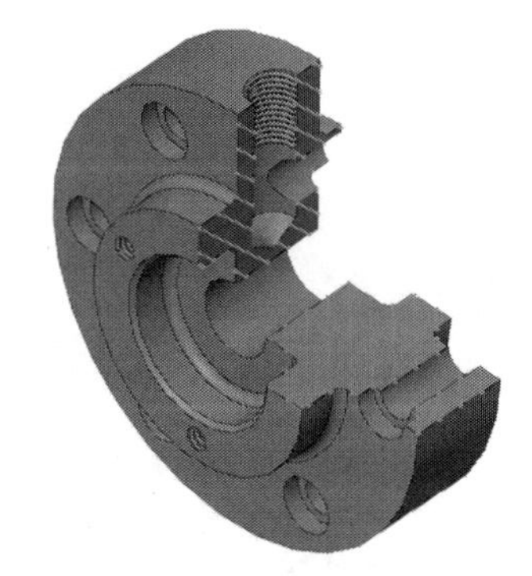

(b) 剖视图

图 4.5 端盖

1. 端盖的概况

端盖的主要作用为防尘和密封，主体部分由回转体组成，均匀分布六个固定螺钉的沉孔，左端面上有三个螺纹孔，用于压紧活塞杆的密封件。最大圆柱面的右端面与缸体端面结合，右侧圆柱面与缸体孔相结合。上半部分有进出油口，内部结构为圆锥形管螺纹，中间孔部分是通孔，用于活塞杆的移动。

2. 绘制零件草图

根据端盖结构特点，确定表达方案为阶梯剖的主视图及左视图。绘制零件轮廓外形草图。端盖的径向尺寸以中心轴线为基准，长度尺寸以最大圆柱的右端面为基准，因为右端将与缸体连接，是重要的定位面，因此各部分精度要求较高。画出各部分的尺寸线和尺寸界线。注意：主要尺寸从基准标起，内外直径结构的尺寸分开标注在非圆视图上。

3. 尺寸测量

盘盖类零件应测量的尺寸主要有以下几类。

(1)径向尺寸。盘盖零件的配合孔或轴的尺寸要用游标卡尺或千分尺测量出圆的内、外径尺寸，再查表选用符合国家标准推荐的尺寸系列。零件分布孔的尺寸用直接或间接方法确定孔的中心距。零件上的曲线轮廓的测量，可用拓印法、铅丝法或坐标法获得其尺寸。

(2)轴向尺寸。需要配合或定位的轴向尺寸可用游标卡尺或千分尺测量，一般性的结构，如端盖的厚度，可用钢直尺测量。盲孔、阶梯孔的深度可用深度游标卡尺、深度千分尺或钢直尺测量。

(3)其他结构。标准结构如螺纹、键槽、销孔等测出尺寸，再查表确定标准尺寸。工艺结构如退刀槽、越程槽、油封槽、倒角和倒圆等尺寸要按照通用标注方法标注。

(4)确定技术要求。端盖的大圆柱的右端面与缸体连接，为防止泄漏，右端面凸台连接处选用间隙很小的配合公差 g6，活塞杆与端盖通孔连接选用 H7 的基孔制配合，左侧凸台内孔选用 H9 的基孔制配合。端盖的进油口选用锥管螺纹连接，以保证接合处能承受足够的压力。

端盖有两处几何公差要求，为保证连接紧密及内孔中活塞杆位置准确，使活塞杆活动自如，右端凸台与内孔轴线有同轴度要求，同轴度误差不得超过 0.04 mm，最大圆柱的右端面与内孔轴线有垂直度要求，其垂直度要求误差不得超过 0.06 mm。

端盖的表面粗糙度要求最高处在端盖右端凸台、端盖最大右端面、内通孔及左端凸台内孔，其粗糙度值均为 $Ra1.6\ \mu m$，各加工面选择 $Ra6.3\ \mu m$。

(5)确定材料和注意问题。端盖毛坯为铸件，材料可选灰铸铁 HT150，注意避免出现铸造缺陷。

(6)完成零件图。与相配零件尺寸核对无误后，完成草图绘制，待装配图完成后，再依据草图绘制零件图，如图 4.6 所示。

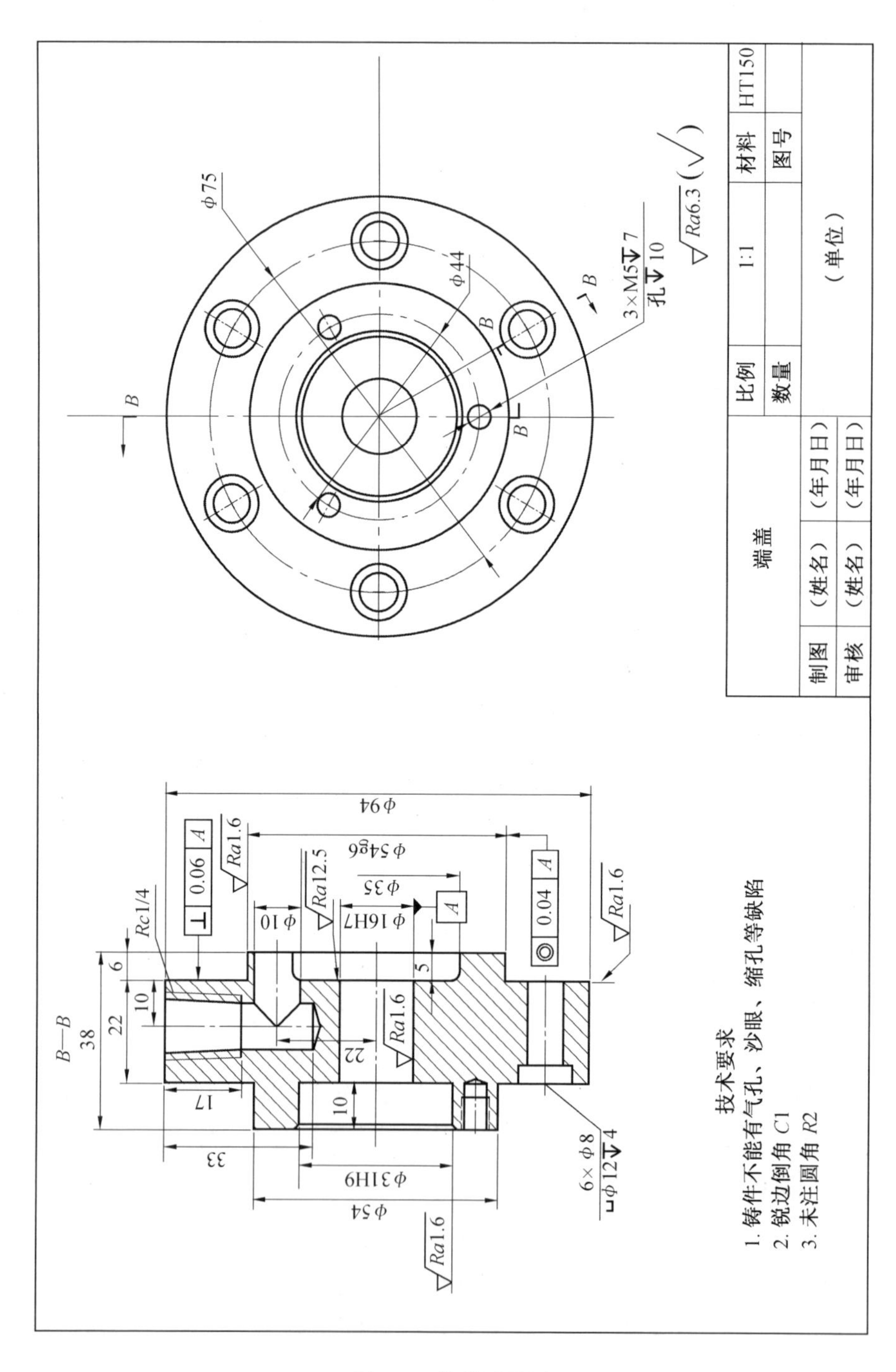
φ75
φ44
3×M5↧7
孔↧10
Ra6.3 (√)
B
B—B
φ94
φ54g6
φ35
φ16H7
φ10
Ra12.5
Ra1.6
⊥ 0.06 A
◎ 0.04 A
A
Rc1/4
38
22
6
10
5
22
17
10
33
φ31H9
φ54
6×φ8
⌴φ12↧4
技术要求
1. 铸件不能有气孔、沙眼、缩孔等缺陷
2. 锐边倒角 C1
3. 未注圆角 R2
端盖
比例 1:1
材料 HT150
数量
图号
制图 （姓名） （年月日）
审核 （姓名） （年月日）
（单位）

图 4.6 端盖零件图

4.3 叉架类零件的测绘

叉架类零件包括各种用途的叉杆类零件和支架类零件。叉杆类零件包括拨叉、摇杆、连杆等,其功能为操纵、连接、传递运动等;支架类零件包括支架(图4.7)、支座、托架等,其主要功能是支承和连接其他零件。叉架类零件多数由铸造或模锻制成毛坯,经机械加工而成。

图4.7 支架

4.3.1 叉架类零件的结构特点

叉架类零件的结构大都比较复杂,形状不规则。一般由工作部分、支承部分和连接部分三部分组成。工作部分为支承或带动其他零件运动的部分,多为与其他零件配合或连接的套筒、叉口、支承板、底板等,上面有油孔、油槽、螺孔等细小结构。支承部分是支承和安装自身的部分,一般为板状或圆筒形,上面分布安装通孔、螺孔、销孔等,常有凸台、凹坑等工艺结构。连接部分把工作部分和支承部分连接起来,一般都是肋板结构,其截面形状有矩形、椭圆形、工字形、T字形、十字形等多种形式,由于受安装空间的限制,形状一般不规则。

4.3.2 叉架类零件表达方案的选择

叉架类零件的结构比较复杂,形状不规则,需经不同的机械加工,加工位置难分主次。将零件按自然位置或工作位置放置,从最能反映零件工作部分和支承部分结构形状与相互位置关系的方向投影,画出主视图,可采用局部视图表达内部结构。除主视图外,还需用其他视图表达安装板、肋板等结构的宽度及它们的相对位置,可再选用1~2个基本视图,或者不选基本视图而采用局部视图。连接部分通常采用断面图来表达。若零件有倾斜部分,可采用斜视图或斜剖视来表达。

4.3.3 叉架类零件的尺寸和技术要求

1. 尺寸

(1)叉架类零件的形状不规则,形体之间的相对位置比较复杂,正确判断尺寸基准及定位尺寸尤为重要。这类零件以支承孔的中心线、轴线、对称平面和较大的端面为尺寸基准,其中以安装底面为高度方向尺寸基准,重要的侧面、端面和零件的对称面等作为长度和宽度方向尺寸基准。

(2)叉架类零件定位尺寸较多,要注意能否保证定位的精度。各部分相对位置尺寸可从尺寸基准标起。定形尺寸主要指工作部分和支承部分,可采用形体分析法标注尺寸。

(3)叉架类零件的毛坯多为铸、锻件,零件上的工艺结构,如铸(锻)造圆角、斜度、过渡尺寸一般应按铸(锻)件标准取值和标注,可统一写在技术要求内。

(4)对于已标准化的叉架类零件,如滚动轴承座等,测绘时应与标准对照,尽量取标准化的结构尺寸。

(5)对于连接部分,其形状不规则,在不影响强度、刚度和使用性能的前提下,可进行合理修整。

2. 技术要求

(1)尺寸公差的选择。叉架类零件工作部分的结构形状比较多样,常见的有孔、圆柱、圆弧、平面等,有些甚至是曲面或不规则形状结构。一般情况下,对工作部分的结构尺寸、位置尺寸应给定适当的公差,如有配合要求的孔径公差、配合孔的中心定位尺寸也需标注尺寸公差或安装平面与基准面(孔)之间的夹角公差等。按照配合要求选择合适的基本偏差和公差等级,公差等级一般为 IT7 ~ IT9 级精度。

(2)几何公差的选择。叉架类零件支承部分、运动配合表面及安装表面均有较严格的形位公差要求。如叉架零件安装底板与其他零件接触到的表面应有平面度、垂直度,支承孔应有端面圆跳动公差,轴的轴线对端面的垂直度公差等要求。具体几何公差项目要根据零件具体要求确定,一般为 IT7 ~ IT9 级精度。

(3)表面粗糙度的选择。

叉架类零件表面粗糙度以零件的工作部分和支承部分提出具体要求。一般情况下,配合或接触表面的粗糙度要求高,可取 $Ra3.2 \sim 6.3$ μm,非配合表面粗糙度为 $Ra6.3 \sim 12.5$ μm,对于铸(锻)造表面,一般不做要求。

叉架类零件的常用毛坯为铸件和锻件。铸件一般应进行时效热处理,锻件应进行正火或退火热处理。毛坯不应有砂眼、缩孔等缺陷,应按规定标注出铸(锻)造圆角和斜度。根据使用要求提出必需的最终热处理方法及所达到的硬度及其他要求。

4.3.4 叉架类零件的测绘

叉架类零件的测绘主要是确定工作部分、支承部分的内外径、安装孔的定位以及其他结构,以图 4.8 支架为例。

1. 熟悉测绘零件

支架是机床上用于支承、连接轴的零件,将轴装在圆筒开槽的孔内,再用螺纹紧固件夹紧。相互垂直呈 L 形板为安装固定部分,其上有两处安装孔。中间倾斜的 T 形肋板起连接作用。

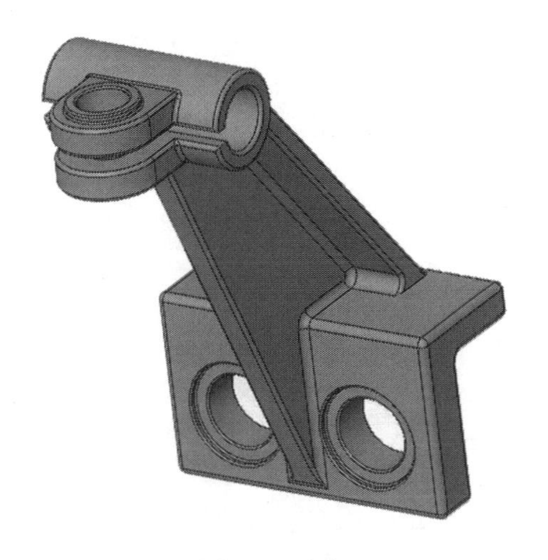

图4.8　支架

2. 绘制零件草图

支架结构复杂，加工位置多有变化。以工作位置安放零件，最能反映结构形状和相对位置的方向为主视图的投射方向。考虑形状特征，表达安装面、T形肋板、支承圆筒及夹紧用的螺孔等结构的形状与相对位置，对于安装孔、螺孔等采用局部剖视表达内部结构。左视图主要表达安装板的形状、安装孔的位置及圆筒、肋板及安装板三部分前后之间的相对位置。再用移出断面图表达T形肋板的断面形状，用局部视图表明螺纹夹紧部分的结构形状。

3. 尺寸测量

选用安装板右端面为长度方向尺寸基准，安装板的底面为高度方向尺寸基准，以前后对称平面为宽度方向基准。在所绘零件草图上画出各部分结构的定形尺寸线、尺寸界线。从基准标起，画出定位尺寸线、尺寸界线。

支架的支承部分和工作部分的结构尺寸与相对位置决定零件的工作性能，应采用游标卡尺或千分尺精确测量，尽可能达到零件的原始设计形状和尺寸。

对于连接部分，其形状不规则，在不影响强度、刚度和使用性能的前提下，可进行合理修整。

4. 技术要求

工作部分圆筒内孔选用公差H8，支架与轴为基孔制配合。为保证定位安装的准确度，安装板的右端面与底面之间必须要有垂直度要求，垂直度误差不得超过0.05 mm。对于配合面、安装面、接触面的表面粗糙度可采用 $Ra3.2$ μm，其他加工面可选参数大些。

5. 确定材料和热处理的选择

叉架类零件坯料多为铸锻件，材料为HT150 ~ HT200，一般不需要进行热处理，但重要的、做长期运动且受力较大的锻造件常用正火、调质、渗碳和表面淬火等热处理方法。

6. 完成零件图

零件尺寸核对无误后，完成草图绘制，待装配图完成后，再依据草图绘制零件图，如图4.9所示。

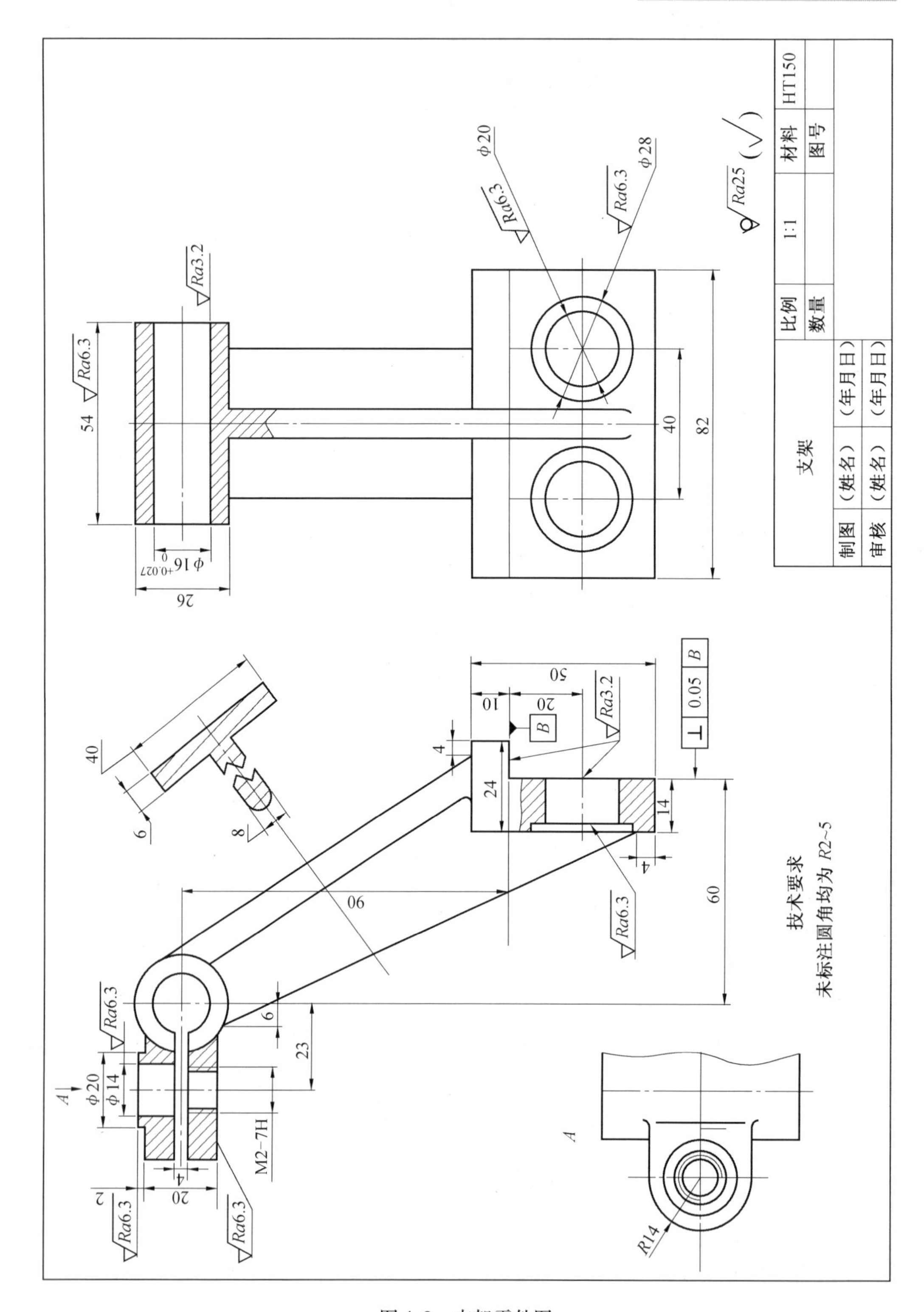
支架
比例
1:1
材料
HT150
数量
图号
制图
（姓名）
（年月日）
审核
（姓名）
（年月日）
技术要求
未标注圆角均为 R2~5
Ra25
Ra6.3
Ra3.2
φ20
φ28
φ14
54
82
40
26
50
10
20
24
14
4
60
90
6
23
8
M2-7H
0.05
B
A
R14

图 4.9　支架零件图

4.4 箱体类零件的测绘

箱体类零件主要起到支承、容纳其他零件以及定位和密封等作用，一般为整个部件的外壳，其内部有空腔、孔等结构，形状比较复杂，如减速器箱体、泵体、阀体、机座等（图4.10）。这类零件多是机器或部件的主体件。外部和内部结构都比较复杂，毛坯多为铸件。

图4.10 柴油机机体

4.4.1 箱体类零件的结构特点

箱体类零件通常是由一定厚度的四壁及类似外形的内腔构成的箱形体，箱壁部分常设计有安装轴、密封盖、轴承盖、油杯、油塞等零件的轴承孔凸台、凹坑、沟槽、螺孔等结构，安装部分还有安装底板、螺栓孔和螺纹孔，为符合铸件制造工艺特点，安装底板和箱壁、凸台外形常有拔模斜度、铸造圆角、壁厚等铸造件工艺结构，支承孔处常设有加厚凸台或加强肋，表面过渡线较多。

4.4.2 箱体类零件的视图选择

由于箱体零件结构复杂，加工工序方法较多，加工位置多有变化，因此在选择主视图时照顾主要加工位置的情况下，按照工作位置来画主视图，以最能反映其形状特征及结构间相对位置的一面作为主视图的投射方向，这样便于装配及对照读图。通常需要三个以上的基本视图，并应较多地采用剖视的表达方法，以便清楚地表达内、外部结构形状。没表达清楚的局部结构再采用局部视图、局部剖视图和断面图等表达，最终完整、清晰地表达它们的内外结构形状。

4.4.3 箱体类零件的尺寸和技术要求

1. 尺寸

由于箱体类零件结构相对复杂，在标注尺寸时，确定各部分结构的定位尺寸尤其重要，因此首先要选择好长、宽、高方向的尺寸基准。一般是以安装表面、主要支承孔轴线、主要端面、对称结构的对称面作为长度和宽度方向的尺寸基准，以箱体的底面作为高度方向的尺寸基准。

各结构的定位尺寸确定后，零件的定形尺寸才能确定，定形尺寸仍用形体分析法标注，且应尽量注在特征视图上。对于影响机器工作性能的尺寸，一定要直接标注出来，如支承齿轮传动、蜗杆传动轴的两孔中心线间的距离尺寸，输入、输出轴的位置尺寸等。

在箱体类零件中，有许多已有标准化结构和尺寸系列，如机床的主轴箱、动力箱，各种传动机构的减速箱，各种泵体、阀体等。在测绘这些零件时，应参照有关标准，向标准化结构和尺寸系列靠近。

2. 技术要求

箱体零件是为了支承、包容、安装其他零件的，为了保证机器或部件的性能和精度，对箱体零件就要标注一系列的技术要求。箱体零件的技术要求主要包括:箱体零件上各支承孔和安装平面的尺寸精度、形位精度、表面粗糙度、热处理、表面处理和有关装配、密封性检测试验等要求。

(1)尺寸公差的选择。为了保证机器或部件的性能和精度,尺寸公差主要表现在箱体零件上有配合要求的轴承孔(与滚动轴承配合)、轴承孔外端(与轴承端盖或密封圈等零件配合)、箱体外部与其他零件有严格安装要求的安装孔等结构。通常情况下,各种机床主轴箱上的主轴孔的公差等级取 IT6 级,其他轴承孔的公差等级取 IT7 级,其他孔的公差等级取 IT8 级。啮合传动轴支承孔间的中心距公差应根据传动副的精度等级等条件选用。

(2)几何公差的选择。箱体的主要平面是装配基准,并且往往是加工时的定位基准,应有较高的几何公差要求,要标注几何公差来控制零件形体的误差。箱体类零件的几何公差主要有孔的圆度公差或圆柱度公差,孔对基准面的平行度或垂直度公差,孔系之间的平行度、同轴度或垂直度公差,箱体的底面和导向面及接触面的平面度。

(3)表面粗糙度的选择。箱体的主要表面是装配平面或装配孔,并且这些表面往往是加工时的定位基准,所以和尺寸公差、几何公差相对应,应有较小的表面粗糙度值,箱体主要平面的表面粗糙度参数值为 $Ra3.2$ μm 或 $Ra6.3$ μm。支承孔的表面(如精度)要求较高,表面粗糙度参数值可选为 $Ra1.6$ μm,如精度没有特殊要求,表面粗糙度参数值可选为 $Ra6.3$ μm 或 $Ra12.5$ μm,其余表面都是铸造毛坯面,不做要求。

在实际制图测绘时,可参考同类零件,运用类比的方法确定测绘对象各表面具体的表面粗糙度的值。

(4)材料及热处理。箱体类零件坯料多为铸、锻件,材料以灰铸铁为主,常用牌号为 HT100 ~ HT400。一般不需要进行热处理,但重要的、做周期运动且受力较大的锻造件常用正火、调质、渗碳和表面淬火等热处理方法。

4.4.4 箱体类零件的测绘

测绘如图 4.11 所示泵体。

(a) 立体图

(b) 剖视图

图 4.11 泵体

1. 熟悉测绘零件

泵体的作用是将三元转子泵中的转子轴、衬套等有关零件连接成一个整体,并使之保持正确的相对位置,彼此之间协调工作,以传递动力、改变速度,完成部件预定功能。泵体内有油液流动,要求有良好的密封性和散热性。

泵体的结构特点是内部有较大圆柱形空腔支承、容纳衬套,右侧小空腔用于支承转子

轴、充塞密封填料及放置压盖且压盖与泵体通过三组螺钉连接，防止油沿轴渗出。左端面与密封圈相接触，再用六组螺钉将泵盖与泵体连接，起到密封作用。方形底板为安装部分，对称分布有两组螺栓安装孔，T 形肋板起支承连接作用。

2. 绘制零件草图

泵体不仅结构复杂，加工情况也比较复杂，但在三元转子泵中的工作位置是固定不变的，按泵体的工作位置摆放，以便对照装配图从装配关系中了解泵体零件结构形状，并选用形状特征最明显的投射方向为主视图的方向。为了表达泵体内部结构，主视图采用全剖视图。左视图表达泵体左端面形状及六个螺纹孔的分布情况，采用两处局部剖视图来表达泵体进(出)油螺纹孔及底板安装孔的内部结构。底板形状及肋板形状可采用剖视图来表达。对于泵体右端的形状及三个螺纹孔的分布情况，可采用一处局部视图表达清楚。最终表达泵体结构形状需要绘制全剖主视图、有两处局部剖的左视图、全剖俯视图及一个局部视图，共四个草图。

3. 尺寸测量

选用大圆筒的左端面为长度方向主要尺寸基准，安装板的底面为高度方向尺寸基准，以前后对称平面为宽度方向基准。在所绘四个草图上画出各部分结构的定形尺寸、定位尺寸，注意定位尺寸应从基准标起。

泵体的内部空腔是主要工作部分，结构尺寸和相对位置决定零件的工作性能，应采用游标卡尺或千分尺精确测量，尽可能达到零件的原始设计形状和尺寸。左、右两端的螺孔因需要与泵盖及压盖连接，所以对于螺孔位置的测量要求比较精确。底板上安装孔与其他零件连接，孔的定位尺寸测量精度要求较高。

T 形肋板主要起支承连接作用，对尺寸要求不高，在不影响强度、刚度和使用性能的前提下，可对这些毛坯面进行合理修整。

4. 技术要求

大圆柱孔腔需与衬套配合，小孔腔与转子轴配合，为便于加工这两处孔腔，都选用 H7 的基孔制配合。为保证连接紧密及内孔与转子轴位置准确，这两处孔的轴线有同轴度要求，同轴度误差不得超过 0.02 mm。孔腔轴线的相对高度影响其使用性能，参考同类零件选取尺寸公差。

为保证衬套与泵体孔腔的接触良好，孔腔的右端面与孔腔轴线有垂直度要求，误差不得超过 0.02 mm。进、出油口选用管螺纹连接，以保证接合处能承受足够的压力，也能保证密封性。

泵体的表面结构要求最高处在左端面，两处孔腔，因这些面需要与其他零件接触或配合，故其粗糙度值均为 $Ra3.2\ \mu m$，各加工面选择 $Ra12.5\ \mu m$，其他面为毛坯面。

5. 确定材料和热处理的选择

泵体这类箱体类零件坯料多为铸锻件，材料为 HT150 ~ HT200，可选材料为 HT150，灰铸铁铸造工艺。因为泵体为转子泵部件中重要的、需做长期运动且受力较大的锻造件，因此需要时效处理。

6. 完成零件图

零件尺寸核对无误后，完成草图绘制，待装配图完成后，再依据草图绘制零件图，如图 4.12 所示。

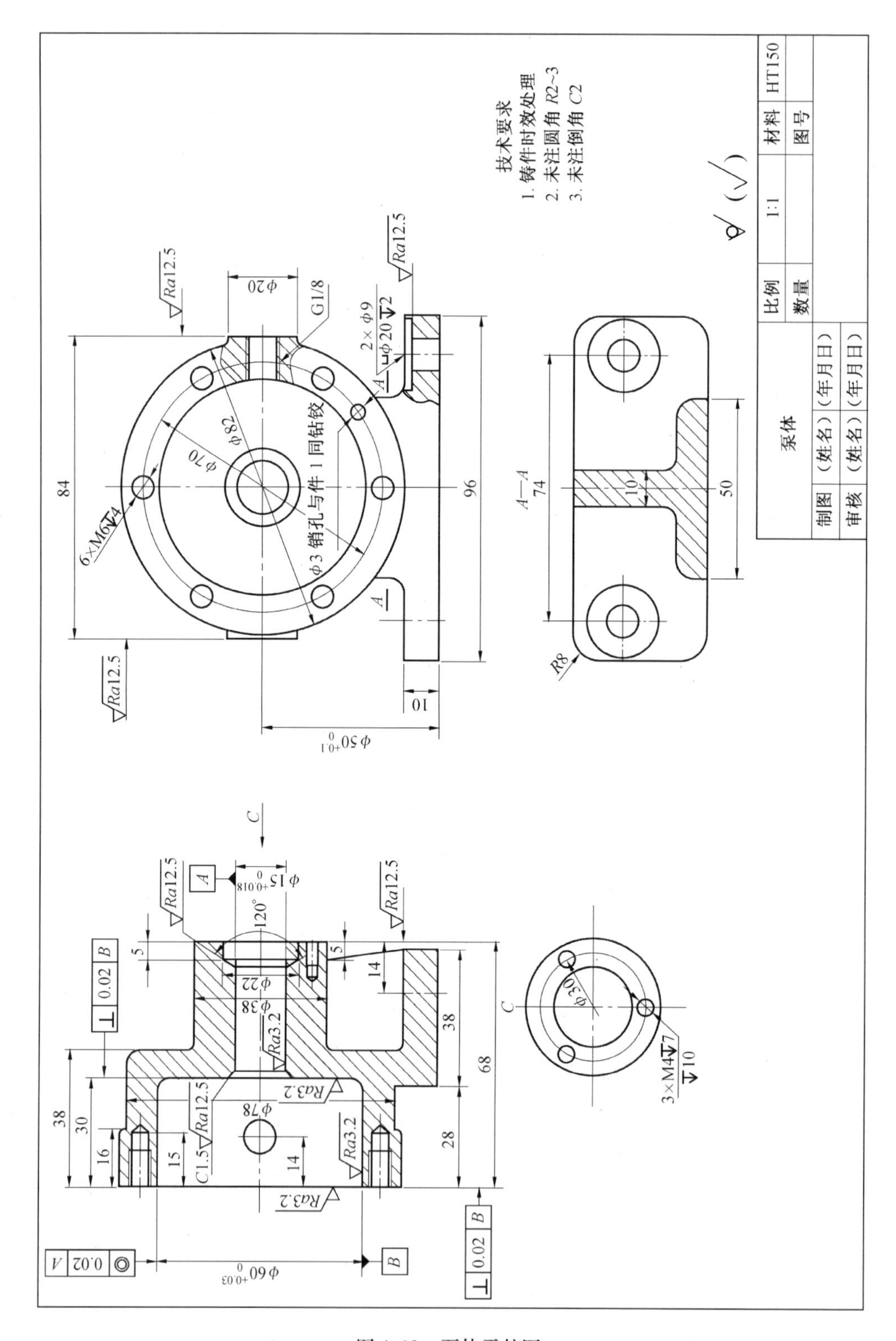
技术要求
1. 铸件时效处理
2. 未注圆角 R2~3
3. 未注倒角 C2
泵体
比例 1:1
材料 HT150
数量
图号
制图 （姓名）（年月日）
审核 （姓名）（年月日）
A—A
φ3 销孔与件 1 同钻铰
6×M6▼4
2×φ9
⌴φ20▼2
G1/8
3×M4▼7
▼10
Ra12.5
Ra3.2
C1.5
R8
φ15 +0.018 0
φ50 +0.1 0
φ60 +0.03 0
φ82
φ70
φ20
φ22
φ38
φ78
φ30
120°
84
96
10
74
50
5
14
38
68
28
30
16
15
0.02 B
0.02 A

图 4.12　泵体零件图

第5章

机用虎钳测绘

前面几章介绍了零部件拆装测绘所使用的工具、测绘流程和典型零件的测绘方法。从本章开始，将详细介绍机用虎钳等典型部件的测绘，以使读者能进一步掌握部件测绘的方法和步骤。

机用虎钳是铣床、钻床、刨床的通用夹具，一般安装在机床工作台上，用于夹紧零件，以方便进行切削加工的一种通用机床部件。机用虎钳一般由十多种零件组成，是一种较为典型的制图测绘部件，其立体图如图5.1所示。

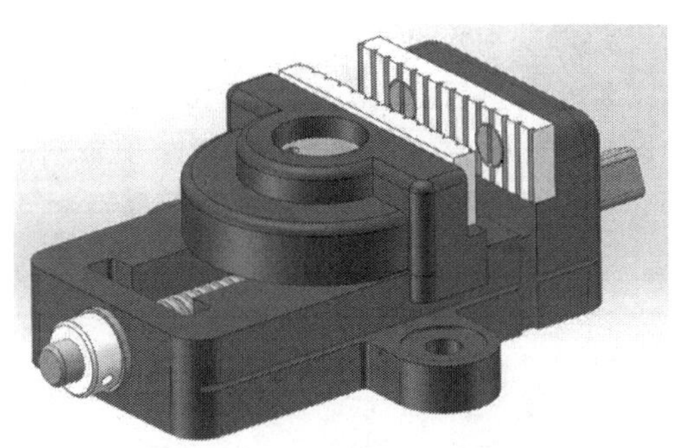

图5.1　机用虎钳立体图

5.1　机用虎钳零部件分析及工作原理

1. 零部件分析

如图5.2所示，机用虎钳由11种零件组成，其中，垫圈、圆柱销(图上未示出)和螺钉是标准件。机用虎钳主要零件之间的装配关系：螺母块从固定钳身的下方空腔装入工字形槽内，再装入螺杆，并用垫圈以及圆环、圆柱销将螺杆轴向固定；通过螺钉将活动钳身与螺母块连接；最后用沉头螺钉将两块钳口板分别与固定钳身和活动钳身连接。

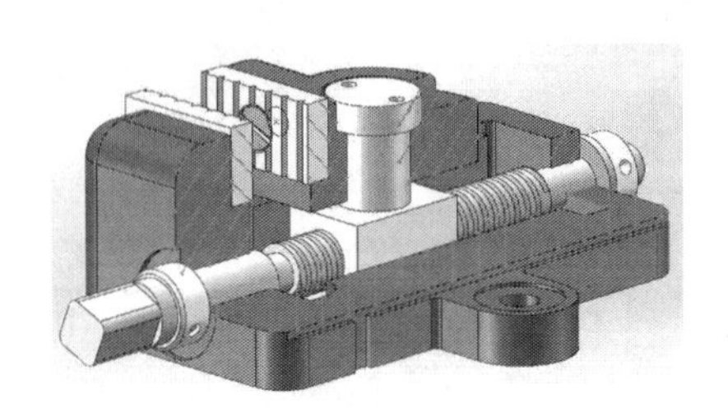

(a) 剖视图

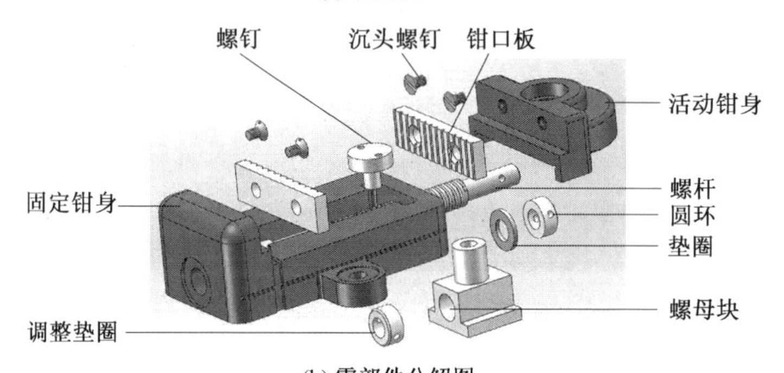

(b) 零部件分解图

图 5.2　机用虎钳

2. 机用虎钳工作原理

工作时,转动螺杆使螺母块沿螺杆轴向移动时,螺母块带动活动钳身在固定钳身上滑动,便可实现夹紧或卸下加工零件。螺杆装在固定钳身的左右轴孔中,螺杆左端有调整垫圈,右端有垫圈、圆环、圆柱销,限定螺杆在固定钳身中的轴向位置。螺杆与螺母块用矩形螺纹旋合,活动钳身装在螺母块上方的圆柱销中,并由螺钉固定。调整螺钉,可使螺母块与螺杆之间的松紧程度达到最佳工作状态。

5.2　机用虎钳的拆卸和装配示意图绘制

1. 各零件间的连接方式

螺杆通过螺纹与螺母块旋合在一起,螺杆的左端轴肩通过调整垫圈固定在固定钳身的左端面,螺杆右端用圆环、圆柱销和垫圈固定在固定钳身的右端面;活动钳身通过螺钉与螺母块连成整体;再用沉头螺钉将钳口板紧固在固定钳身和活动钳身上。

因此,机用虎钳的主要装配轴线沿螺杆展开,从左至右依次为调整垫圈、螺母块、固定钳身、垫圈、圆环和圆柱销连接。

2. 配合关系

由螺杆做旋转运动通过螺母块带动活动钳身做水平移动。机用虎钳共有四处有配合要求:螺杆在固定钳身左、右端的支承孔中转动,采用间隙较大的间隙配合;活动钳身与螺母块虽没有相对运动,但为了便于装配,也采用间隙较小的间隙配合;活动钳身与固定钳身两侧结合的配合有相对运动,所以采用间隙较大的间隙配合。

3. 拆卸机用虎钳

机用虎钳的拆卸顺序为:用弹簧卡钳夹住螺钉顶面的两个小孔,旋出螺钉后,活动钳身即可取下。拔出左端圆柱销,卸下圆环和垫圈,然后旋转螺杆,待螺母块松开后,从固定钳身的右端即可抽出螺杆,取出调整垫圈,再从固定钳身的下面取出螺母块。拧出螺钉,即可取下钳口板。拆卸时边拆卸边记录,编制零部件明细表如图 5.3 所示。

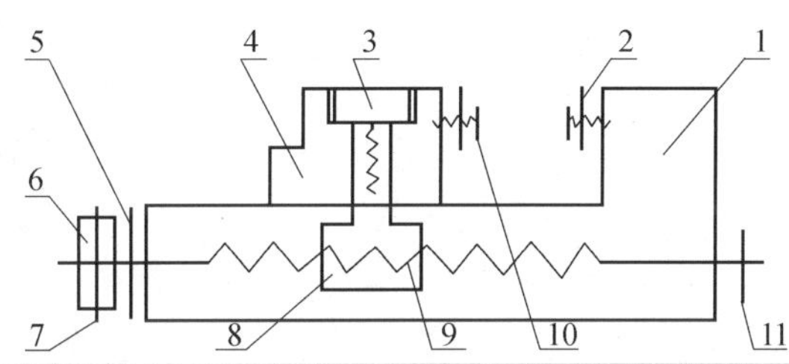

序号	零件名称	件数	材料	备注
1	固定钳身	1	HT200	
2	钳口板	2	45	
3	螺钉	1	Q235A	
4	活动钳身	1	HT200	
5	垫圈	1	Q235A	GB/T 97.1—2002
6	圆环	1	Q235A	
7	圆柱销 4×20	1		GB/T 119.1—2000
8	螺母块	1	Q235A	
9	螺杆	1	Q235A	
10	十字槽沉头螺钉 M8×18	1	Q235A	GB/T 68—2016
11	调整垫圈	4	Q235A	GB/T 68—2016

图 5.3　机用虎钳装配示意图及零部件明细表

画机用虎钳的装配示意图时,应先画固定钳身,再画螺杆、螺母块和活动钳身,然后逐个画出垫圈、螺钉和钳口板等。

5.3　绘制零件草图

机用虎钳除了四种标准件以外,其他都是专用件,都需要进行测量并画出零件草图。下面以机用虎钳中的螺母块、活动钳身和螺杆为例,介绍机用虎钳的详细测绘过程。

5.3.1　测绘螺母块

1. 结构分析

螺母块的结构形状为上圆下方,上部圆柱体与活动钳身配合,并通过螺钉调节活动钳身与固定钳身的松紧度。由下部长方形体内的螺孔旋入螺杆,将螺杆的圆周运动改变为螺母块的水平移动。螺母块底部凸出部分的上表面与固定钳身工字形槽的下表面相接触起导向作用,可使活动钳身沿固定钳身左右运动。

2. 表达分析

螺母块主视图可按工作位置放置并采用全剖视图，用于表达其复杂的内部结构形状。左视图采用半剖视图，内外部形状均可表达。辅助视图采用局部放大图，用于表达螺母与螺杆旋合处的牙型。

3. 测量并标注尺寸

以螺母块左右对称中心线为长度方向尺寸的主要基准，注出尺寸 M10×1；以前后对称中心线为宽度方向尺寸的主要基准，注出尺寸 44、26、ϕ28 等；以底面为高度方向尺寸的主要基准，注出尺寸 14、46 和 8，以顶面为辅助基准注出尺寸 18、16；在矩形螺纹的局部放大图上，以下部螺孔轴线为辅助基准，注出尺寸螺纹大径 ϕ18 和小径 ϕ14 的尺寸及公差。

测量时，除重要尺寸或配合尺寸以外，如果测得的尺寸数值是小数，应圆整成整数，螺母块草图如图 5.4 所示。

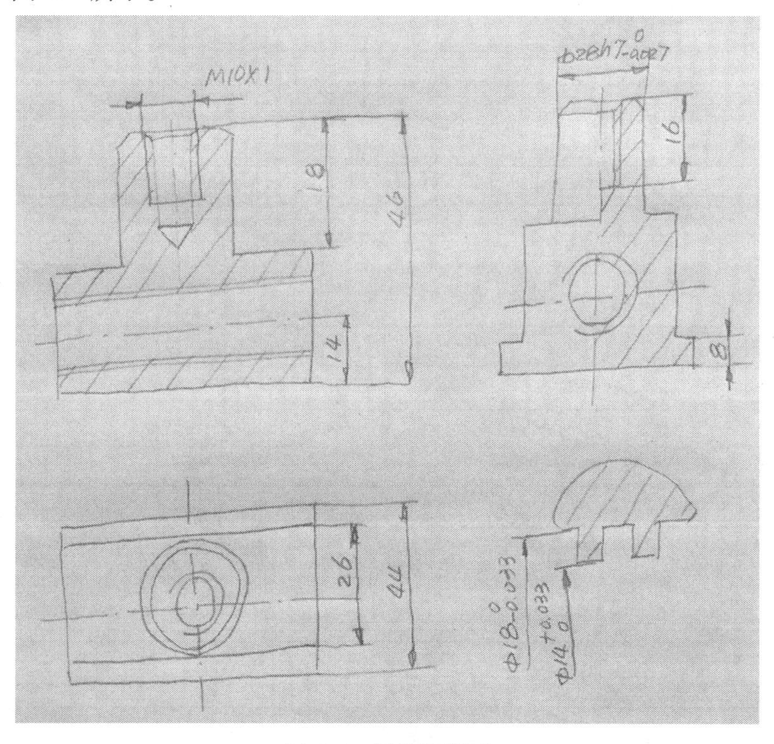

图 5.4　螺母块草图

4. 确定材料和技术要求

螺母块、圆环以及垫圈等受力不大的零件选用碳素结构钢 Q235A。为了使螺母块在固定钳身上移动自如，它的下部凸出部分的上表面应有较严格的表面粗糙度要求，*Ra* 值选 1.6 μm。

5.3.2　测绘活动钳身

1. 结构分析

活动钳身可归类于盘盖类零件。其左侧为阶梯形半圆柱体，右侧为长方形，前后向下凸出部分包住固定钳身前后两侧面；中部阶梯孔与螺母块上部圆柱体配合。

2. 表达分析

主视图采用全剖视，表达中间的阶梯孔、左侧阶梯形和右侧向下凸出部分的形状；俯视图主要表达活动钳身的外形，并用局部剖表示螺钉孔的位置及其深度；再通过 *A* 向局部视图补充表示下部凸出部分的形状。

3. 测量并标注尺寸

以活动钳身右端面为长度方向尺寸主要基准，注出 25 和 7，以圆柱孔中心线为辅助基准注出 $\phi28$ 和 $\phi20$，以及 *R*24 和 *R*40，长度方向尺寸 65 是参考尺寸。以前后对称中心线为宽度尺寸的主要基准，注出尺寸 92、40。以螺孔轴线为辅助基准注出 2×M8，在 *A* 向视图中标注尺寸 82 和 5。以底面为高度方向尺寸主要基准，注出尺寸 6、16、26，以顶面为辅助基准注出尺寸 9、36。活动钳身草图如图 5.5 所示。

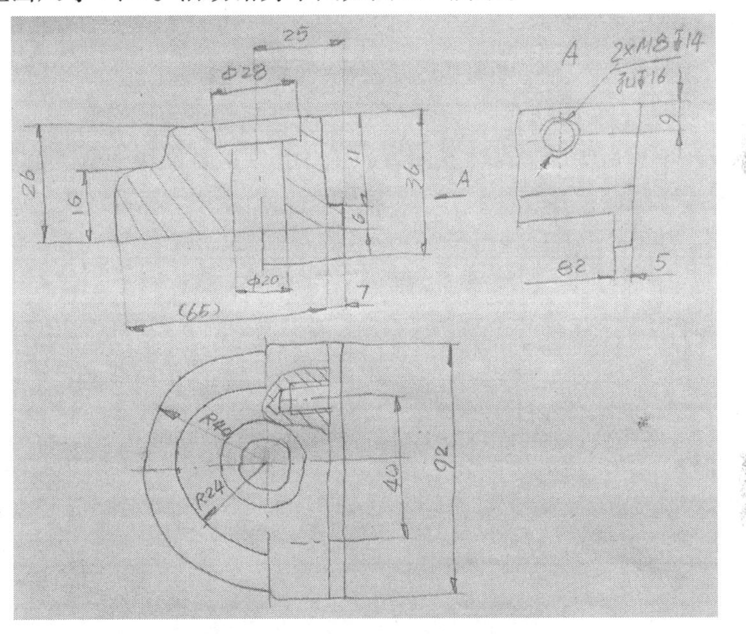

图 5.5　活动钳身草图

标注零件尺寸时，要特别注意机用虎钳中有装配关系的尺寸，应彼此协调，不要互相矛盾。如螺母块上部圆柱的外径和同它相配合的活动钳身中的孔径应相同，螺母块下部的螺孔尺寸与螺杆要一致，活动钳身前后向下凸出部分与固定钳身前后两侧面相配合的尺寸应一致。

4. 确定材料和技术要求

活动钳身是铸件，一般选用中等强度的灰铸铁 HT200；活动钳身底面的表面粗糙度 *Ra* 值有较严格的要求，选 3.2 μm。对于非工作表面，如活动钳身的外表面，*Ra* 值可选择 6.3 μm。

5.3.3　测绘螺杆

1. 结构分析

螺杆为轴类零件，位于固定钳身左右两圆柱孔内，转动螺杆使螺母块带动活动钳身左右移动，可夹紧或松开工件。螺杆由三部分组成：左部和右部的圆柱部分起定位作用，中间为螺纹，右端用于旋转螺杆。

2. 表达分析

螺杆主要在车床上加工。根据轴类零件的表达特点，其加工位置和工作位置一致，按加工位置使轴线水平放置作为主视图，左端有圆锥销孔，用局部剖视图表达并注明配作。根据螺杆的内外结构特点选择其他的辅助视图。为表达螺杆上的方牙螺纹，采用局部放大图表示其牙型并标注全部尺寸。螺杆右端为方榫，采用用移出断面图表示其断面形状，也便于标注其尺寸。

3. 测量并标注尺寸

以螺杆水平轴线为径向尺寸主要基准，注出各轴段直径；以退刀槽右端面为长度方向尺寸主要基准，注出尺寸 52、174 和 4×ϕ12，再以两端面为辅助基准注出各部分尺寸。

4. 确定材料和技术要求

对于轴、杆、键和销等零件，通常选用碳素结构钢。螺杆的材料采用 Q235A 钢；为了使螺杆在固定钳身左右两圆柱孔内转动灵活，螺杆两端轴颈与圆孔采用基孔制间隙配合（ϕ18H8/f7，ϕ12H8/f7）；螺杆上工作表面均选择 Ra3.2 μm，螺杆草图如图 5.6 所示。

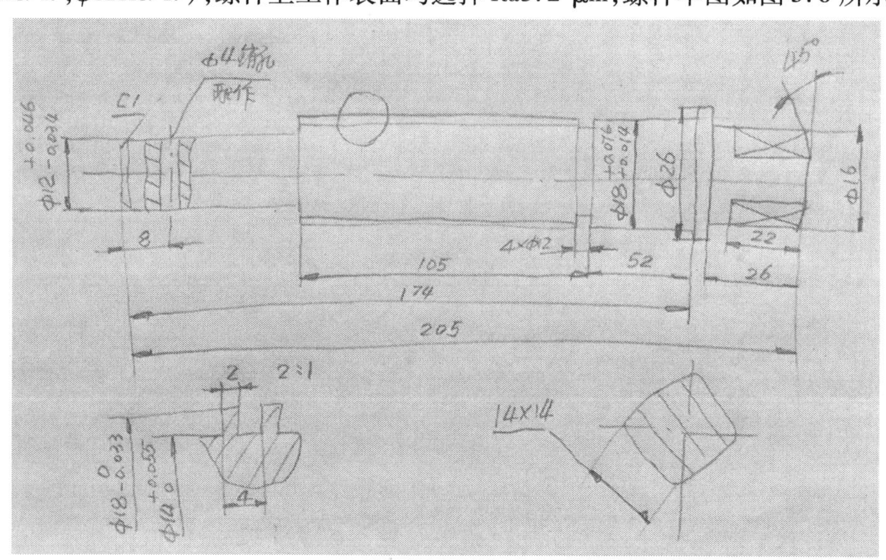

图 5.6　螺杆草图

以上零件各个表面均应考虑表面粗糙度要求，对主要配合面及接触面，其表面粗糙度建议选取 Ra1.6 μm，其他加工面选取 Ra3.2 μm 或 Ra6.3 μm，不加工表面为毛坯面。

5.4　绘制机用虎钳装配图和零件图

零件草图完成后，根据装配示意图和零件草图绘制装配图。在画装配图的过程中，对草图中存在的零件形状和尺寸的不妥之处做出必要的修改。

1. 确定装配图的表达方案

从装配图及拆卸过程可以看出，11 种零件中有 6 种集中装配在螺杆上，部件的装配

轴线沿螺杆展开,且该部件前后对称。因此,可采用沿螺杆轴线剖开的非圆全剖视图作为主视图。如此一来,不但6种零件在主视图上都可表达出来,而且能够将零件之间的装配关系、相互位置以及工作原理清晰地表达出来。另外,左端圆柱销连接处可再用局部剖视图表达出圆环、螺杆和圆柱销之间的装配连接关系。

2. 选择其他视图和表达方法

主视图确定之后,机用虎钳的表达方案可采用三视图的表达方案。由于部件前后对称,左视图可沿虎钳对称中心线采用半剖视来表达。这样,半个剖视图用来表达固定钳身、活动钳身、螺钉、螺母块之间的装配连接关系;半个视图则表达了虎钳右视方向的外形,做到了内、外形状兼顾。

俯视图可取外形图,侧重表达机用虎钳的外形。另外,采用局部视图来表达出钳口板的螺钉连接关系。

采用一个断面图和一个向视图两个辅助视图用来侧重表达一下主要零件螺杆右侧结构和钳口板的外形。

3. 确定图纸幅面和绘图比例

图纸幅面和绘图比例应根据装配体的复杂程度和实际大小来选用,应清楚表达出主要装配关系和主要零件的结构。选用图幅时,应注意在视图之间留有足够的空隙,以便标注尺寸、编写零件序号、注写明细栏和技术要求等。

4. 绘制装配图的步骤

(1)布置图面。根据选定的视图,画出各视图的对称中心线和主要基准线,同时画出标题栏的位置,如图5.7(a)所示。

(2)画出固定钳身的三视图,如图5.7(b)所示。

(3)按装配关系,逐个画出装配干线上零件的轮廓形状。画图时,要注意零件间的位置关系和遮挡的虚实关系。完成各个视图的底稿,如图5.7(c)所示。

(4)画剖面线,画出明细栏,如图5.7(d)所示。

5. 机用虎钳装配图上应标注的尺寸

(1)性能尺寸。两钳口板之间的开闭距离表示虎钳的规格,应注出其尺寸,而且应以0~70的形式注出。

(2)装配尺寸。相互配合或者相对位置有要求的零件间均应考虑注出装配尺寸。

(3)外形尺寸。总的长、宽、高尺寸。

(4)安装尺寸。注出安装孔的有关尺寸。

(5)其他重要尺寸。在设计过程中,经计算或选定的重要尺寸,如螺杆轴线到底面的距离等。

6. 机用虎钳的技术要求

(1)活动钳身移动应灵活,不得摇摆。

(2)装配后,两钳口板的夹紧表面应相互平行;钳口板上的连接螺钉头部不得伸出其表面。

(3)夹紧零件后不允许自行松开零件。

绘制完成后的机用虎钳装配图和零件图如图5.8~5.16所示。

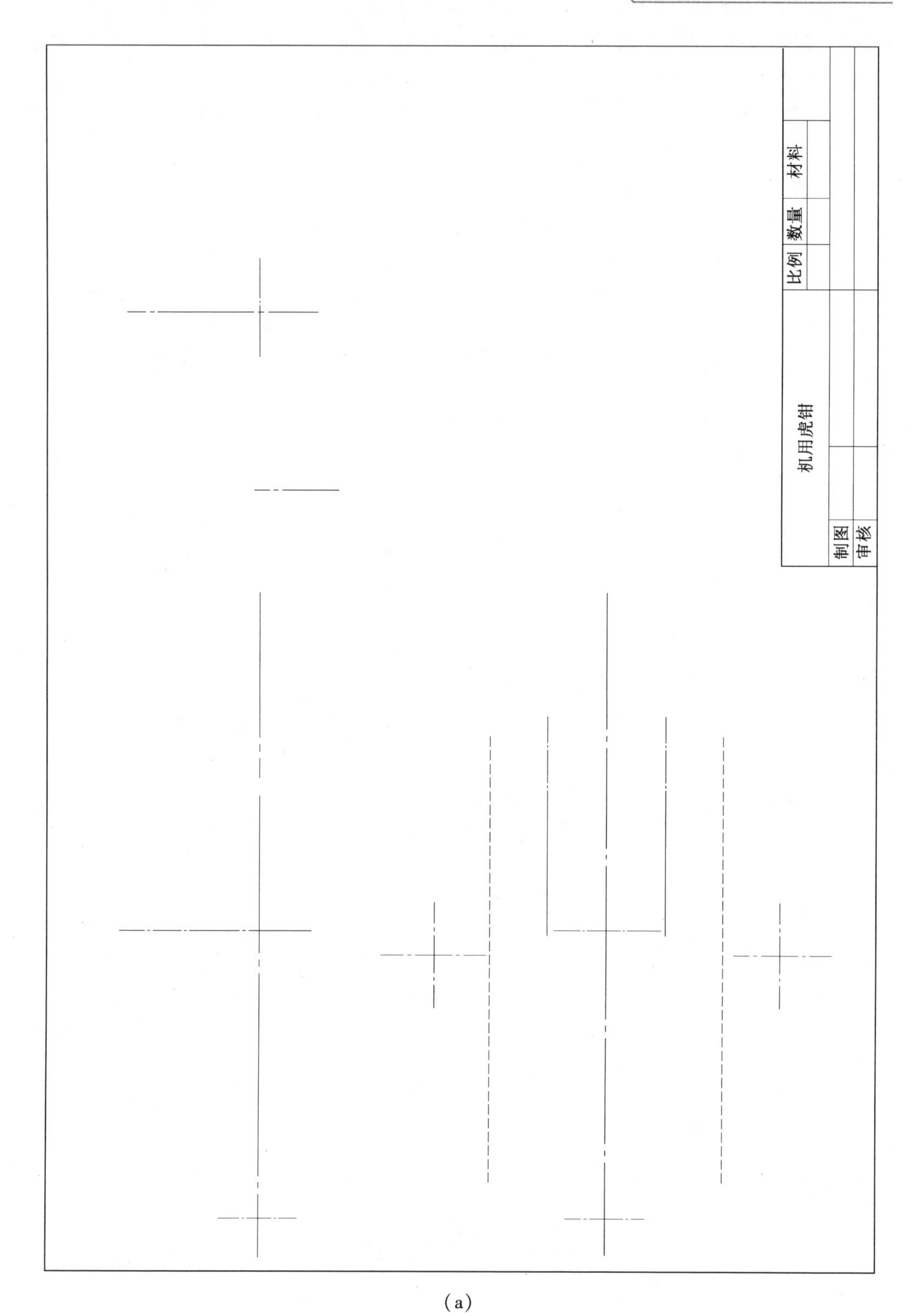

(a)

图 5.7　绘制机用虎钳装配图的步骤

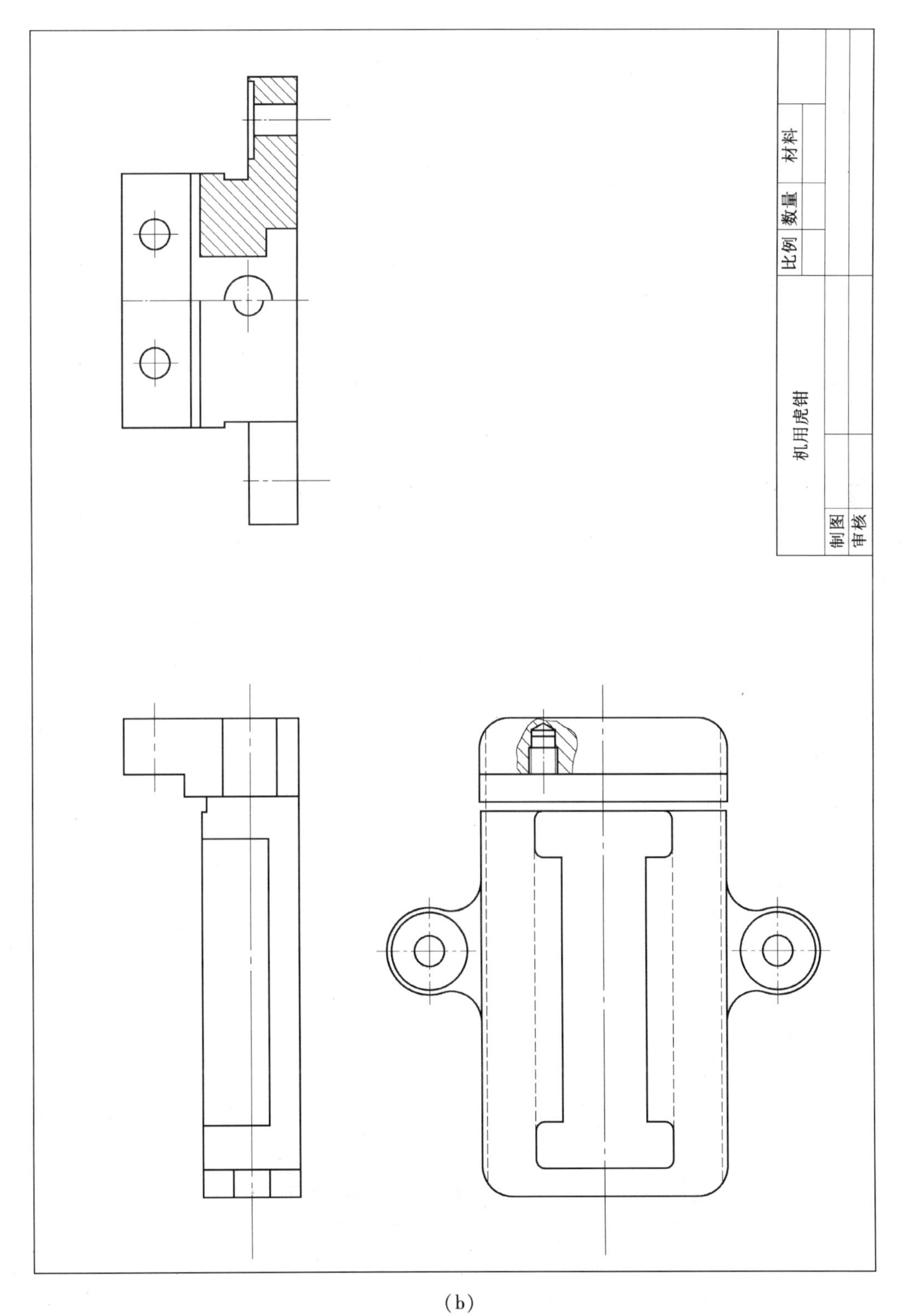

(b)

续图 5.7

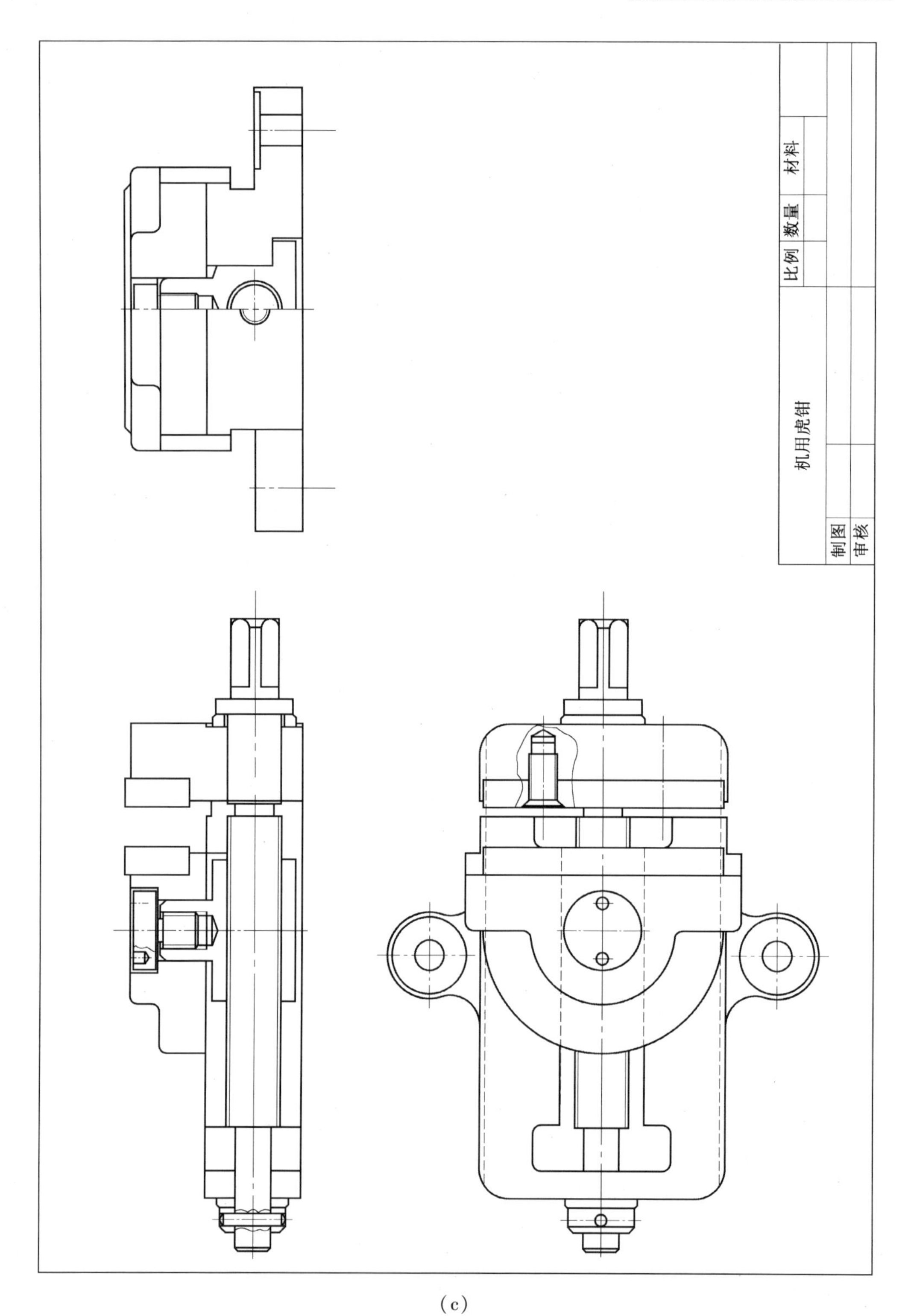

(c)

续图 5.7

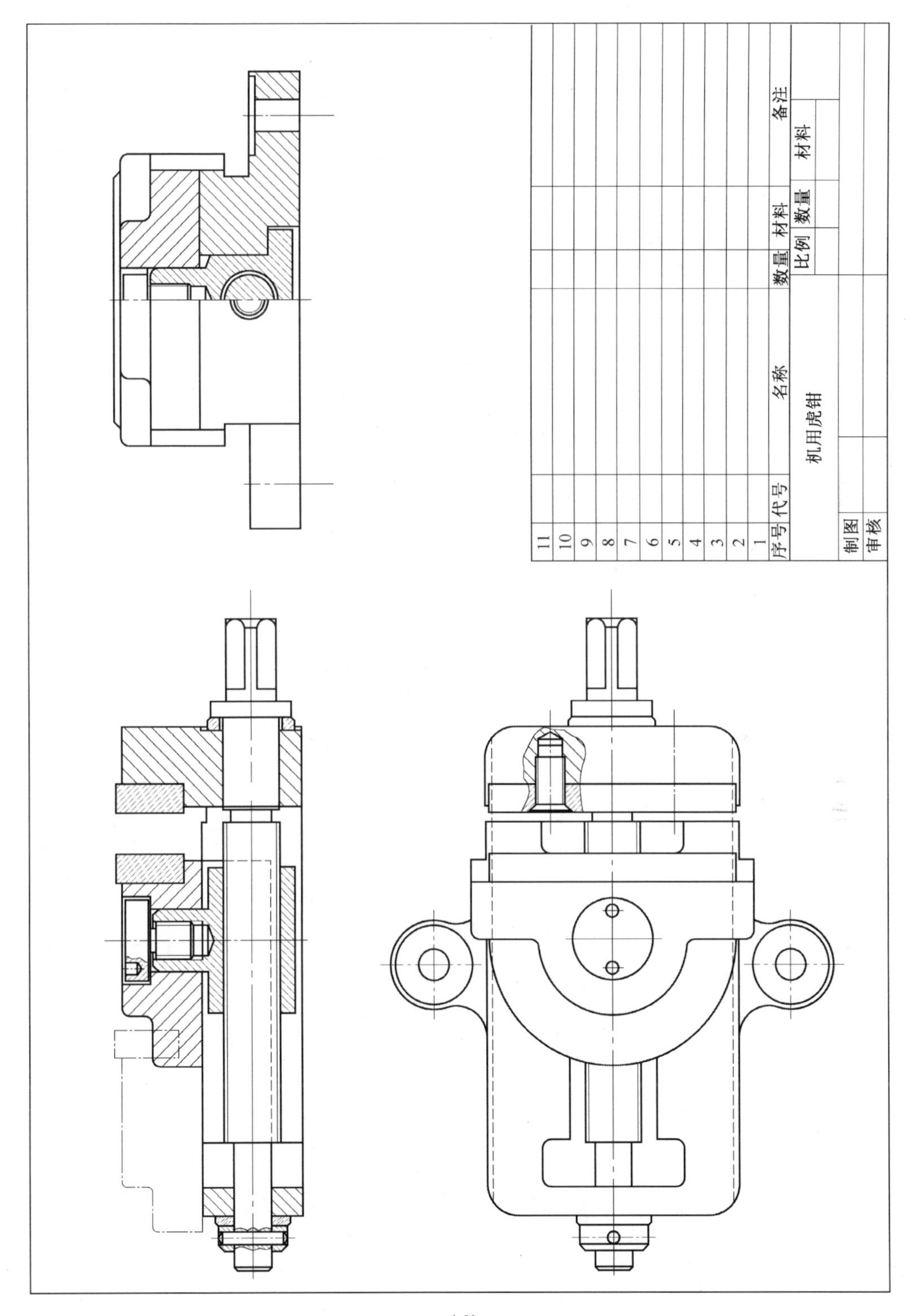

(d)

续图 5.7

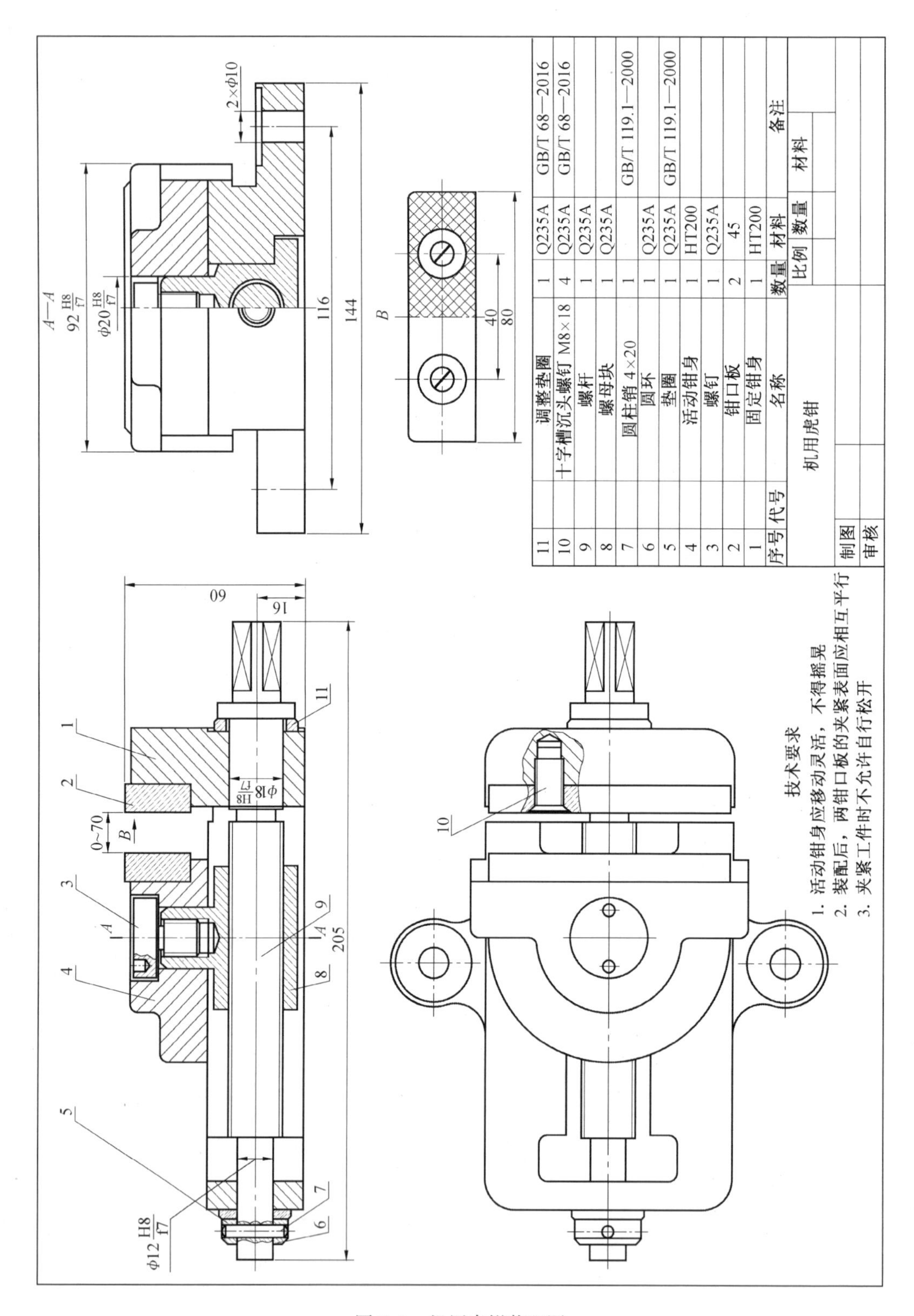
A—A
92 $\frac{H8}{f7}$
ϕ20 $\frac{H8}{f7}$
2×ϕ10
116
144
B
40
80
60
16
ϕ18 $\frac{H8}{f7}$
0~70
205
ϕ12 $\frac{H8}{f7}$
1
2
3
4
5
6
7
8
9
10
11
A
11 调整垫圈 1 Q235A GB/T 68—2016
10 十字槽沉头螺钉 M8×18 4 Q235A GB/T 68—2016
9 螺杆 1 Q235A
8 螺母块 1 Q235A
7 圆柱销 4×20 1 GB/T 119.1—2000
6 圆环 1 Q235A
5 垫圈 1 Q235A GB/T 119.1—2000
4 活动钳身 1 HT200
3 螺钉 1 Q235A
2 钳口板 2 45
1 固定钳身 1 HT200
序号 代号 名称 数量 材料 备注
机用虎钳 比例 数量 材料
制图
审核
技术要求
1. 活动钳身应移动灵活，不得摇晃
2. 装配后，两钳口板的夹紧表面应相互平行
3. 夹紧工件时不允许自行松开

图 5.8　机用虎钳装配图

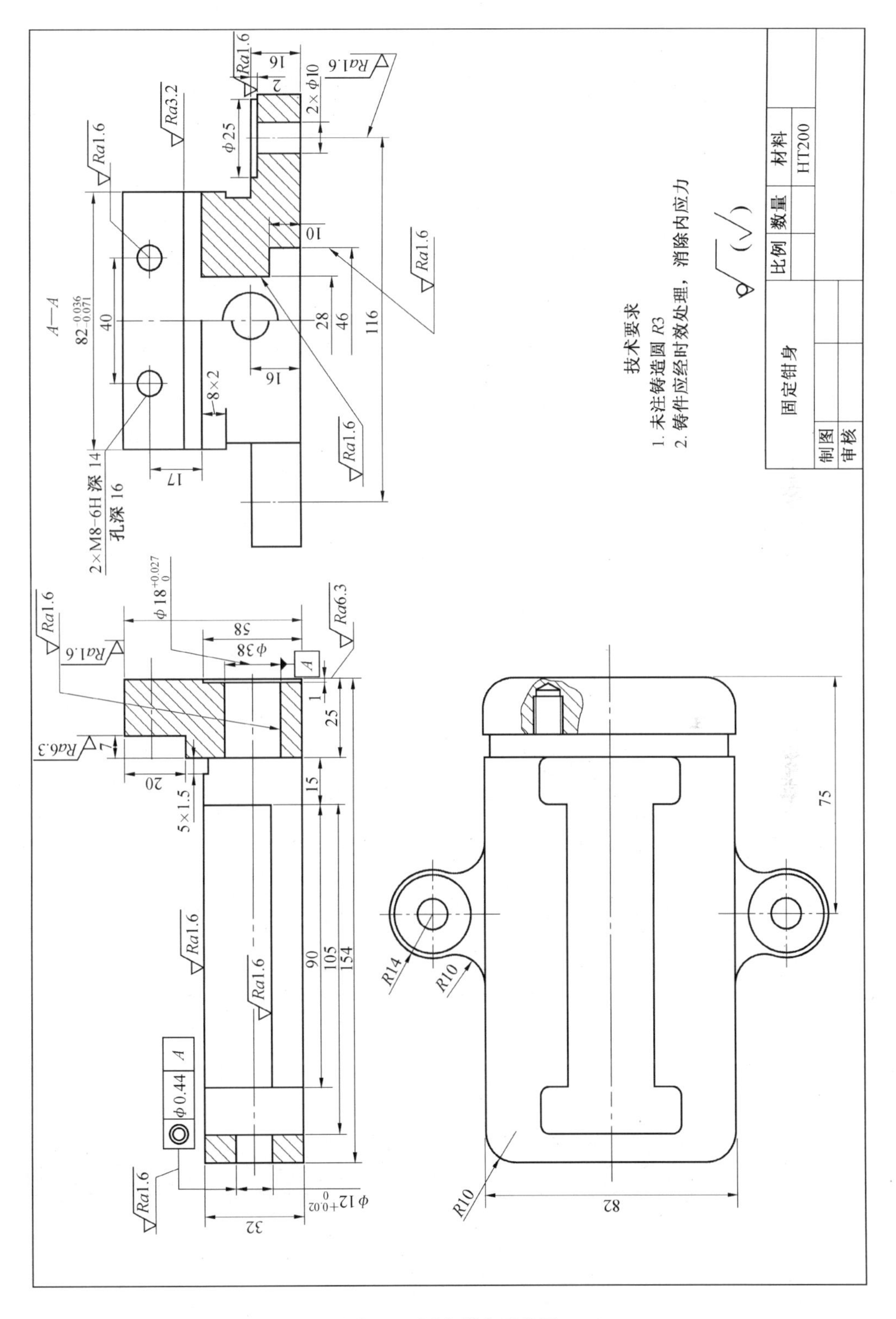
A—A
2×M8-6H 深 14
孔深 16
技术要求
1. 未注铸造圆 R3
2. 铸件应经时效处理，消除内应力
固定钳身
比例
数量
材料
HT200
制图
审核

图 5.9　固定钳身零件图

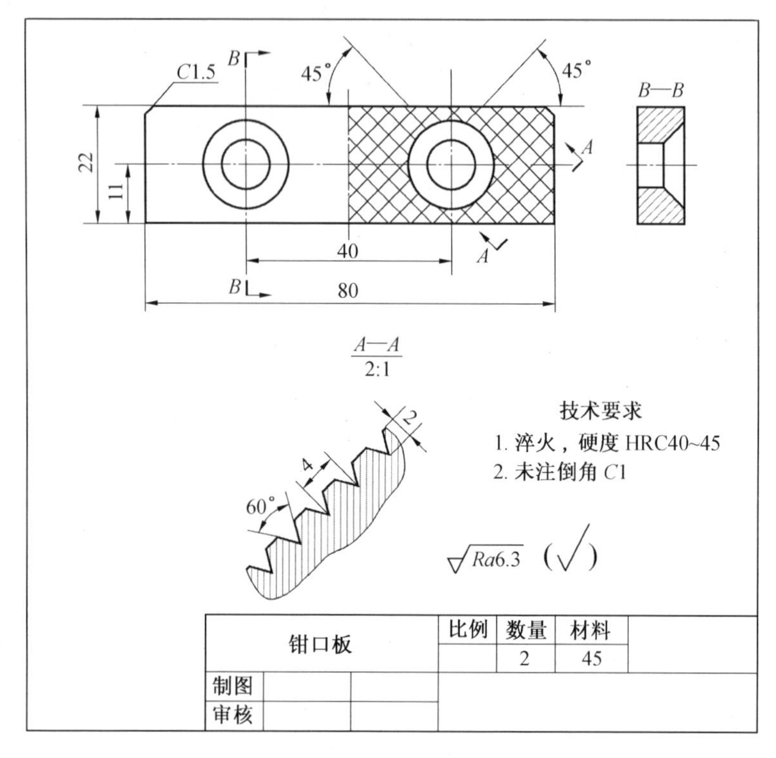

图 5.10　钳口板零件图

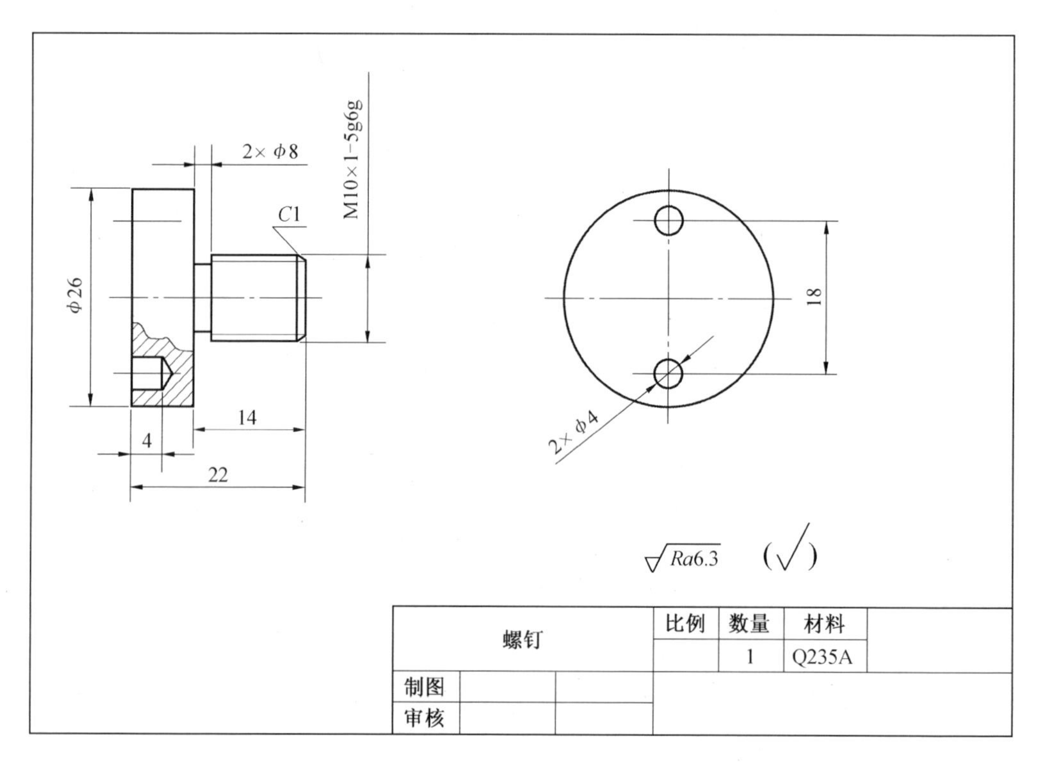

图 5.11　螺钉零件图

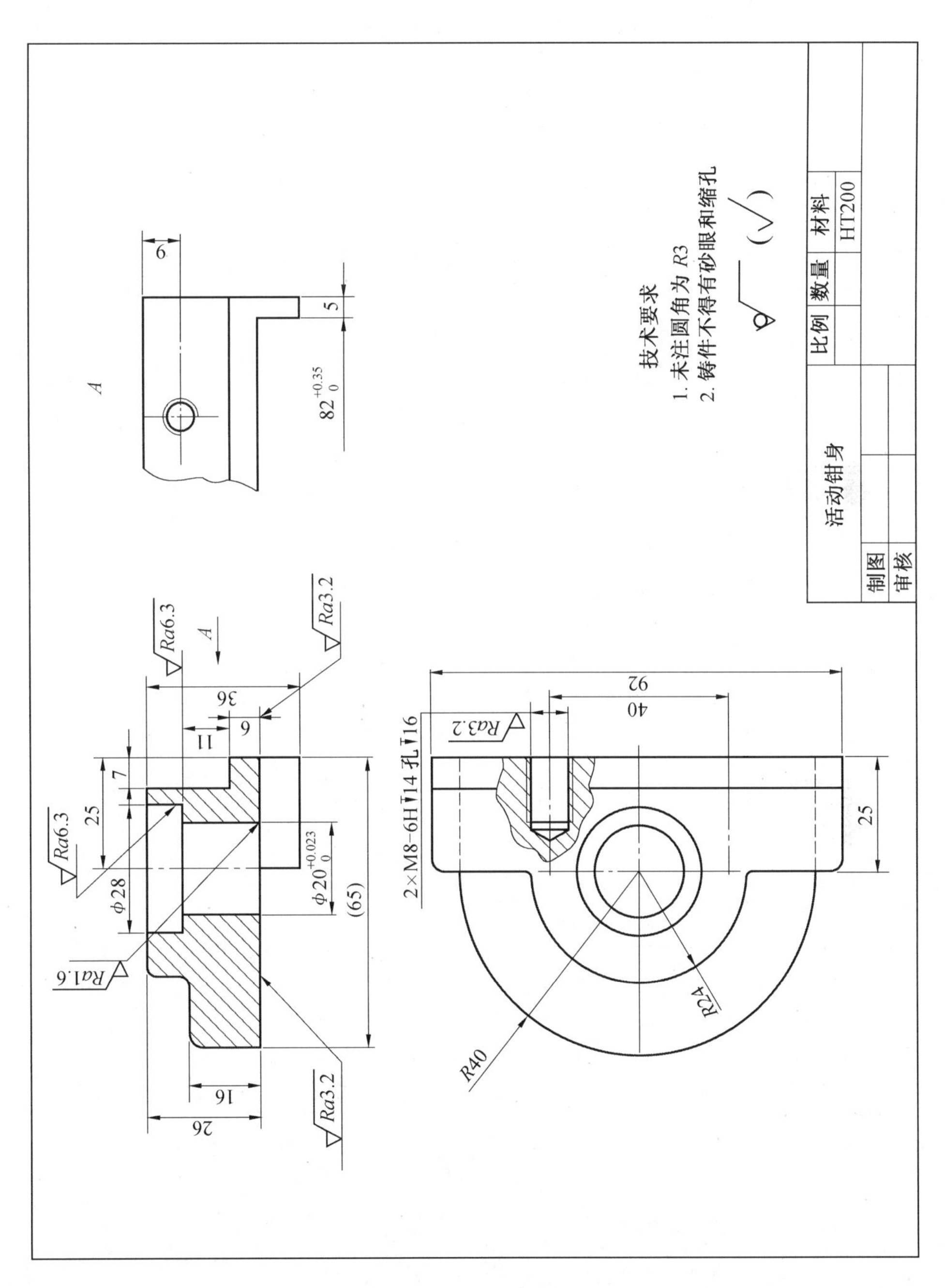

图5.12 活动钳身零件图

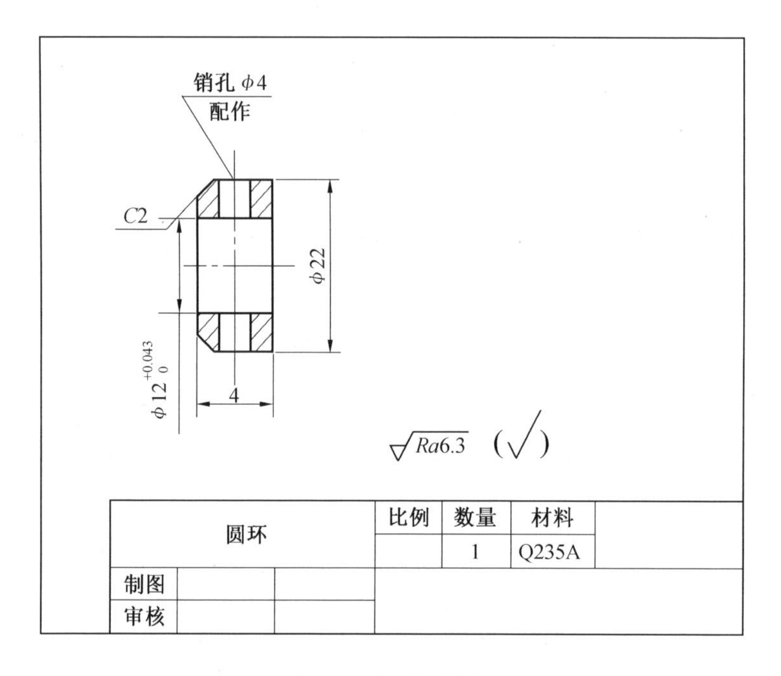

图 5.13 圆环零件图

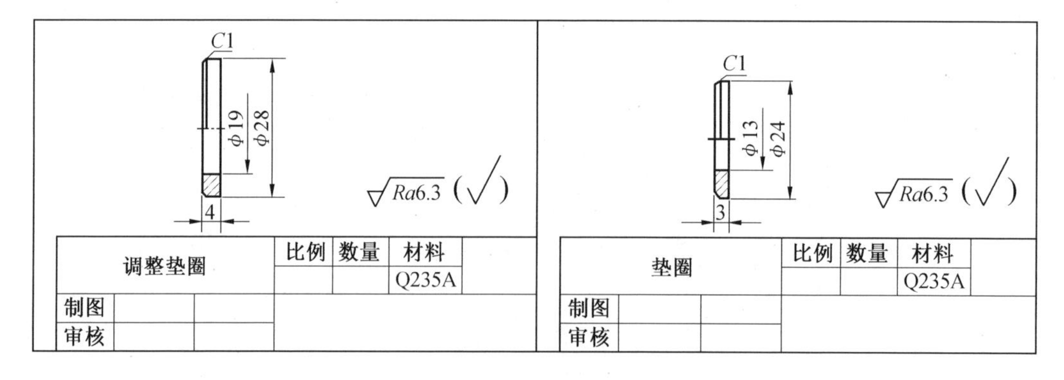

图 5.14 调整垫圈和垫圈零件图

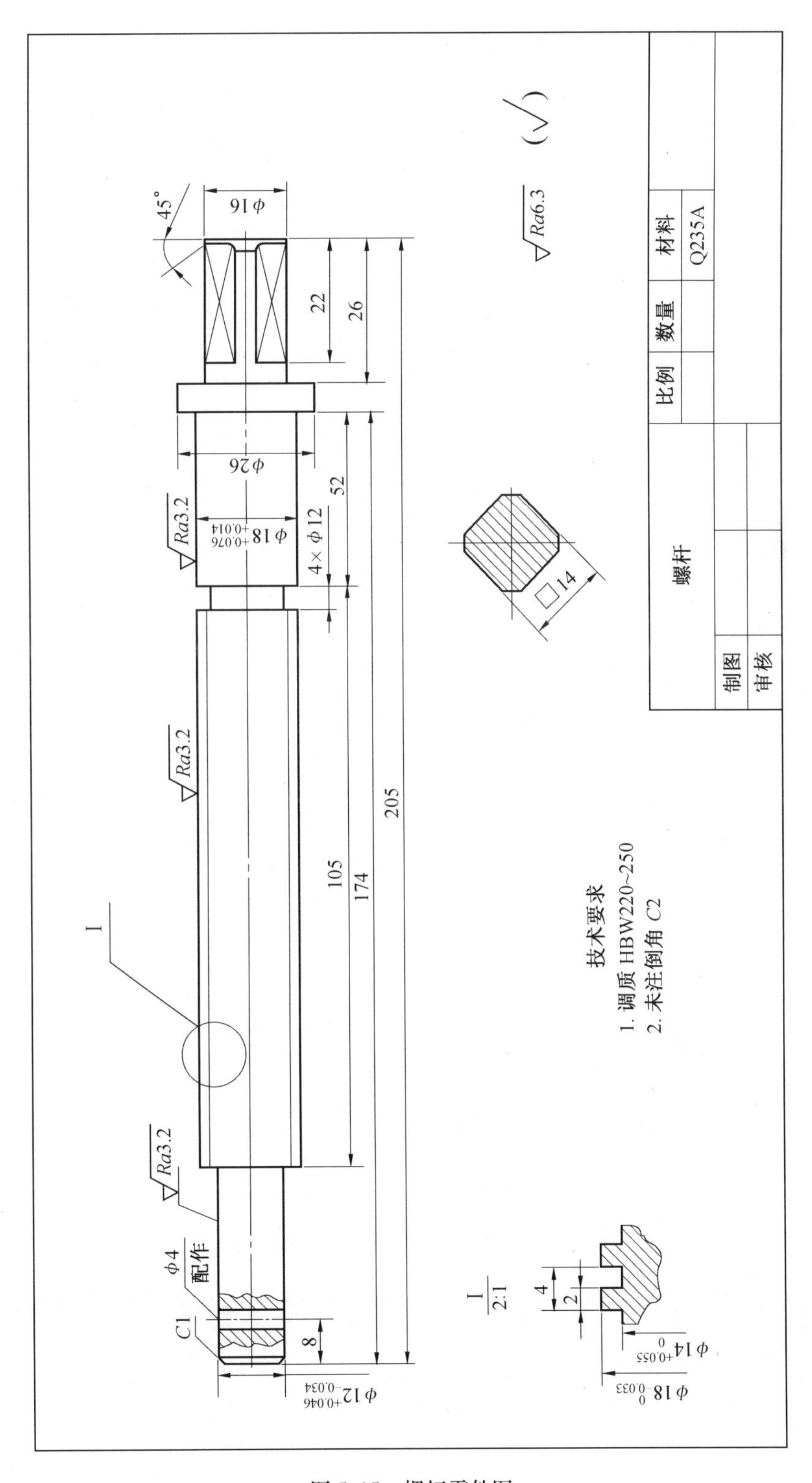
技术要求
1. 调质 HBW220~250
2. 未注倒角 C2
比例
数量
材料
Q235A
螺杆
制图
审核
Ra6.3
Ra3.2
配作
φ4
C1
45°
22
26
52
105
174
205
8
4×φ12
φ16
φ26
□14
I
2:1
4
2

图 5.15　螺杆零件图

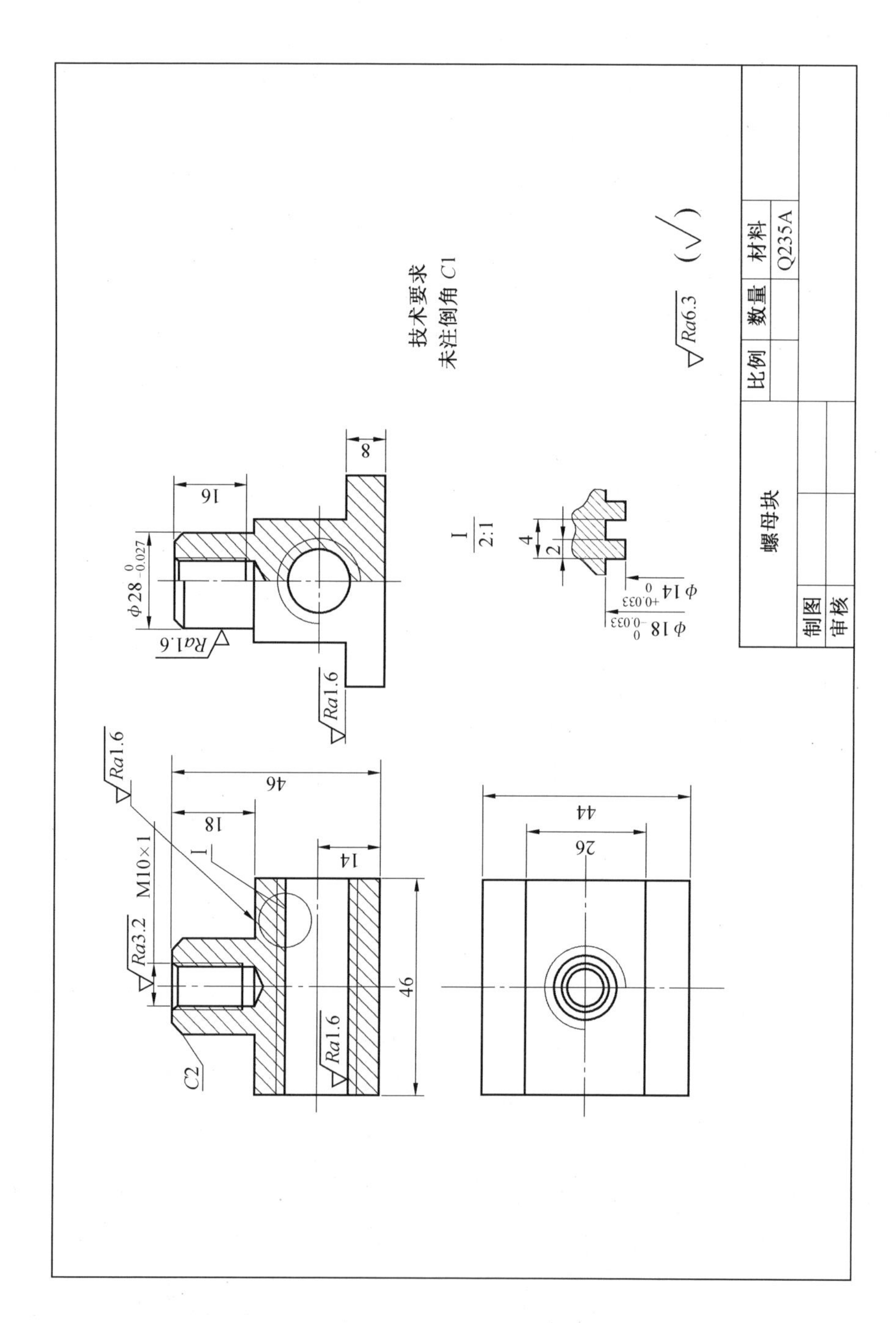
技术要求
未注倒角 C1
Ra6.3
螺母块
比例
数量
材料
Q235A
制图
审核
M10×1
Ra3.2
Ra1.6
C2
46
18
14
44
26
16
8
Φ28 0 -0.027
Φ14 +0.033 0
Φ18 0 -0.033
I
2:1
4
2

图 5.16　螺母块零件图

第6章

齿轮油泵测绘

齿轮油泵是一种在供油系统中为机器提供润滑油的部件,主要作用是将润滑油压入机器,使做相对运动的零件接触面之间产生油膜,从而降低零件间的摩擦并减少磨损,确保各运动零件(如轴承、齿轮等)正常工作。一般机器设备的润滑泵及非自吸式泵的辅助泵都采用齿轮油泵。齿轮油泵主要用于低压或噪声水平限制不严的场合。齿轮油泵从结构上可分为外啮合和内啮合两大类,其中以外啮合齿轮油泵应用较广泛。外啮合齿轮油泵由一对齿数相同的齿轮、传动轴、轴承、泵盖和壳体等十几个零件组成,结构相对简单,是常用的制图教学测绘对象(图6.1)。

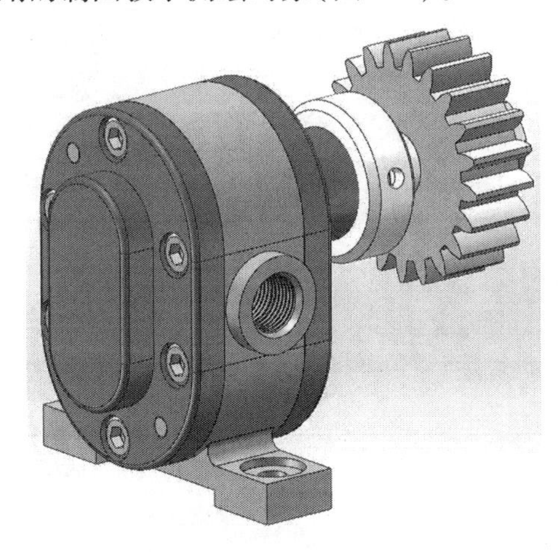

图6.1　齿轮油泵立体图

6.1　齿轮油泵结构装配关系及工作原理

1. 齿轮油泵结构装配关系

泵体是齿轮油泵中的主要零件之一,它和左右泵盖共同组成油泵箱体,箱体内腔容纳一对互相啮合的吸油和压油的齿轮,两侧泵盖支承一对齿轮轴的旋转运动。左、右泵盖通过圆柱销与泵体定位,并通过螺钉将左、右泵盖与泵体连接成整体。为了防止泵体与泵盖结合面处以及传动齿轮轴伸出端漏油，分别用垫片、密封圈、衬套及压紧螺母密封。齿轮轴、传动齿轮轴、传动齿轮等是油泵中的运动零件。当传动齿轮转动时，通过键将扭矩传递给传动齿轮轴，经过齿轮啮合带动齿轮轴转动。图 6.2 为齿轮油泵。

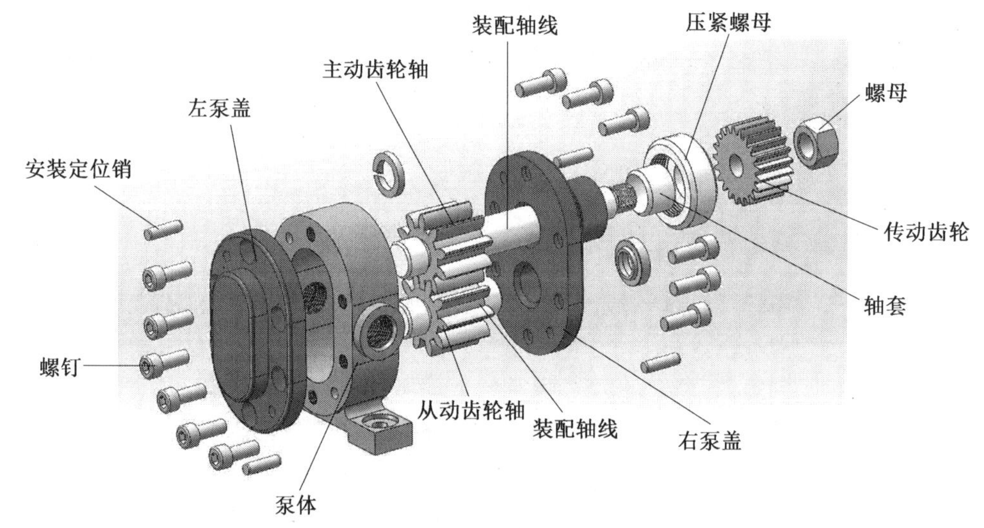

(a) 组成零件分解示意图

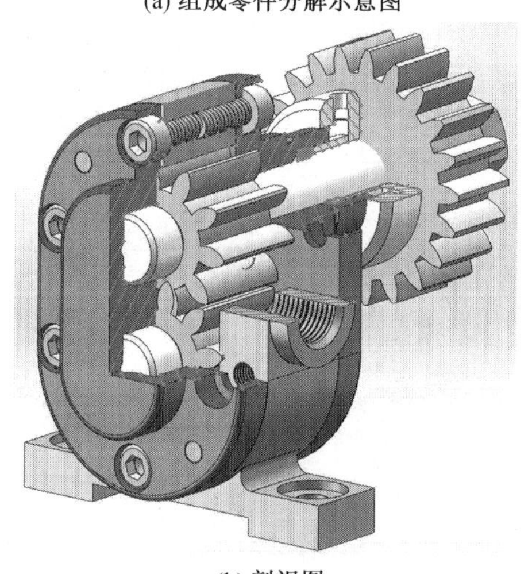

(b) 剖视图

图 6.2　齿轮油泵

2. 齿轮油泵的工作原理

如图 6.3 所示，当主动齿轮沿逆时针方向转动时，从动齿轮沿顺时针方向转动，齿轮啮合区右边的轮齿逐渐分开时，齿轮油泵的右腔空腔体积逐渐扩大，油压降低，形成负压，油箱内的油在大气压的作用下，经吸油口被吸入齿轮油泵的右腔，齿槽中的油随着齿轮的继续旋转被带到左腔；而左边的各对轮齿又重新啮合，空腔体积缩小，齿槽中不断挤出的油成为高压油，并由压油口压出，这样，随着齿轮的转动，齿槽中的油不断沿箭头方向被带至左边的压油口把油压出，送至机器中需要润滑的部分。

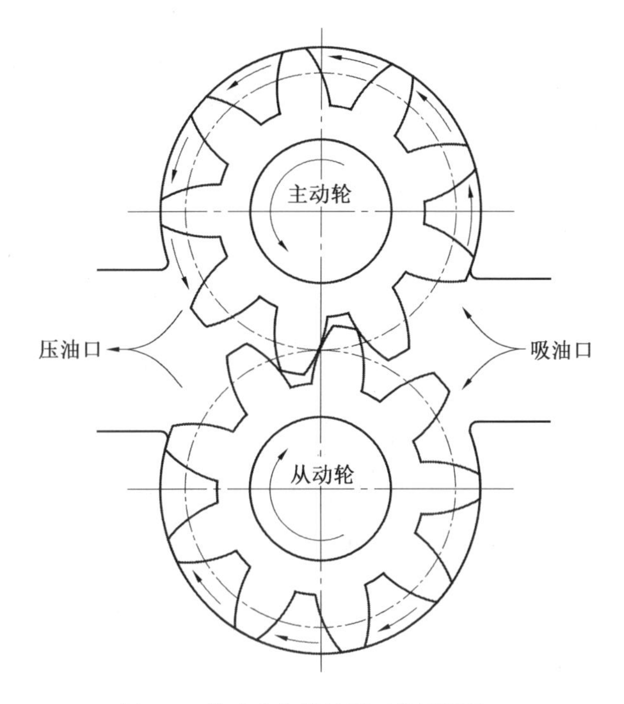

图 6.3 外啮合齿轮油泵工作原理图

6.2 齿轮油泵装配示意图及拆卸

6.2.1 绘制装配示意图

1. 连接与固定方式

在齿轮油泵中,左泵盖和右泵盖都是靠内六角螺钉与泵体连接,通过销定位。密封圈是由压紧套及压紧螺母将其挤压在右泵盖相应的孔槽内。传动齿轮靠传动齿轮轴端面定位,用螺母及垫圈固定。两齿轮的轴向定位是靠两泵盖端面及泵体两侧面分别与齿轮两端面接触。从图 6.2 中可以看出,两个泵盖与泵体采用 4 个圆柱销定位、12 个螺钉紧固的方法连接在一起。

2. 配合关系

两齿轮轴在左、右泵盖的轴孔中有相对运动(轴颈在轴孔中旋转),所以应该选用间隙配合;一对啮合齿轮在泵体内快速旋转,两齿顶圆与泵体内腔也是间隙配合;轴套的外圆柱面与右泵盖孔虽然没有相对运动,但考虑到拆卸方便,因此选用间隙配合;传动齿轮的内孔与主动齿轮轴之间没有相对运动,右泵盖有螺母轴向锁紧,所以应选择较松的过渡配合(或较小的间隙配合)。

3. 密封装置

泵、阀之类的部件,为了防止液体或气体泄漏以及灰尘进入内部,一般都有密封装置。在齿轮油泵中,主动齿轮轴伸出端用轴套、压紧螺母和密封圈加以密封;两泵盖与泵体接触面间放有垫片，也起到密封防漏的作用。

4. 绘制装配示意图

根据以上分析，齿轮油泵有两条装配线：一条是传动（主动）齿轮轴装配线，主动齿轮轴装在泵体和左、右泵盖的支承孔内，在主动齿轮轴线右端的伸出端装有密封圈、轴套、压紧螺母、传动齿轮、键、弹簧垫圈和螺母；另一条是从动齿轮轴装配线，从动齿轮轴装在泵体和左、右泵盖的支承孔内，与主动齿轮轴相啮合，如图 6.2(a)所示。绘制完成的装配示意图如图 6.4 所示。

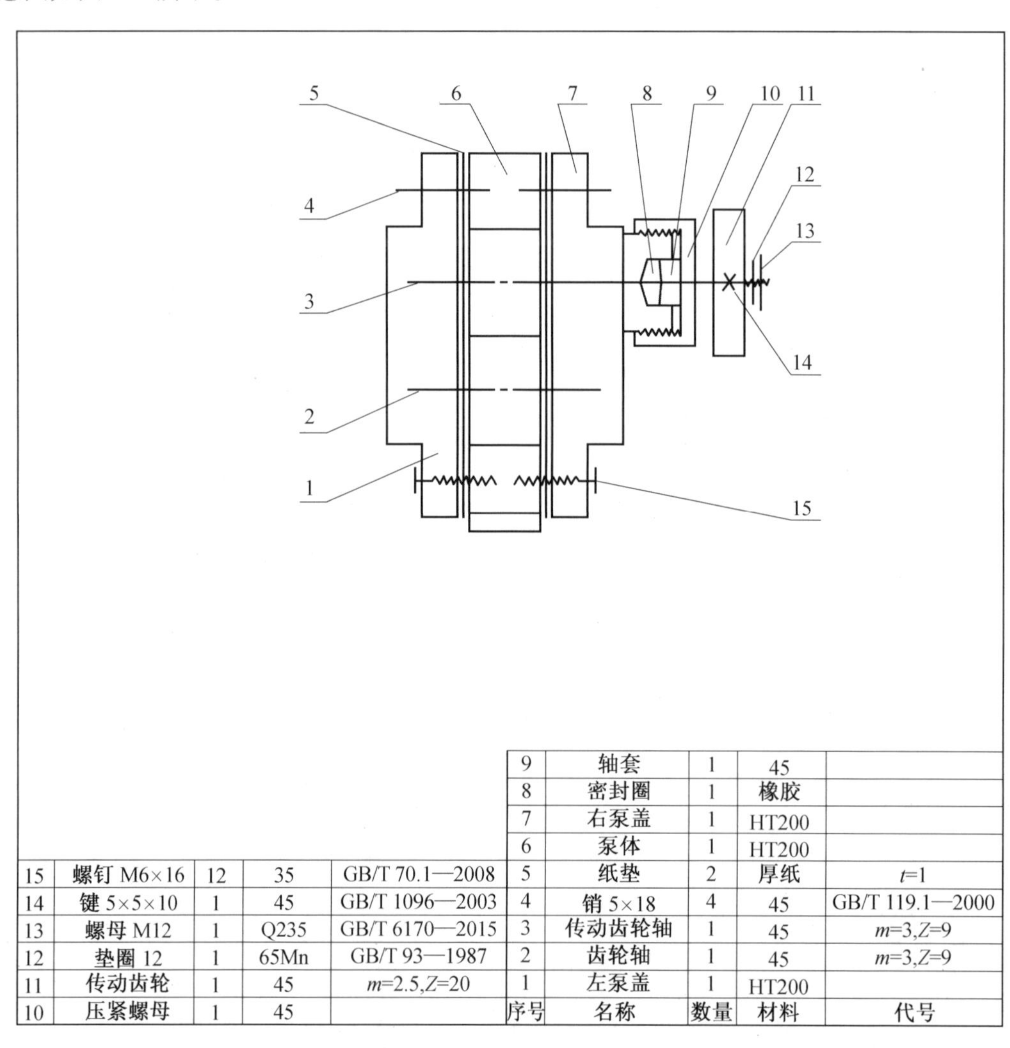

序号	名称	数量	材料	代号
15	螺钉 M6×16	12	35	GB/T 70.1—2008
14	键 5×5×10	1	45	GB/T 1096—2003
13	螺母 M12	1	Q235	GB/T 6170—2015
12	垫圈 12	1	65Mn	GB/T 93—1987
11	传动齿轮	1	45	m=2.5,Z=20
10	压紧螺母	1	45	
9	轴套	1	45	
8	密封圈	1	橡胶	
7	右泵盖	1	HT200	
6	泵体	1	HT200	
5	纸垫	2	厚纸	t=1
4	销 5×18	4	45	GB/T 119.1—2000
3	传动齿轮轴	1	45	m=3,Z=9
2	齿轮轴	1	45	m=3,Z=9
1	左泵盖	1	HT200	

图 6.4　齿轮油泵装配示意图

6.2.2　拆卸

齿轮油泵的拆卸顺序为：先拧出右端螺母，取出垫圈、传动齿轮和键，旋出压紧螺母，取出轴套；再拧出左、右泵盖上各 6 个螺钉，两泵盖、泵体和垫片即可分开；然后从泵体中抽出两齿轮轴。至于销和填料，可不必从泵盖上取下。拆卸时边拆卸边记录（图 6.4）。

如果要将拆卸的各零件重新装配，则按先拆后装原则，即装配顺序与拆卸顺序相反。

6.3　齿轮油泵零件分类

为便于测绘和绘制草图，拆卸后首先把齿轮油泵的各零件进行分类。

(1)标准件(或标准部件)。螺栓、垫圈、销、键和密封圈等。

(2)轴套类零件。传动齿轮轴、从动齿轮轴、轴套和压紧螺母。

(3)轮盘类零件。泵盖、垫片和传动齿轮。

(4)箱体类零件。泵体。

编制部件明细表(图6.4)，同时根据四类不同零件的测绘方法，测绘齿轮油泵各零件，并绘制零件草图。

6.4　绘制零件草图

根据上节分析，除了六种标准件以外，其他零件都要画出零件草图。下面以齿轮油泵中的传动齿轮轴、右泵盖和泵体为例，说明齿轮油泵零件的测绘及零件草图绘制过程。

6.4.1　测绘传动齿轮轴

1. 结构分析

顾名思义，传动齿轮轴就是轴上加工有齿轮。轴与左泵盖和右泵盖的支承孔装配在一起，右端有键槽，通过键与传动齿轮连接，再由垫圈和螺母紧固。齿轮部分的轴段两端有砂轮越程槽，有螺纹轴段，有退刀槽。

2. 表达分析

主视图取轴线水平放置，直径大的轴段放在左侧，键槽朝前，方便键槽形状的表达；键槽的深度用移出断面图表示；两个局部放大图分别表示越程槽和退刀槽的形状和大小。

3. 测量并标注尺寸

合理地选择尺寸基准是标注尺寸时首先要考虑的重要问题。标注尺寸时应尽可能使设计基准与工艺基准统一，做到既符合设计要求，又满足工艺要求。但实际上往往不能兼顾设计和工艺要求，此时必须对零件各部分结构的尺寸进行分析，明确哪些是重要尺寸，哪些是非重要尺寸。重要尺寸应从设计基准出发标注，直接反映设计要求，如图6.5中的25。非重要尺寸应考虑加工测量方便，以加工顺序为依据，由工艺测量基准出发标注尺寸，以直接反映工艺要求，如图6.5中的尺寸12、30、18等。

长度方向(轴向)以齿轮的左端面(此端面是确定齿轮轴在油泵中轴向位置的重要端面)为主要尺寸(设计)基准，注出重要尺寸25。长度方向辅助基准Ⅰ是轴的左端面，注出总长112和主要基准与辅助基准之间的联系尺寸12。长度方向的辅助基准Ⅱ是轴的右端面，注出尺寸30，再以辅助基准Ⅲ注出键槽的定位尺寸2和轴段长度18、$\phi 16$轴段为长度方向尺寸链的开口环，空出不注尺寸。以水平位置的轴线作为径向(高度和宽度)尺寸基准，由此注出各轴段以及齿轮顶圆和分度圆直径。

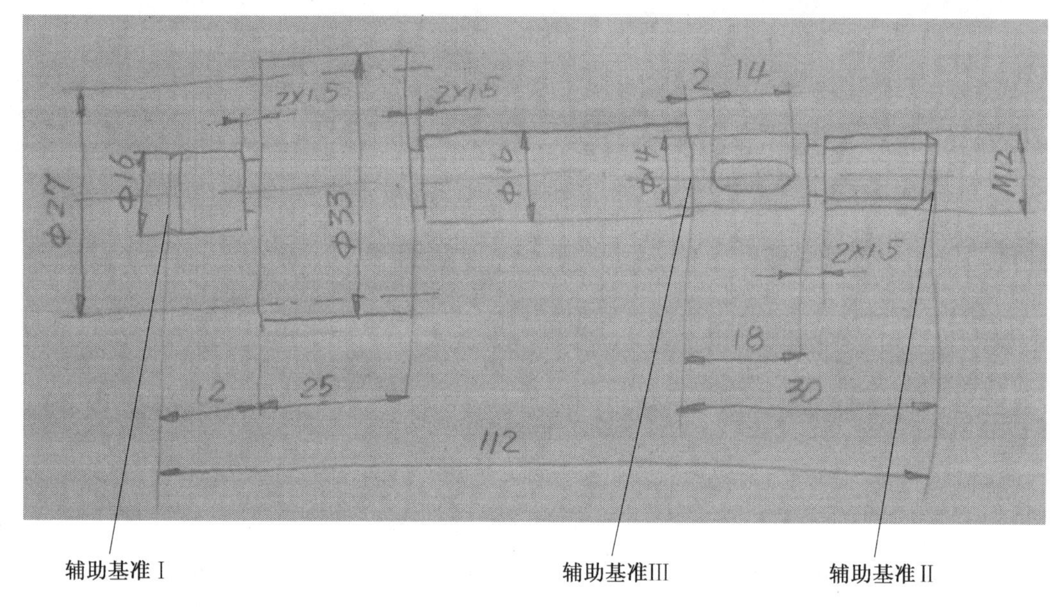

图6.5　传动齿轮轴草图

4. 确定材料和技术要求

齿轮轴选用碳素结构钢45钢,整体调质后,齿面高频淬火处理。承受摩擦的轴套可选用铸造铜合金,如ZCuSn5Pb5Zn5(铸造锡青铜);齿轮油泵中的一对啮合齿轮在泵体中高速旋转,齿轮齿顶圆的表面和泵体齿轮孔的内表面都有较高的表面粗糙度要求,可选用 $Ra6.3\ \mu m$,螺孔表面粗糙度可选用 $Ra6.3\ \mu m$;一对啮合齿轮与泵体齿轮孔采用基孔制间隙配合(ϕ33H8/f7);齿轮轴与左、右泵盖支承孔采用基孔制间隙配合(ϕ16H7/h6);传动齿轮轴与传动齿轮孔(用键连接)采用基孔制过渡配合(ϕ14H7/k6)。

6.4.2　测绘右泵盖

1. 结构分析

右泵盖上部有传动齿轮轴穿过,下部有从动齿轮轴轴颈的支承孔,在右部凸缘的外圆柱面上有外螺纹,用压紧螺母通过轴套将密封圈压紧在轴的四周。右泵盖的外形为长圆形,沿周围分布有六个具有沉孔的螺钉孔和两个圆柱销孔,右泵盖草图如图6.6所示。

2. 表达分析

泵盖属于盘盖类零件。主视图选择圆视图,表达右泵盖的端面外部形状和连接板上孔的分布情况。左视图选择非圆视图,采用全剖视,表达各孔的内部结构形状。

3. 测量并标注尺寸

以左端面为长度方向的主要尺寸基准,注出右泵盖的厚度9和凸缘的厚度18,以及盲孔深度13。以右泵盖的右端面的长度方向的辅助基准,注出沉孔深度尺寸14,外螺纹长度尺寸15(含退刀槽长度尺寸3)。宽度方向以铅垂的对称中心线为主要尺寸基准,注出尺寸 $R30$,螺钉孔、销孔的定位尺寸 $R23$。高度方向以右泵盖上部通孔的轴线为主要尺寸基准,由此注出盲孔 ϕ16 的定位尺寸 27±0.02。

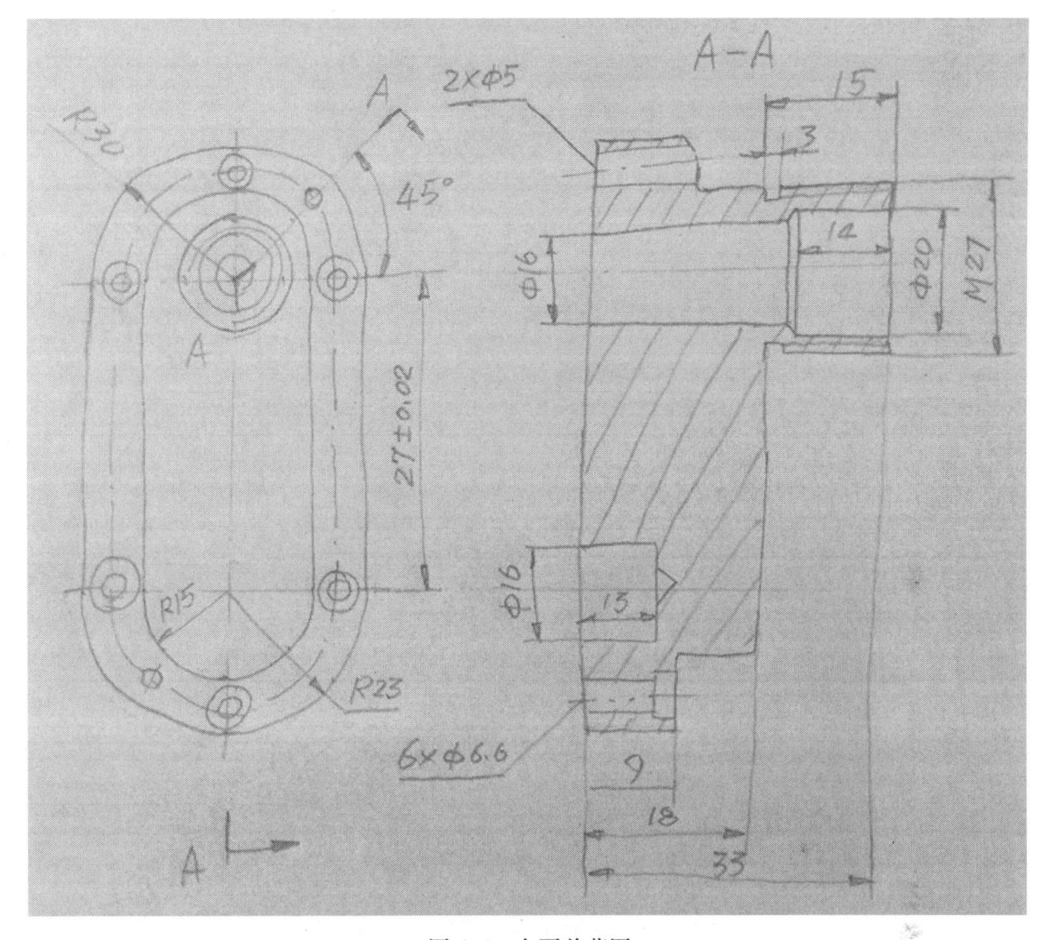

图6.6　右泵盖草图

4. 确定材料和技术要求

齿轮油泵中的泵体和左、右泵盖都是铸件，一般选用中等强度的灰铸铁HT200(人工时效处理)；泵体与左、右泵盖的结合面(中间有垫片)表面粗糙度选用*Ra*3.2 μm。

6.4.3　测绘泵体

1. 结构分析

泵体的结构形状可分为主体和底座两部分。主体部分为长圆形内腔，以容纳一对齿轮。前后两个凸起为进、出油孔，与泵体内腔相通。泵体的两端面有与左、右泵盖连接用的螺孔和定位销孔。底板部分用来固定油泵，底座为长方形，底座的凹槽是为了减少加工面，底座两边各有一个固定油泵用的安装孔，泵体零件草图如图6.7所示。

2. 表达分析

主视图选圆视图，表达泵体空腔形状及与空腔相通的进、出油孔，同时也反映了销孔与螺纹孔的分布以及底座上沉孔的形状。左视图选非圆视图，表达螺孔及销孔和空腔的内部结构。

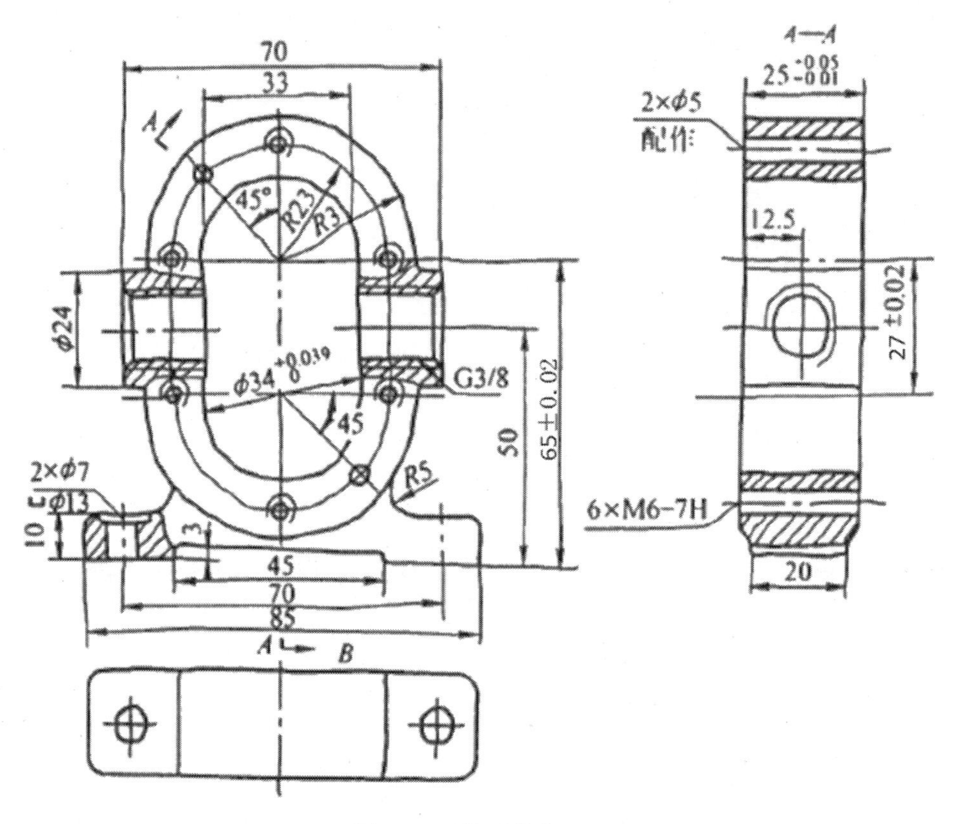

图 6.7 泵体零件草图

3. 测量并标注尺寸

以泵体的左右对称中心线为长度方向尺寸主要基准,注出左右对称的各部分尺寸;以底为高度方向尺寸主要基准,直接注出底面到进出油孔轴线的定位尺寸 50,底面到齿轮孔轴线的定位尺寸 65±0.02,再以此为辅助基准标注两齿轮孔轴线的距离尺寸 27±0.02。

6.5 绘制齿轮油泵装配图

零件草图完成后,根据装配示意图和零件草图绘制装配图。在画装配图的过程中,针对草图中存在的零件形状和尺寸的不妥之处做出必要的修改。

1. 确定齿轮油泵装配图的表达方案

由于油泵装配体的组成零件相对较少,因此,装配图采用主、左两个视图来表达。主视图采用全剖视的非圆视图,表达各零件之间的装配关系及装配体内部结构。左视图取圆视图,由于油泵是对称结构,因此采用半剖视来表达,沿左泵盖与泵体的结合面剖开,视图部分可表达主要零件(泵盖和泵体)的外形轮廓和紧固件的分布情况。剖视图部分则表达齿轮油泵的一对齿轮啮合情况,其中,局部剖视表达进油口的内部结构,由于对称关系也可以清楚地知道出油口的内部结构。

2. 确定图纸幅面和绘图比例

图纸幅面和绘图比例应根据装配体的复杂程度和实际大小来选用,应清楚表达出主要装配关系和主要零件的结构。选用图幅时,还应注意在视图之间留有足够的空隙,以便标注尺寸、编写零件序号、注写明细栏和技术要求等。

3. 绘制装配图的步骤

绘制装配图的具体步骤如图 6.8 所示。

(1)画各视图的主要轴线、中心线和图形定位基线,如图 6.8(a)所示。

(2)画主动齿轮轴和从动齿轮轴的啮合,如图 6.8(b)所示。

(3)画泵体和泵盖、其他零件及标准件,如图 6.8(c)所示。

(4)检查校对全图,清洁图面,描粗、加深图线,画剖面线,画明细栏,如图 6.8(d)所示。

4. 装配图上应标注的尺寸

(1)性能尺寸。中心距 27±0.016,进、出油孔的螺孔尺寸 G3/8,进、出油孔中心到底面距离 50,主动齿轮轴到泵体底面距离 65。

(2)装配尺寸。主动齿轮轴、从动齿轮轴与左泵盖 ϕ16H7/h6,主动齿轮轴、从动齿轮轴与右泵盖 ϕ16H7/h6,主动齿轮轴与传动齿轮 ϕ14H7/k6。

(3)总体尺寸。长 118、宽 85 和高 95。

(4)安装尺寸。两安装螺栓间距尺寸 70。

(5)装配图上的配合尺寸分析。根据零件在部件中的作用和要求,应注出相应的公差带代号。例如,传动齿轮要带动传动齿轮轴一起转动,除了靠键把两者连成一体传递扭矩外,还需定出相应的配合。在图中可以看到,它们之间的配合尺寸是 ϕ14H7/k6,它属于基孔制优先过渡配合。

齿轮轴和传动齿轮轴与泵盖的支承孔的配合尺寸是 ϕ16H7/h6;衬套与右泵盖的孔的配合尺寸是 ϕ20H7/h6。尺寸 27±0.016 是一对啮合齿轮的中心距,这个尺寸准确与否将会直接影响齿轮的啮合传动。尺寸 65 是传动齿轮轴线到泵体安装面的高度尺寸。27±0.016 和 65 分别是设计和安装所要求的尺寸。

5. 装配图上的技术要求

(1)用垫片调整齿轮端面与泵盖的间隙,使其在 0.1 ~0.15 mm 范围内。

(2)油泵装配好后,用手转动主动轴,不得有阻滞现象。

(3)不得有渗油现象。

根据以上分析,在已画好的装配图上注写尺寸数字,填写标题栏、明细表和技术要求,最后绘制完成齿轮油泵装配图,如图 6.9 所示。

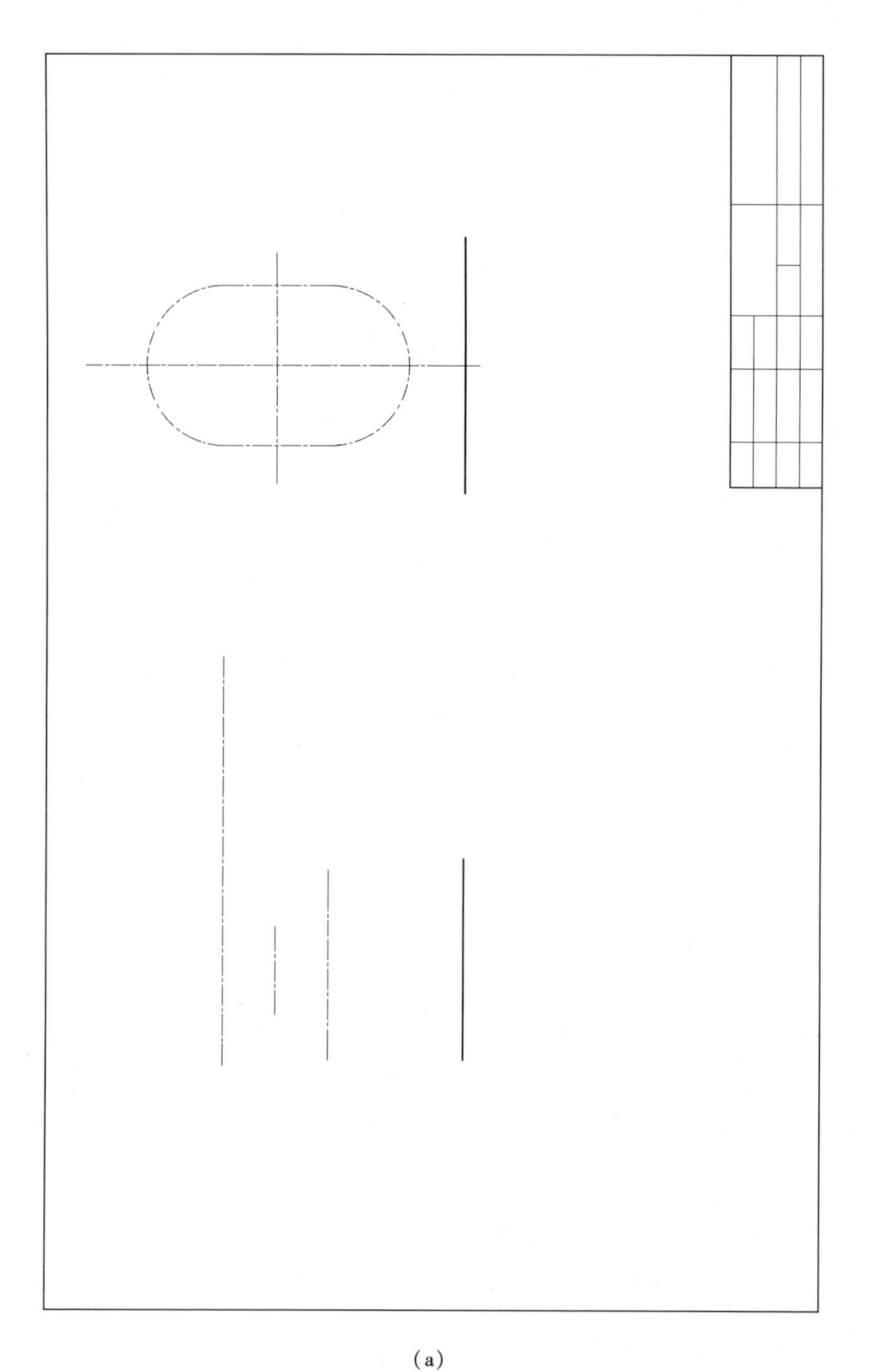

(a)

图 6.8　绘制装配图的具体步骤

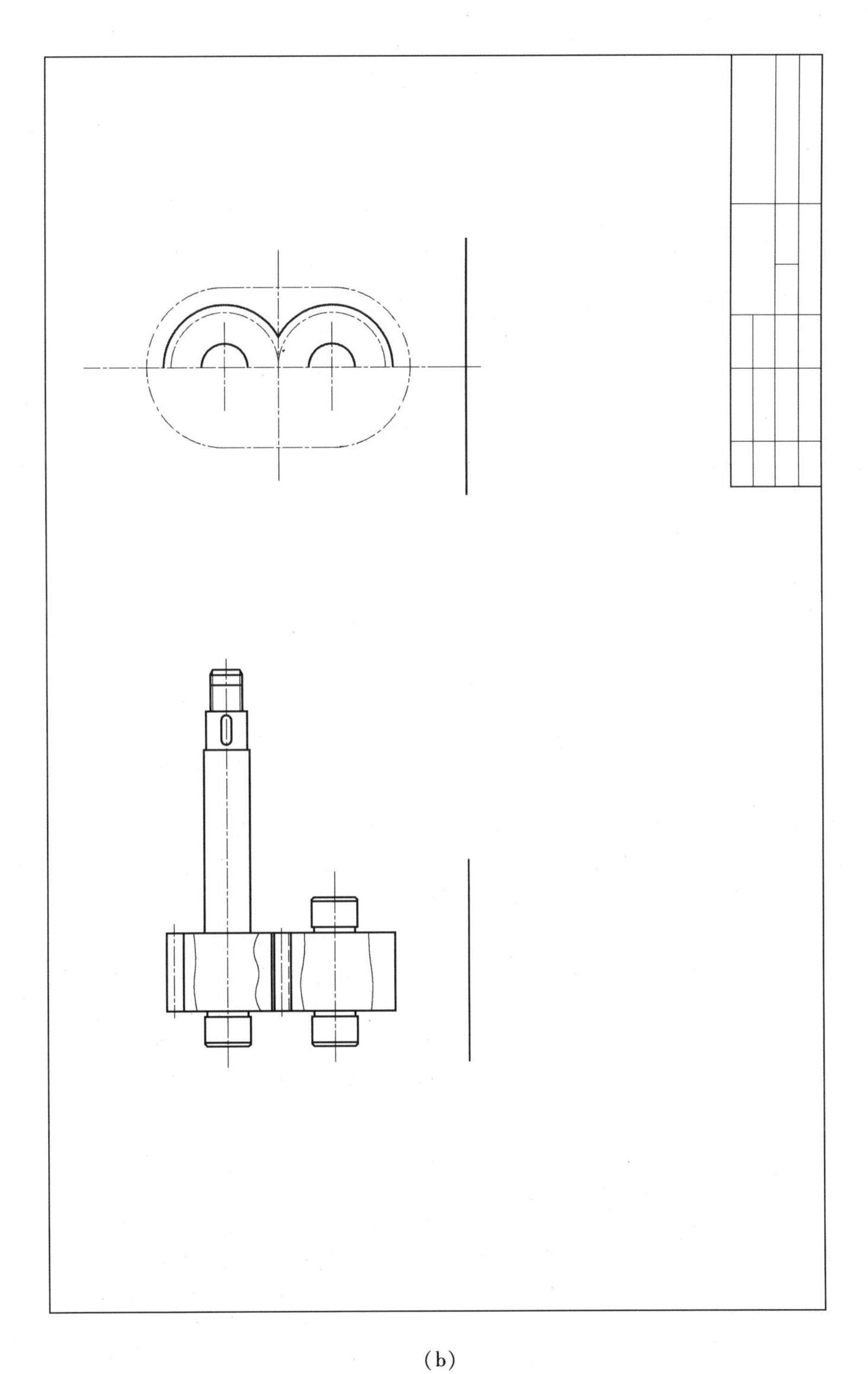

(b)

续图6.8

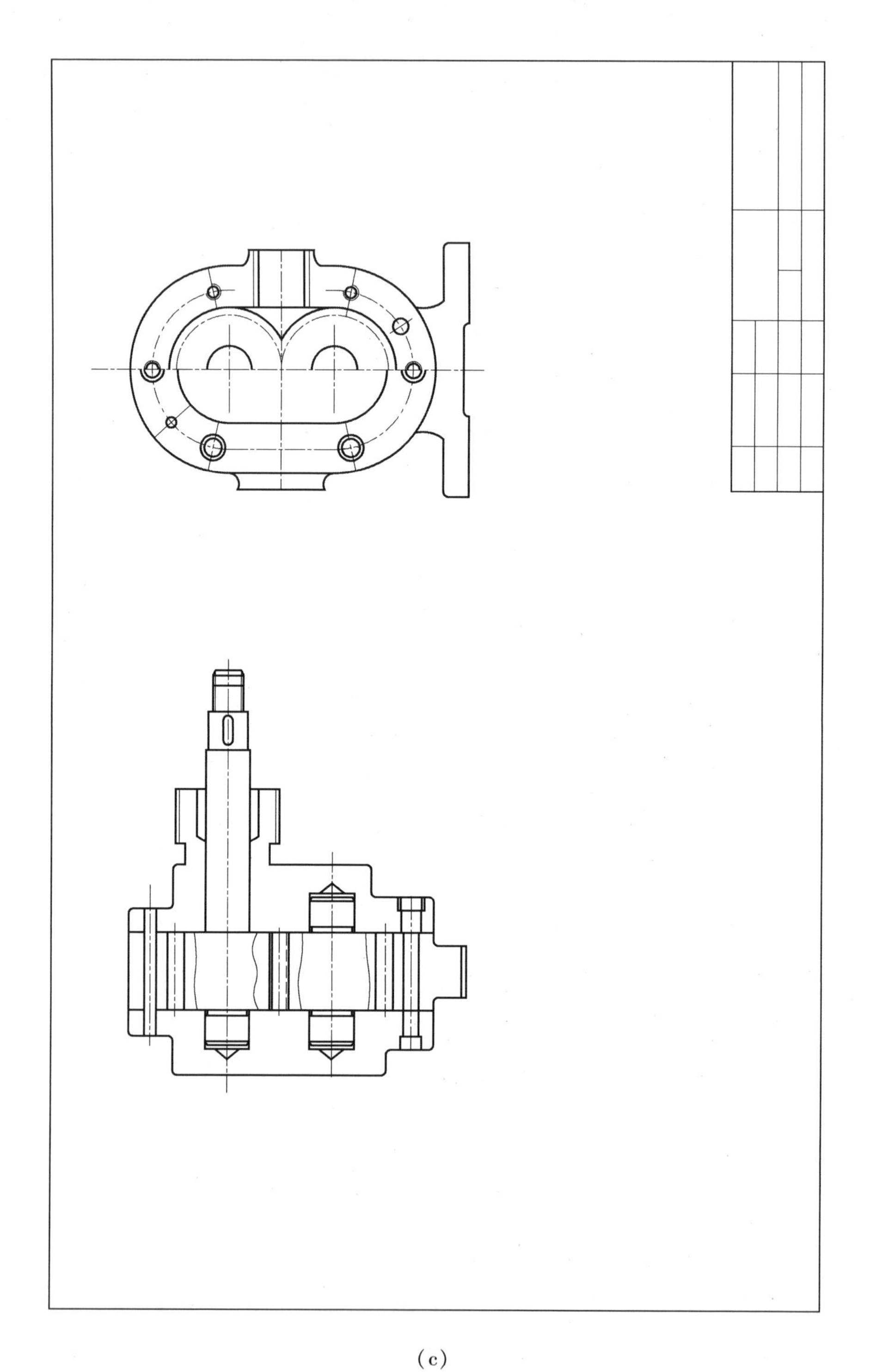

(c)

续图 6.8

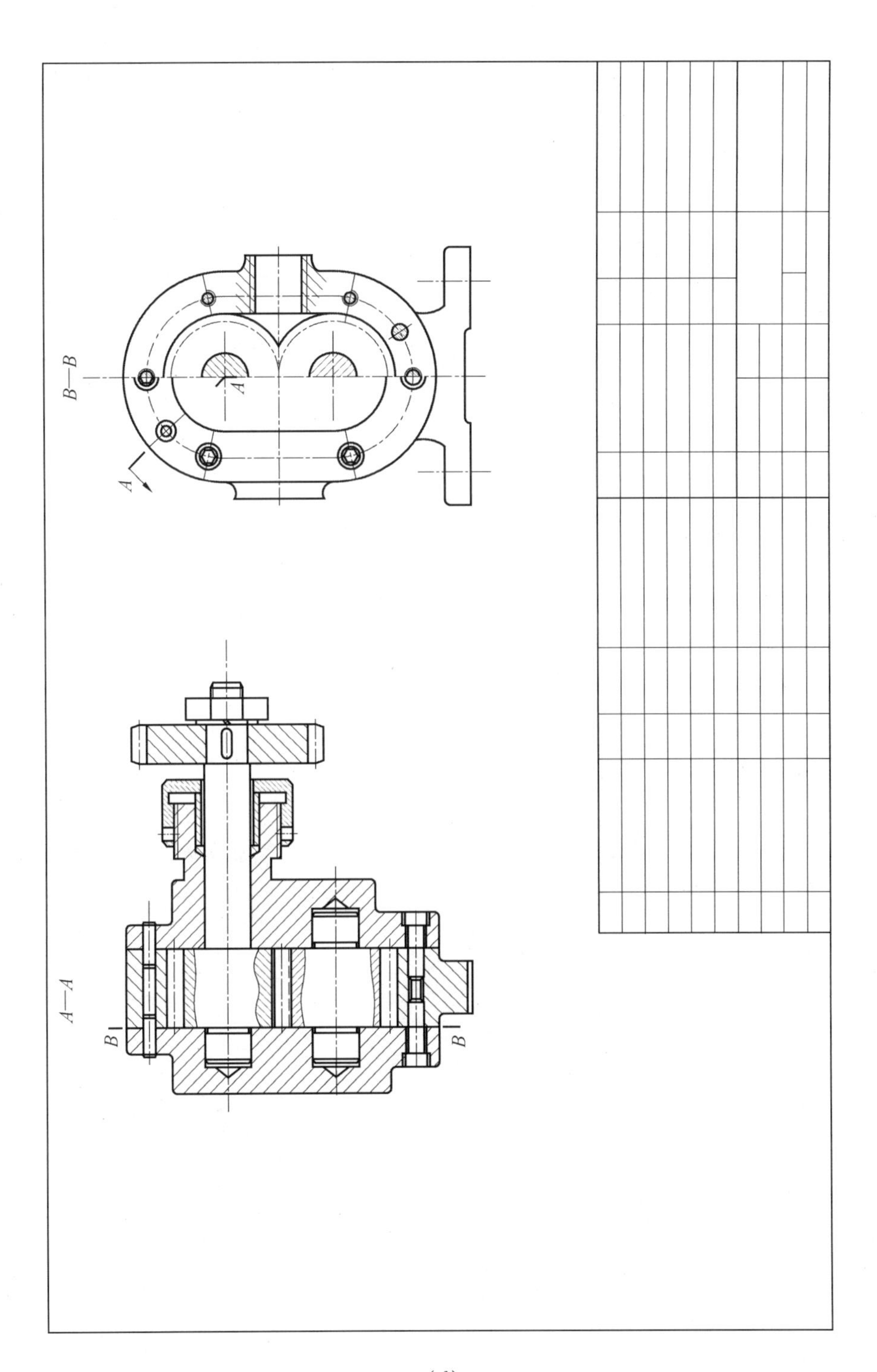

(d)

续图 6.8

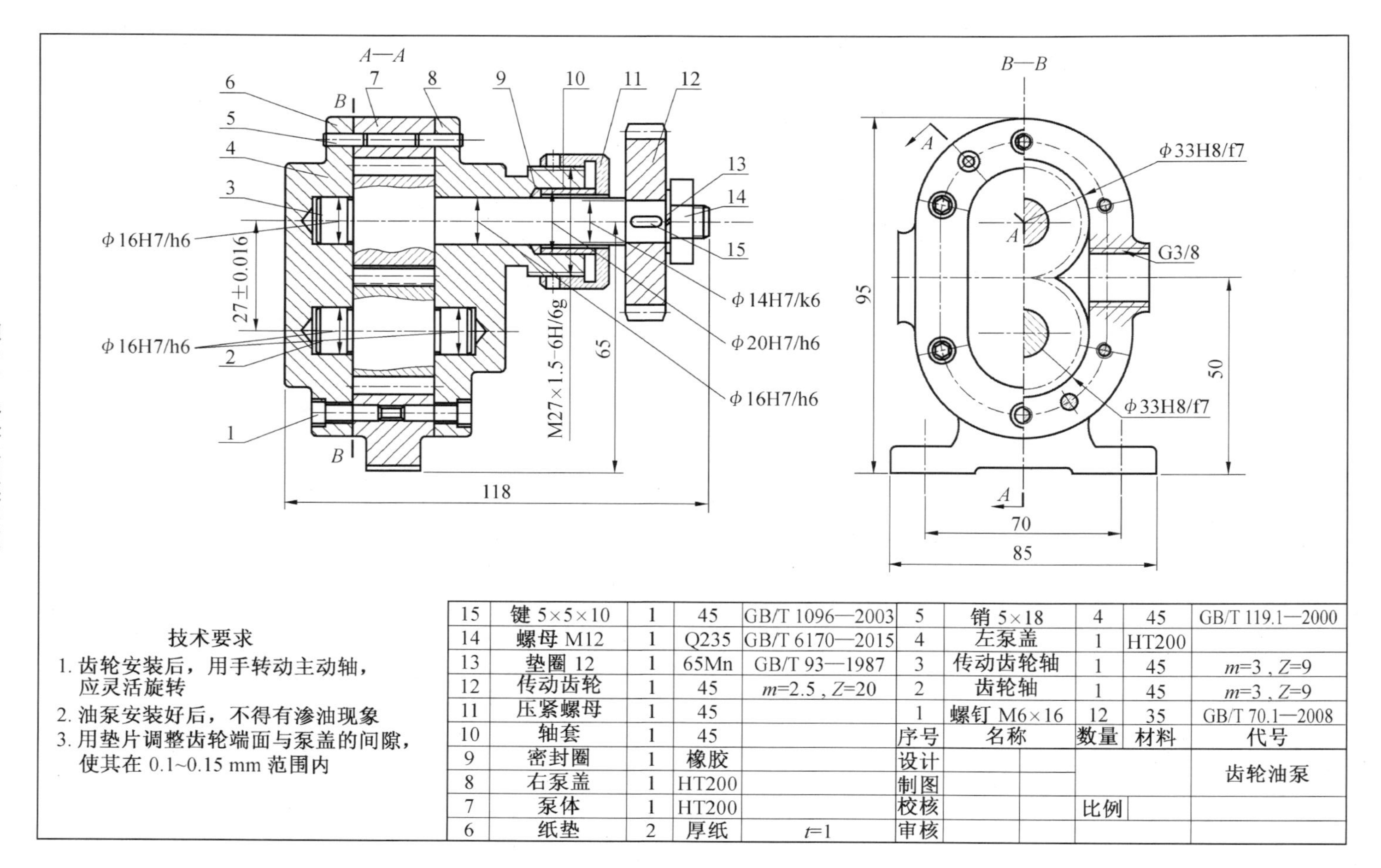

15	键 5×5×10	1	45	GB/T 1096—2003	5	销 5×18	4	45	GB/T 119.1—2000
14	螺母 M12	1	Q235	GB/T 6170—2015	4	左泵盖	1	HT200	
13	垫圈 12	1	65Mn	GB/T 93—1987	3	传动齿轮轴	1	45	m=3，Z=9
12	传动齿轮	1	45	m=2.5，Z=20	2	齿轮轴	1	45	m=3，Z=9
11	压紧螺母	1	45		1	螺钉 M6×16	12	35	GB/T 70.1—2008
10	轴套	1	45		序号	名称	数量	材料	代号
9	密封圈	1	橡胶		设计				齿轮油泵
8	右泵盖	1	HT200		制图				
7	泵体	1	HT200		校核		比例		
6	纸垫	2	厚纸	t=1	审核				

图 6.9　齿轮油泵装配图

6.6 绘制零件图

齿轮油泵需要画出的零件图的零件有:传动齿轮轴、左泵盖、右泵盖、泵体、传动齿轮、压紧螺母、轴套、传动齿轮和齿轮轴等。图 6.10 ~6.17 所示为绘制完成后的零件图。

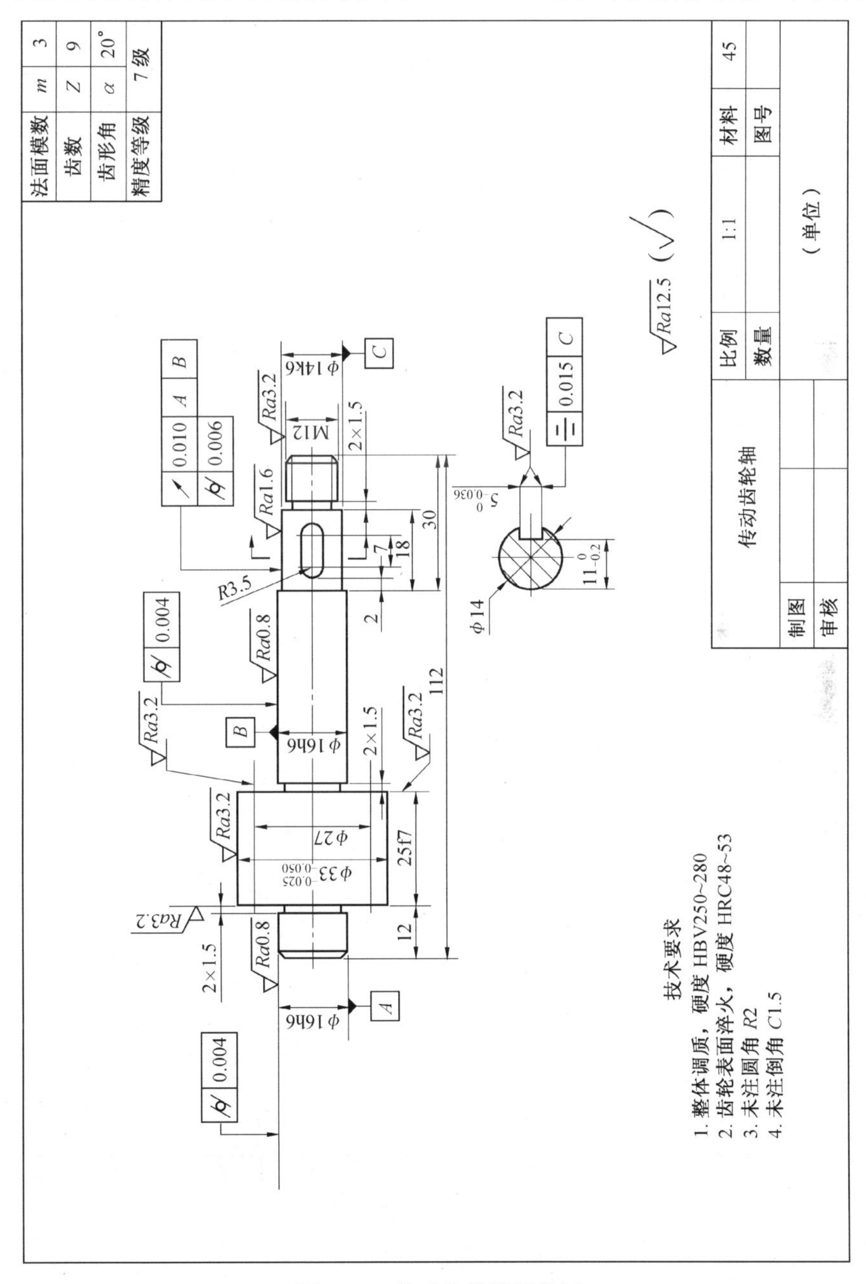

图 6.10　传动齿轮轴零件图

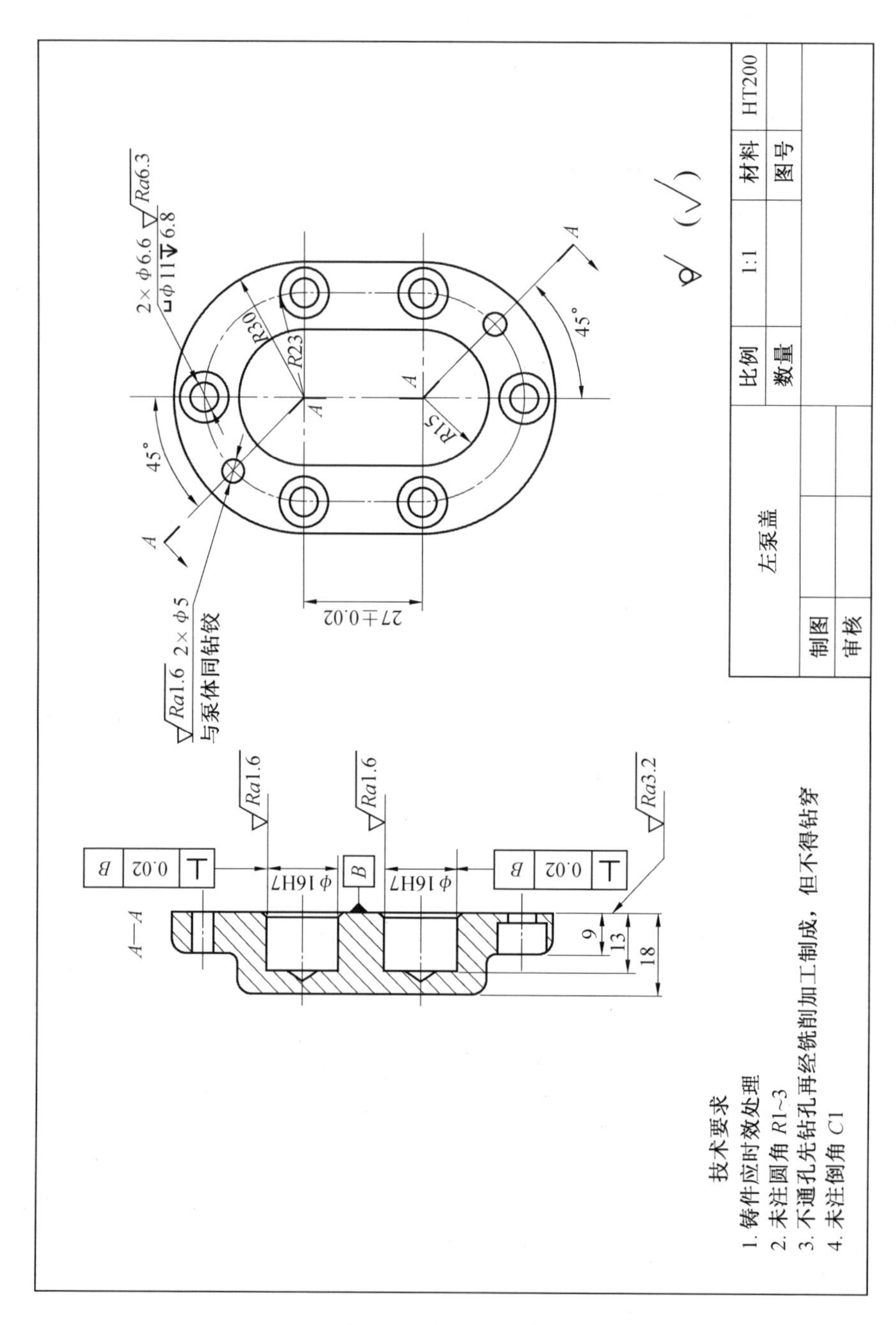
A—A
⊥ 0.02 B
φ16H7
B
Ra1.6
Ra3.2
9
13
18
Ra1.6 2×φ5
与泵体同钻铰
2×φ6.6 Ra6.3
⌴φ11↧6.8
R30
R23
R15
45°
A
27±0.02
技术要求
1. 铸件应时效处理
2. 未注圆角 R1~3
3. 不通孔先钻孔再经铣削加工制成，但不得钻穿
4. 未注倒角 C1
左泵盖
比例 1:1
材料 HT200
数量
图号
制图
审核

图 6.11　左泵盖零件图

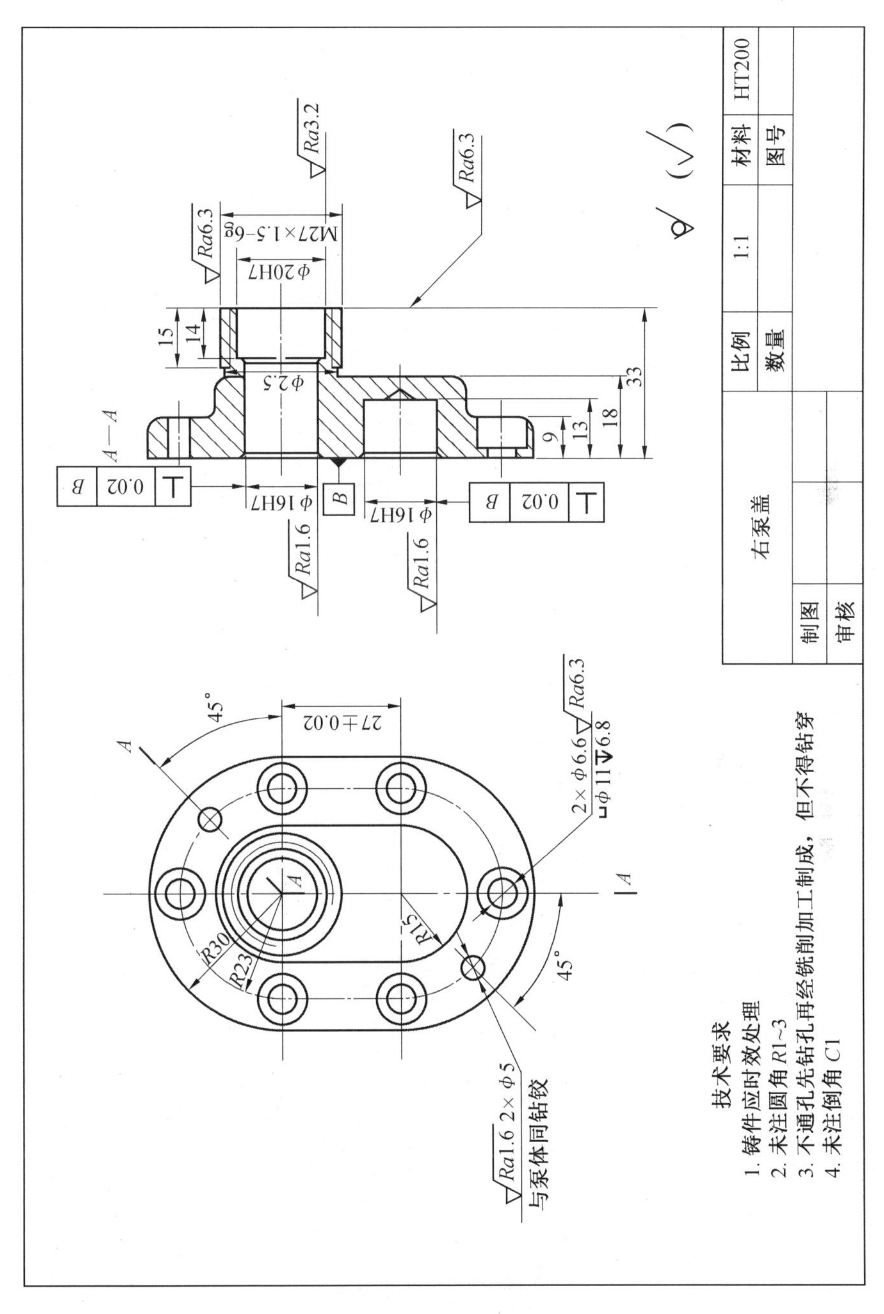

A—A
Ra3.2
Ra6.3
M27×1.5-6g
φ20H7
φ2.5
15
14
33
18
13
9
0.02 B
φ16H7
B
Ra1.6
45°
27±0.02
2×φ6.6
⌴φ11↧6.8
R30
R23
R15
A
Ra1.6 2×φ5
与泵体同钻铰
技术要求
1. 铸件应时效处理
2. 未注圆角R1~3
3. 不通孔先钻孔再经铣削加工制成，但不得钻穿
4. 未注倒角C1
右泵盖
比例
1:1
材料
HT200
数量
图号
制图
审核

图6.12 右泵盖零件图

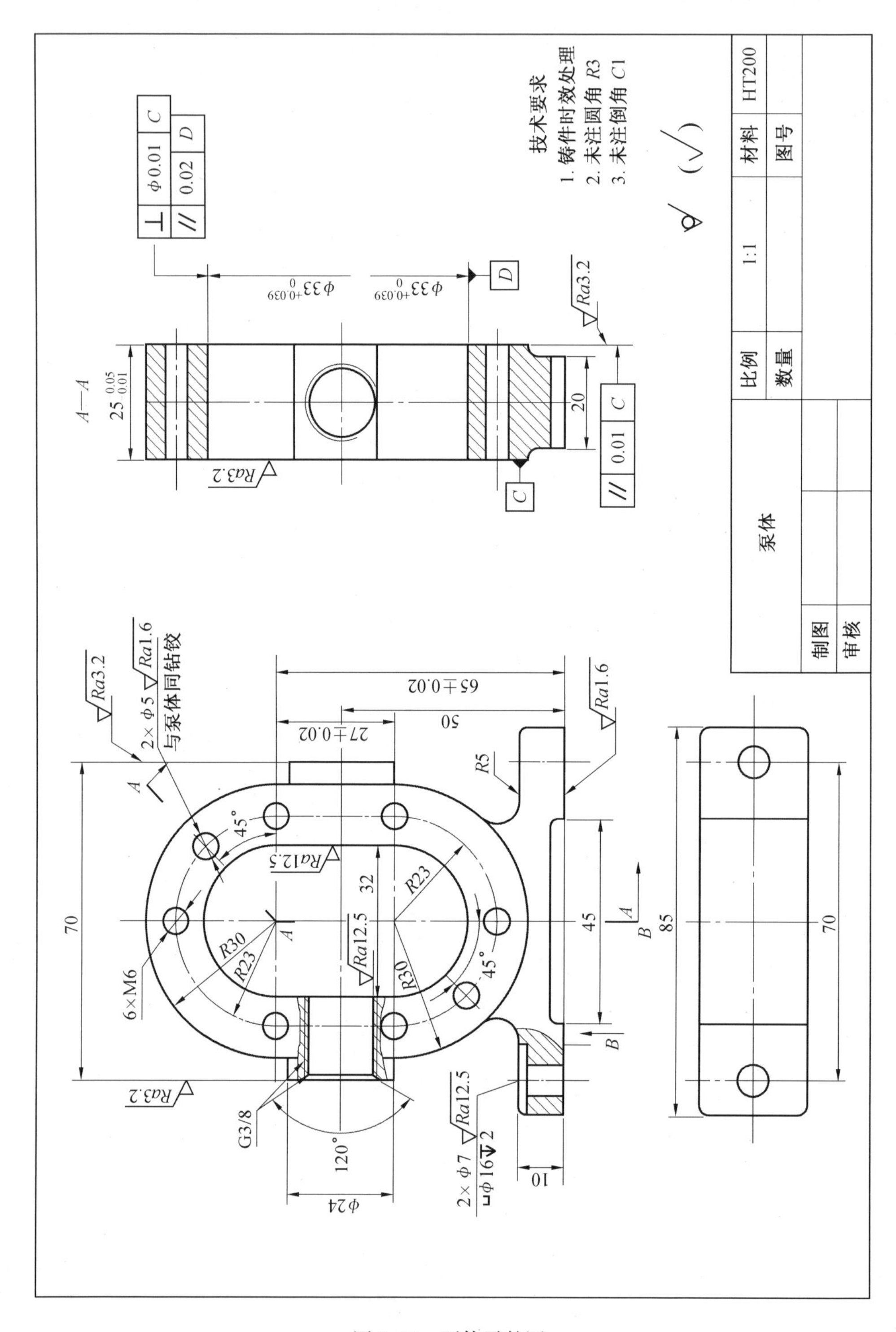
技术要求
1. 铸件时效处理
2. 未注圆角R3
3. 未注倒角C1
A—A
25 0.05 0.01
Φ33 +0.039 0
Φ0.01 C
0.02 D
0.01 C
20
Ra3.2
Ra1.6
Ra12.5
2×Φ5 与泵体同钻铰
65±0.02
27±0.02
50
R5
70
6×M6
45°
32
R23
R30
45
85
G3/8
120°
Φ24
2×Φ7
⌴Φ16↧2
10
泵体
比例
1:1
材料
HT200
数量
图号
制图
审核

图 6.13　泵体零件图

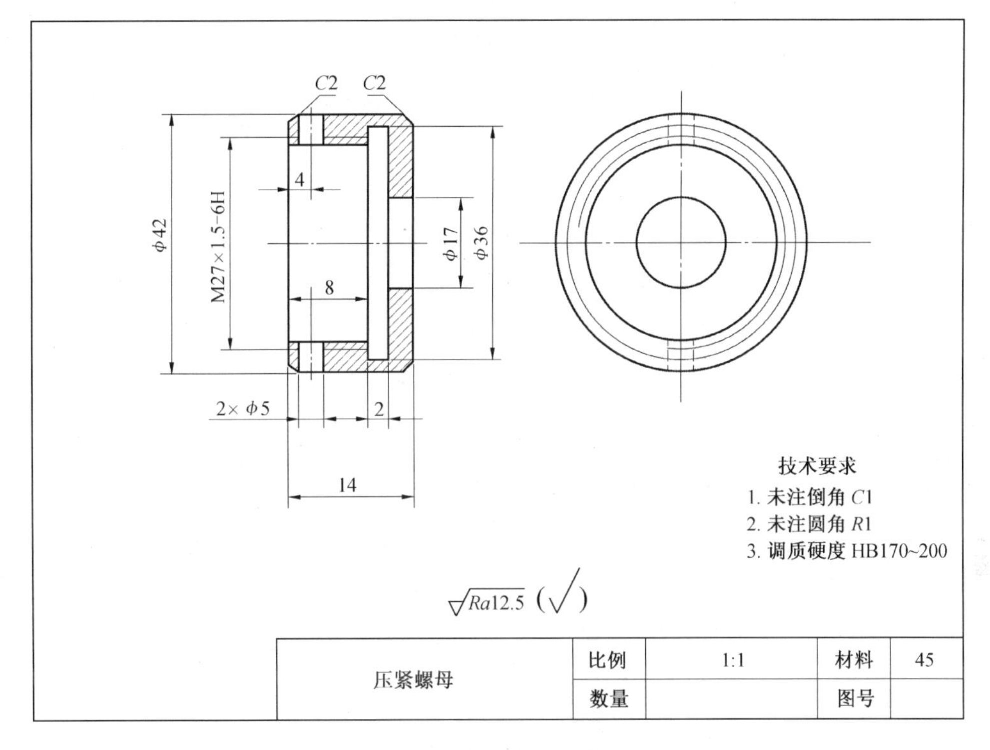

图 6.14 压紧螺母零件图

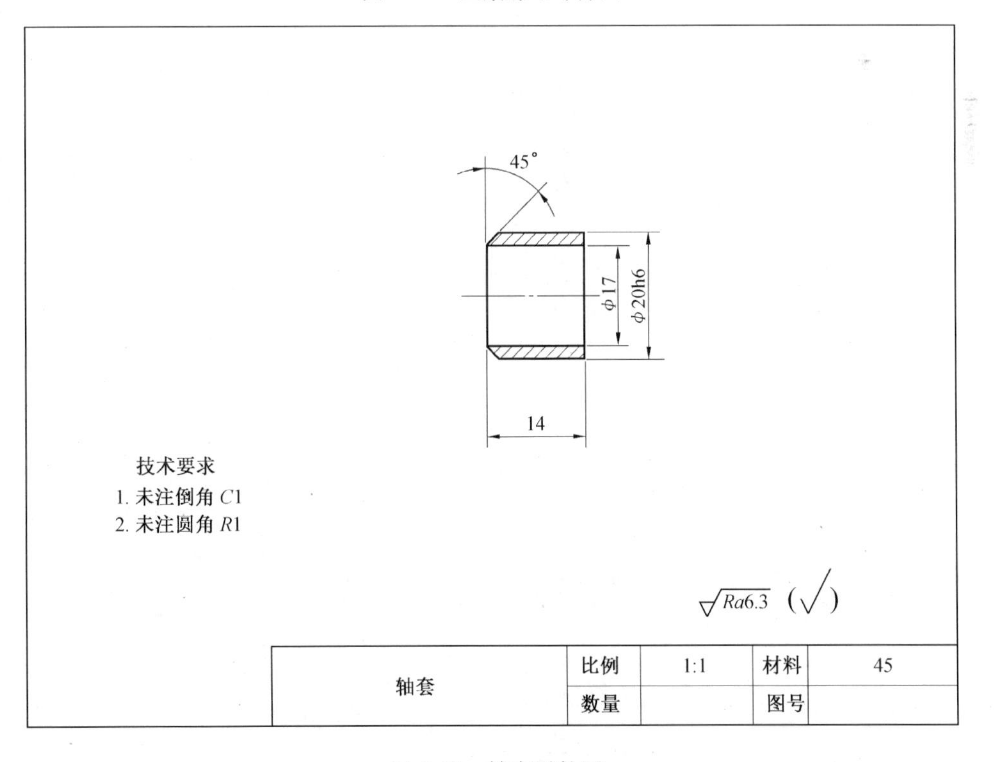

图 6.15 轴套零件图

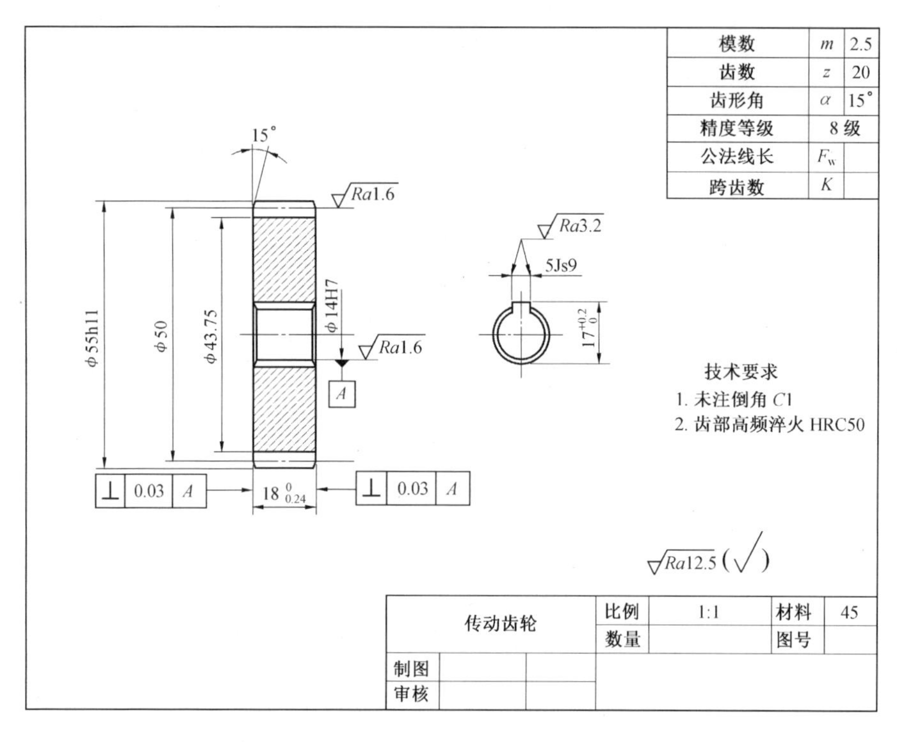

图 6.16　传动齿轮零件图

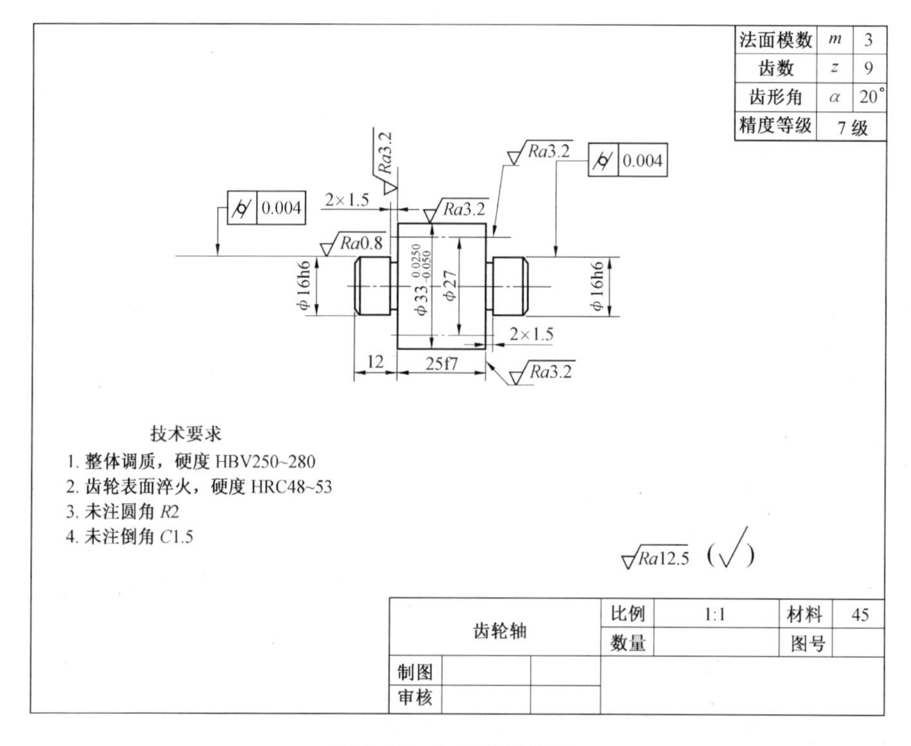

图 6.17　齿轮轴零件图

第7章

一级圆柱齿轮减速器测绘

减速器是电动机和工作机之间的独立的闭式传动装置。在机电能量传输过程中，由于电动机的转速很高，而工作机往往要求转速适中，因此在电动机和工作机之间需加上减速器以调整转速，用来降低转速和增加扭矩，以满足工作需要。在某些场合也用来增速，称为增速器。减速器的种类很多，大致可分为如下几种类型。

(1)按传动类型可分为齿轮减速器、蜗杆减速器和行星减速器，以及它们相互组合起来的减速器。

(2)按传动级数可分为单级和多级减速器；按照齿轮形状可分为圆柱齿轮减速器、圆锥齿轮减速器、圆锥圆柱齿轮减速器和蜗杆减速器等。

(3)按传动的布置形式又可分为展开式、分流式和同轴式减速器。

减速器可广泛地运用在智能家居、汽车传动、消费电子、通信设备、精密仪表仪器、光学设备、机器人传动等领域。齿轮减速器是减速器中最常用的一种，由各级齿轮副组成，利用各级齿轮传动来达到降速的目的，如用小齿轮带动大齿轮就能达到一定的减速的目的，这样的基本齿轮啮合传动组称为一级减速器。通常一级齿轮减速器无法满足减速传动需求，需要多级齿轮减速器啮合传动。采用多级齿轮减速的结构可以大大降低转速，称为多级齿轮减速器。

下面就一级圆柱齿轮减速器的结构与作用做简单介绍。

7.1 一级圆柱齿轮减速器运动原理

一级圆柱齿轮减速器的动力和运动由电动机通过皮带轮传送到主动齿轮轴，再由齿轮轴上的小齿轮和装在箱体内的从动大齿轮啮合进行速度转换，将动力和运动传递到输出轴，以实现减速并得到较大转矩的目的，一级圆柱齿轮减速器运动简图如图7.1所示。一级齿轮减速器是最简单的一种减速器。减速器的主动轴转速 n_1 与从动轴转速 n_2 之比称为传动比 i。其传动比为

$$i=\frac{n_1}{n_2}=\frac{d_2}{d_1}=\frac{Z_2}{Z_1}$$

式中 n_1——主动轴转速,r/min;

n_2——从动轴转速,r/min;

d_1——主动齿轮分度圆直径;

d_2——从动齿轮分度圆直径;

Z_1——主动齿轮齿数;

Z_2——从动齿轮齿数。

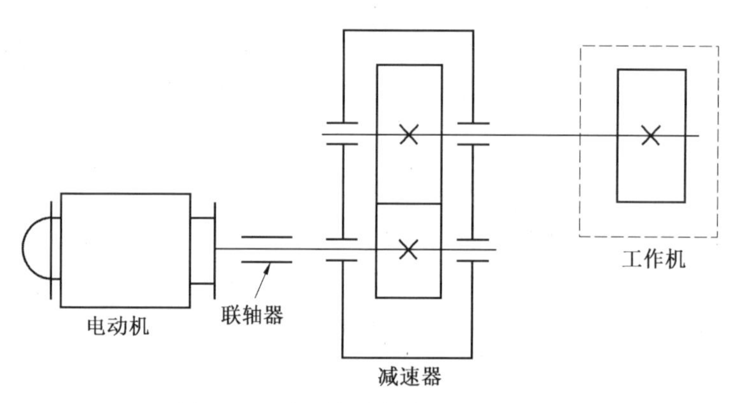

图 7.1 一级圆柱齿轮减速器运动简图

7.2 一级直齿圆柱齿轮减速器装配关系

如图 7.2 所示,一级齿轮减速器的主要结构由箱体、齿轮、轴、轴承组装而成,减速器箱体容纳齿轮、轴、轴承等零件,是减速器的主体。

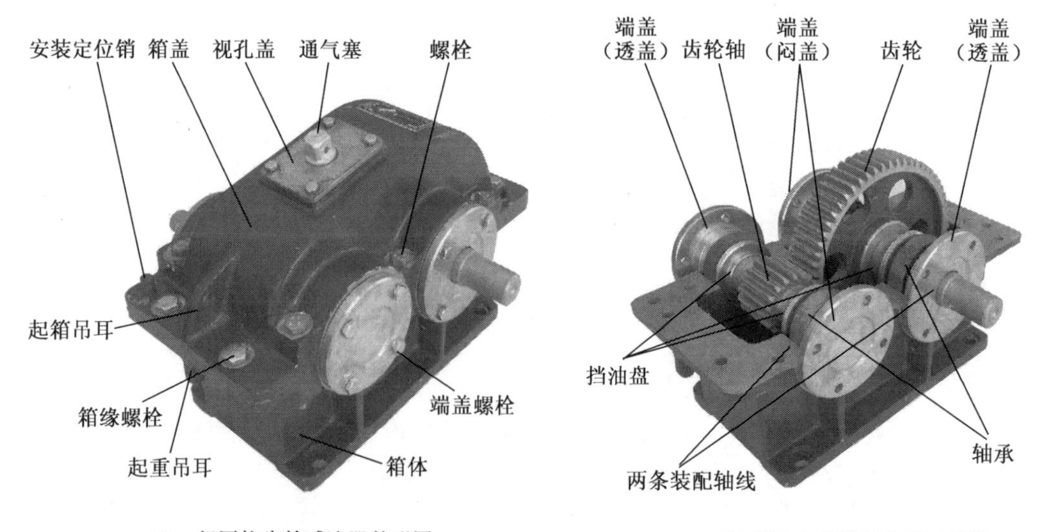

(a) 一级圆柱齿轮减速器外形图 (b) 拆去上箱盖后内部结构图

图 7.2 测绘用一级圆柱齿轮减速器

一级直齿圆柱齿轮减速器有两条装配干线，如图7.2(b)所示，即两条轴系结构，主动齿轮轴和从动齿轮轴的两端分别由滚动轴承支承在机座上。由于该减速器采用直齿圆柱齿轮传动，不受轴向力，因此，两轴均由深沟球轴承支承，轴和轴承采用过渡配合，有较好的同轴度，可保证齿轮啮合的稳定性。两根轴两端的四个端盖分别嵌入箱体内的环槽中，确定了轴和轴上零件相对箱座的轴向位置。同一轴系的对应轴上各装相应的零件，其尺寸等于各零件尺寸之和。

箱座由两部分组成，采用上下剖分式结构，沿两轴线平面分为箱盖和机座，并采用螺栓连接，便于装配和拆卸。为了保证箱座上轴承孔的正确位置和配合尺寸，两零件必须装配后才能加工轴承孔，因此，在箱盖与机座左右两边的凸缘处分别采用两圆锥销无间隙定位，保证箱盖与机座的相对位置。锥销孔钻成通孔，便于拆装箱座前后对称，其中间空腔内安置两啮合齿轮，轴承和端盖对称分布在齿轮的两侧。

减速器内的齿轮工作时采用浸油润滑，机座下部为油池，油池内装有润滑油。从动齿轮的轮齿浸泡在油池中，转动时可把润滑油带到啮合表面，起润滑作用。为了控制机座油池中的油量，其油面高度通过油标尺(图中未示出)观察。轴承依靠大齿轮搅动油池中的油来润滑，为防止甩向轴承的油过多，在两支承轴承内侧设置了挡油环。

轴承端盖采用嵌入式并用螺钉固定，结构简单。输入轴和输出轴的一端从透盖孔中伸出，为避免轴和盖之间摩擦，盖孔与轴之间留有一定间隙，端盖内装有O形密封圈，紧紧套在轴上，可防止油向外渗漏和异物进入箱体内。

当减速器工作时，由于某些零件会因摩擦而发热，箱体内温度会升高，从而引起气体热膨胀，导致箱体内压力增高，因此，在箱盖顶部设计有透气装置。通气塞就是为排放箱体内的膨胀气体，减小内部压力而设置的。通气塞的小孔使箱体内的膨胀气体能够及时排出，从而避免箱体内的压力增高。拆去视孔盖后可监视齿轮磨损情况或添加润滑油。油池底面应有斜度，维修放油时能使油顺利流向放油孔位置。放油塞(在图中右侧未示出)用于清洗放油，其放油螺孔应低于油池底面，以便于放尽油泥。箱座的左右两侧各有一个呈钩状的加强肋，用来起吊运输，称为起箱吊耳；箱盖两侧设起箱吊耳各一个，方便箱盖的拆卸和装配。

7.3 一级直齿圆柱齿轮减速器的拆卸

拆卸齿轮减速器首先要了解它们的基本结构，其基本结构包括传动零件(如齿轮、齿轮轴)、连接零件(如螺栓、键、销)、支承零件(如箱体、箱盖及润滑和密封装置等)。

1. 拆卸注意事项

减速器的箱体、箱盖由十个螺栓连接。先拆下连接螺栓，然后拆下轴承端盖连接螺钉，将箱盖拿走，箱体里面所有的包容零件便展现出来，如图7.2(b)所示。再从外向里拆卸两根轴及轴系零件即可完成拆卸工作。装配时把拆卸顺序倒过来即可。拆卸时应注意以下几点。

(1)周密制订拆卸顺序。首先划分部件的组成部分，以便按组成部分分类、分组列零件清单(明细表)。如图7.2所示，减速器应按上下箱体及其附件、上下箱体连接件、两轴系零件这三大部分划分。

(2)合理选用拆卸工具和拆卸方法。按一定顺序拆卸,严防乱敲打、硬撬,避免损坏零件。

(3)对精度较高的配合,在不致影响画图和确定尺寸、技术要求的前提下,应尽量不拆或少拆(如大齿轮与从动轴的键连接处可不拆),以免降低精度或损伤零件。

(4)拆下的零件要分类、分组,并对零件进行编号登记,列出零件明细表。应注明零件序号、名称、类别、数量、材料,如系标准件应及时测主要尺寸,查有关标准定标记,并注明国标号,如系齿轮应注明模数 m、齿数 Z。

(5)拆下的零件应指定专人负责保管。一般零件、常用件是制图测绘对象,标准件定标记后应妥善保管,防止丢失。另外,还要避免零件间的碰撞受损或生锈。

(6)记下拆卸顺序,以便按相反的顺序复装。

(7)仔细查点和复核零件种类和数量。一级圆柱齿轮减速器零件种类的数量一般在30~40之间。

(8)拆卸中要认真研究每个零件的作用、结构特点及零件间的装配关系或连接关系,正确判断配合性质、尺寸精度和加工要求,为画零件图、装配图创造条件。

2. 拆卸工具

减速器拆卸用到的工具有钳工锤、手钳、活动扳手、起子、冲子(或铁钉)和轴承拉拔器(或木块)等。

3. 拆卸方法和顺序

减速器拆卸按如下顺序及方法进行。

(1)拆箱盖的视孔盖和通气塞。用扳手将螺钉卸下,拆出视孔盖和垫片,然后再拆出视孔盖上的通气塞、螺母和垫圈。

(2)拆卸箱盖。用手锤和冲子(或铁钉)敲出圆锥销(注意从箱体方向向上敲出),用扳手拧松螺母,拆出所有螺母、垫圈和螺栓,卸下箱盖。

(3)拆卸轴。从箱体内把轴(也称输出轴或低速轴)系的零件全部取出,然后分别卸下两端的大闷盖和大透盖,用拉拔器分别把两个轴承取出,如没有拉拔器,则用木块和钳工锤敲出滚动轴承,卸下轴套和齿轮,用手钳夹出平键(一般最好不要拆出,以免破坏平键的配合精度)。

(4)拆卸齿轮轴。从箱体内把齿轮轴(也称输入轴或高速轴)系的零件取出,然后分别卸下两端的小闷盖和小透盖,用拉拔器分别把两个轴承取出,卸下两个甩油环。

(5)拆卸螺塞和油标。用扳手拧松螺塞,卸下箱体排污油孔的螺塞和垫片。用起子拧松圆柱头螺钉,卸下垫片。拆卸时边拆卸边记录,并编制标准件明细表。

7.4 一级直齿圆柱齿轮减速器的装配示意图

为了能够说明齿轮减速器的工作原理,使减速器拆开后能装配复原,并作为绘制装配图的依据,拆卸时要画装配示意图。装配示意图是以简单的线条和国标规定的简图符号以示意方法表示每个零件位置、装配关系和部件工作情况的记录性图样。装配示意图可以在拆卸前画出初稿,然后边拆卸边补充完善,最后画出完整的装配示意图。由于减速器的零件总数较多,因此需绘制两个图形,如图7.3所示。两个图形间应保持对应关系。减

速器的箱体、箱盖等专用件随不同型号形状各异，画示意图时，只需用单线（粗实线）反映出外轮廓的大致形状即可。画装配示意图应注意以下几点。

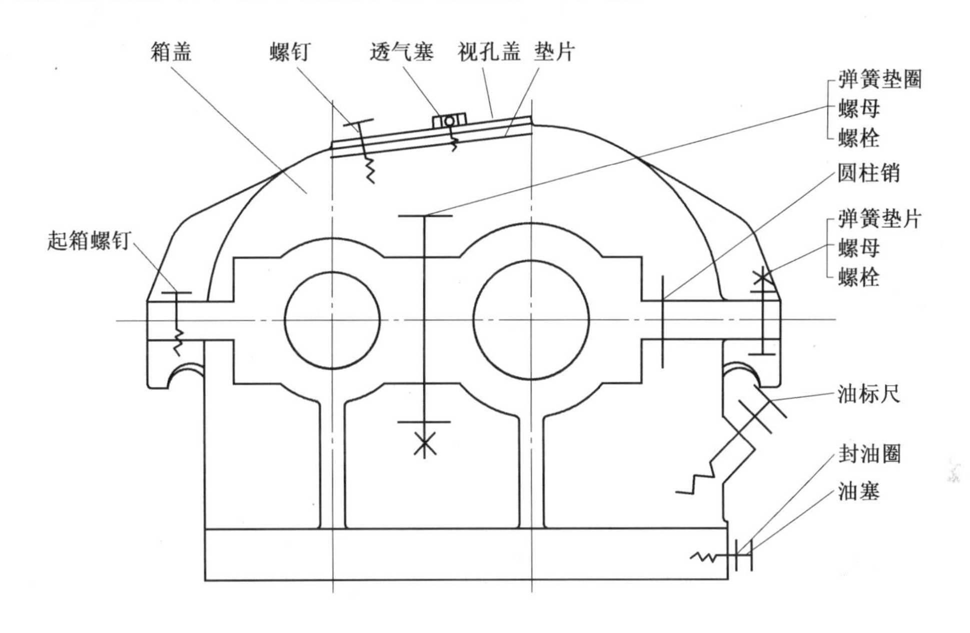

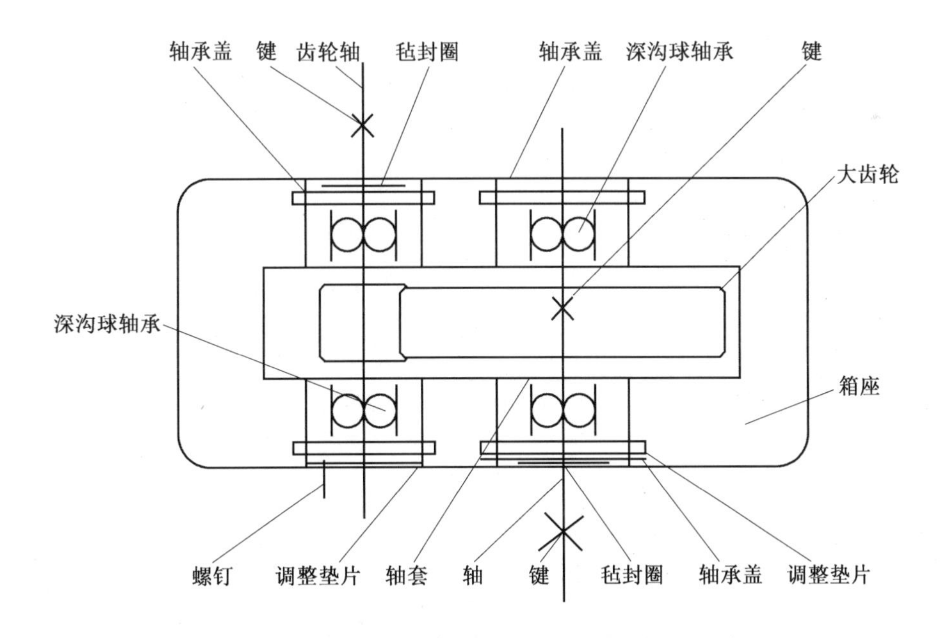

图 7.3　一级直齿圆柱齿轮减速器装配示意图

（1）对零件的表达通常不受前后层次的限制，尽可能将所有零件集中在一个视图上，如仅仅用一个视图难以表达清楚时，也可补充其他视图。

（2）图形画好后，应将零件编号或写出零件名称，凡是标准件，应确定其国标号（表 7.1）。

（3）测绘较复杂的部件时，必须画装配示意图。

表 7.1 一级直齿圆柱齿轮减速器零件明细表

序号	零件名称	数量	材料	规格及标准代号
1	箱座	1	HT200	
2	起箱螺钉	1	Q235	GB/T 5783—2016 M8×20
3	箱盖	1	HT200	
4	垫片	1	软钢纸板	
5	视孔盖	1	Q235	
6	螺钉	4	Q235	GB/T 5783—2016 M6×20
7	通气塞	1	Q235	
8	螺栓	6		GB/T 5783—2016 M10×80
9	垫圈	6		GB/T 93—1987 10
10	螺母	6		GB/T 6170—2015 M10
11	圆柱销	2		GB/T 117—2000 B8×35
12	油标尺	1	Q235	
13	放油螺塞	1	Q235	
14	封油圈	1	石棉橡胶纸	
15	嵌入闷盖	1	HT150	
16	挡油环	1	Q215-A	
17	齿轮	1	45	$m=2.5, Z=62$
18	键 7×7×30	1	Q235	GB/T 1096—2003
19	挡油环	1	Q215-A	
20	嵌入透盖	1	HT150	
21	毡封圈	1	半粗羊毛毡	
22	从动轴	1	45	
23	滚动轴承 6206	2		GB/T 276—2013
24	嵌入闷盖	1	HT150	
25	滚动轴承 6204	2		GB/T 276—2013
26	轴套	1	Q215-A	
27	齿轮轴	1	45	$m=2.5, Z=18$
28	嵌入透盖	1	HT150	
29	毡封圈	1	半粗羊毛毡	
30	垫片	2	橡胶石棉板	
31	垫片	2	橡胶石棉板	
32	垫圈	4		GB/T 93—1987 10
33	螺栓	4		GB/T 5783—2016 M10×40
34	螺母	4		GB/T 6170—2015 M10

7.5 减速器主要结构功能分析

减速器的主要组成结构包括箱体结构、轴系结构和附属结构三部分。

1. 箱体

箱体是减速器的主要结构,用来支承和固定轴系零件以及在其上装设其他附件,保证传动零件齿轮的正确啮合,使传动零件具有良好的润滑和密封。箱体类零件一般采用铸造或钢板焊接方式制造,其结构形式有剖分式和整体式,剖分式结构的剖分面常与轴线平面重合。像蜗杆减速器等,为使结构紧凑,常采用整体式箱体,但拆装、调整较不方便。剖分式箱体便于制造和安装,本次测绘的教学用一级圆柱齿轮减速器采用剖分式箱体结构,分上、下箱体(或称箱盖和箱座),如图 7.4 所示。

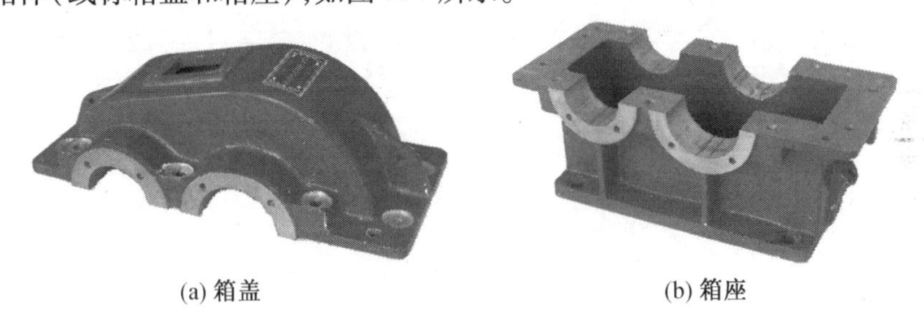

(a) 箱盖　　(b) 箱座

图 7.4　减速器上、下箱体

减速器箱体上的工艺结构简介如下。

(1)加强筋。在箱盖和箱座的轴承座处,因需对轴和轴承起支承作用,故此处应有足够的刚度,一般设有加强筋。加强筋可分为内筋、外筋两种形式,内筋刚度大,但阻碍润滑油流动,且铸造工艺复杂,故一般采用外筋。

(2)箱体凸缘。为保证箱盖和箱座的连接刚度,其连接部分应有较厚的连接凸缘,包括轴承孔座。凸缘上面钻有螺栓孔和定位销孔。

(3)凸台或凹坑。为减少加工面积,用作螺栓连接的螺栓孔都制成凸台或凹坑。箱座高度应保证拧动螺母所需的足够扳手空间。

(4)箱体内腔空间。箱体的内尺寸由轴系零件排布空间来决定。为保证润滑和散热的需要,箱内应有足够的润滑油量和深度。为避免油搅动时沉渣泛起,一般大齿轮齿顶到油池底面的距离不得小于 30 mm。

(5)箱体铸造工艺性结构。上、下箱体壁厚应尽量均匀一致,壁厚变化处应有过渡斜度,沿铸件分形面应有拔模斜度,不同结构连接处应有铸造圆角。

(6)箱体机加工工艺结构。箱体的轴承座外端面、视孔盖、通气塞、油标尺和放油螺塞等结合处为加工面,均应有凸台或凹坑,以减少加工面,增大接触面。

2. 轴系

(1)主动轴系。

①主动齿轮轴。因齿轮径向尺寸较小,为便于加工制造,可将其与轴制成一体,齿轮轴上轮齿部分应按传动比要求做精确计算,齿轮轴的各段轴颈和长度由轴上零件形状、尺寸和相对位置来决定。轴上常有倒角、圆角、轴肩、退刀槽、键槽等结构,这些标准化结构

测出尺寸后应查相应标准校核后标注,并正确图示。

②滚动轴承。直齿圆柱齿轮啮合传动,无轴向力作用,一般采用一对深沟球轴承支承,在装配图上采用规定画法画出。滚动轴承内圈与轴颈采用基孔制配合,外圈与轴承座孔采用基轴制配合。

③挡油环。因大齿轮采用浸油润滑,通过大齿轮的激溅作用使其与小齿轮啮合得到润滑。而滚动轴承则采用脂润滑,为防止液态润滑油对凝固态润滑脂的冲刷作用,故在轴承内侧加一挡油环。挡油环在轴向定位下与主动齿轮轴及轴承内圈一起旋转。

④调整垫片。为轴上零件的轴向定位和调整滚动轴承的轴向间隙而设置,调整垫片的一端面与轴承端盖凸缘接触,另一端面与轴承外圈端面应有合适间隙,可通过加减调整垫片调整轴承的轴向间隙,主要为防止轴承卡死或轴向窜动。

⑤透盖。主动齿轮轴的动力输入端伸出箱外,以便与原动机相接(一般通过带传动),故此处的轴承端盖应制成穿透式。透盖加调整垫片后用一组螺钉连接在上、下箱体上。为保证滚动轴承的轴向定位,透盖的内侧凸缘应与调整垫片端面接触,调整垫片端面与滚动轴承外圈端面应有合适间隙。透盖的内环槽内用 O 形密封圈密封,以防灰尘侵入磨损轴承。

⑥闷盖。主动齿轮轴的末端设置的轴承端盖为闷盖。闷盖与箱体接触处也设有调整垫片,用一组螺钉连接在上、下箱体上。

(2)从动轴系。

①大齿轮。大齿轮的结构形式可分为实体式、辐板式、辐条式等。闭式传动多采用辐板式,常在辐板上设有均布的减轻孔(或槽)。齿轮在轮毂处有轴向贯通的键槽,用键与从动轴实现周向连接,从而将运动和动力传递给从动轴。

②从动轴。从动轴的各段直径及其轴向长度根据轴上零件的结构形状大小和相对位置来决定,其上常有倒角、圆角、轴环、轴肩、退刀槽、键槽、中心孔等结构。

③滚动轴承。采用一对深沟球轴承,配合基准制同主动轴系的滚动轴承。

④透盖与闷盖。其结构、连接、密封、定位均与主动轴系的透盖、闷盖相同,只是尺寸大小不同。

3. 附属结构

(1)窥视孔和视孔盖。窥视孔是为了观察传动件齿轮的啮合情况、润滑状态而设置的,也可由此注入润滑油。一般将窥视孔开在箱盖顶部。为了减少加工面积,窥视孔口处应设置凸台(上表面为加工面)。窥视孔平时用视孔盖盖住,下面垫有纸质封油垫以防漏油。视孔盖常用钢板或铸件制成,用一组螺钉与箱盖连接。

(2)通气塞。由于传动件工作时产生热量,箱体内温度升高压力增大,所以必须采用通气塞沟通箱体内外的气流,以平衡内外气压。故通气塞内一般制成轴向和径向垂直贯通的孔,既保证内外通气,又不致灰尘进入箱内。

(3)起吊装置或结构。起吊装置通常有吊环螺钉、吊耳和吊钩,用于减速器的拆卸和搬运。制图测绘的减速器采用的是教学用减速器,在箱盖上设置起箱吊耳,在箱座两端凸缘下面铸出起重吊耳。

(4)油标。油标用来指示油面高度,设置在便于检查及油面较稳定之处。油标结构形式多样,其中以油标尺为最简单,其上有刻线,用以测知油面是否在最高、最低油面限度之内。

(5)油塞和排油孔。为将箱内的废油排出,在箱座底面的最低处设置排油孔。箱座的内底面也常做成向排油孔方向倾斜的平面,使废油能排除彻底。平时,排油孔用油塞加密封垫拧紧封住。为保证密封性,油塞一般采用细牙螺纹。

(6)定位销。为保证箱体轴承座孔在合箱后镗孔加工精度和装配精度,在上下箱体连接凸缘处安置两个圆锥销定位,并尽量放在不对称的对角线位置,以确保定位精度。

(7)上、下箱体连接用螺栓。螺栓应有足够长度,箱体结构应有确保螺栓拆装时扳手的活动空间。

7.6 绘制零件草图

7.6.1 减速器零件分类

减速器中有30多种零件,这些零件可以分成四类:标准件、常用件、普通零件和其他零件。测绘时对零件进行合理分类,便于准确地绘制所需要零件的零件图。

1. 标准件

减速器中的标准件有通气塞、油塞、销、螺栓、螺母、螺钉、键、滚动轴承和垫片等,如图7.5所示。

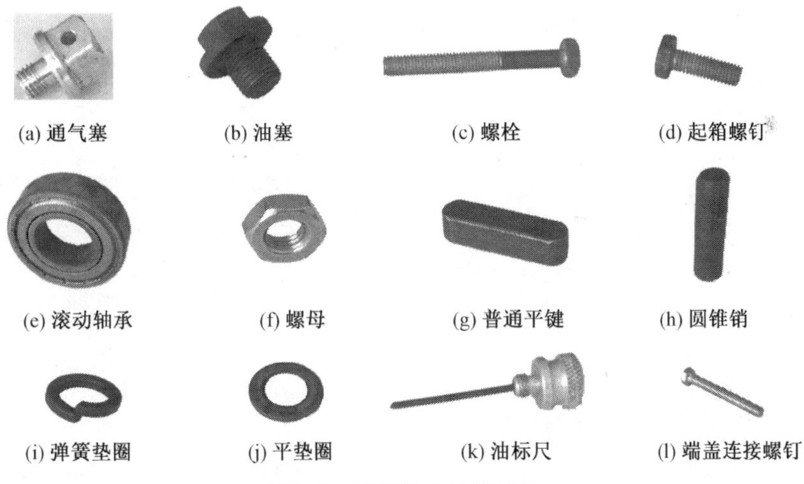

图7.5 减速器中的标准件

2. 常用件

减速器中的常用件主要有大齿轮,如图7.6所示。

3. 普通零件

减速器中的普通零件有垫片、视孔盖、箱盖、箱座、主动轴、从动轴、挡油环和端盖等,如图7.7所示。

4. 其他零件

减速器中还常见其他起密封作用的零件,如O形密封圈、毡封圈等。

图7.6 大齿轮

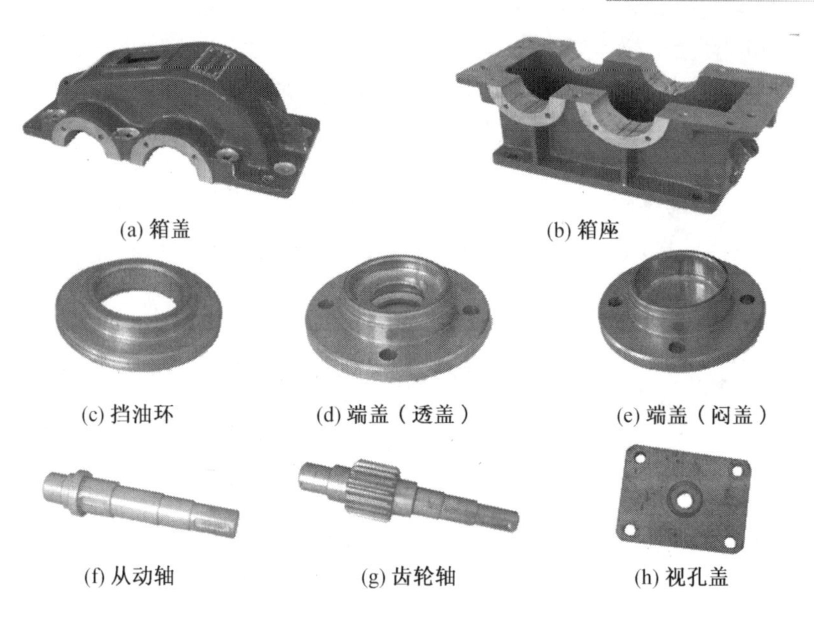

图 7.7　减速器中的普通零件

7.6.2　减速器零件测绘步骤

画零件草图的步骤大致可分为以下几步。

(1)了解分析零件。在拆卸过程中,了解分析零件,认清零件的名称、功用以及它在部件中的位置和装配、连接关系。

(2)明确零件的材料、牌号。

(3)对零件进行结构分析。凡属标准结构要素,应测后查有关标准,取标准尺寸。

(4)对零件进行工艺分析。分析零件具体制造方法和加工要求,合理地区分加工面与非加工面、接触面与非接触面、配合面与非配合面,以及配合的基准制、配合种类和公差等级。

7.6.3　箱座测绘

1. 减速器箱座的结构特点与作用

箱座是减速器的主要零件,它的作用是支承和固定轴及轴系零件,保证齿轮的正确啮合达到最佳传动效果,并使箱体内的零件具有良好的润滑和密封性能。箱座和箱盖结合面凸缘上均匀布置有若干个螺栓孔和销孔,起到连接定位作用。箱座壁上加工有对称的两对轴承支承孔座(与箱盖轴承孔配合)。

2. 箱座上的典型工艺结构

箱座上的典型工艺结构介绍见 7.5 节。

3. 箱座的草图画法

(1)确定箱座表达方案。

箱座属于箱体类零件,因为内外结构都比较复杂,所以其表达方法也较复杂。采用主视图、左视图、俯视图三个基本视图表达上下、前后、左右的形状,并采用三个辅助视图来辅助表达。主视图投射方向根据工作位置选择形体特征较明显的一面作为投影方向,并采用三处局部剖视图分别表达连接螺栓孔、安装螺栓孔、安装定位销孔、油标尺座和放油螺塞孔的内部结构及箱体内部结构。左视图采用半剖视的表达方法,半剖视图中的剖视图表达轴承孔座结构、箱体内部结构,视图表达箱体的外形结构,并用重合断面图表达轴承座加强筋的断面形状。俯视图表达各轴承座孔的结构以及在结合面上的螺栓孔和销孔的分布情况。未能表达清楚的内外细部结构可分别采用较小范围的局部剖视和局部视图来表达,如油标尺孔端面形状、底板结构和箱缘连接螺栓座的外部结构。画草图时,零件上一些细小结构,如铸造圆角、拔模斜度、倒角等都要表达清楚。齿轮减速器箱座是铸造零件,零件上常有砂眼、气孔等铸造缺陷以及长期使用后造成的磨损、碰伤,使得零件变形、缺损等,画草图时要修正恢复。

(2)标注尺寸。

标注尺寸前,首先要分析确定各个方向的尺寸基准。本例中,箱座的长度方向尺寸基准选择主动轴的轴线为主要基准(ϕ52H7 轴线),ϕ62H7 轴线为长度方向辅助基准。由于箱座宽度方向是对称的,因此宽度方向的尺寸基准选择其对称中心线。箱座的高度方向尺寸基准选择箱盖与箱座的结合面。辅助基准一般选择从动轴轴线、箱座安装底板的底面。零件上标准结构的尺寸要按照规定方法标注测出后的尺寸,如螺纹、销孔尺寸要查阅相应的国家标准,选用标准值。箱座两轴孔中心距尺寸误差直接影响齿轮传动精度和工作性能,要采用游标卡尺或千分尺测量。测量时,轴与孔的配合尺寸,其基本尺寸应相同,各径向尺寸应与相配合零件的关联尺寸一致。

(3)标注技术要求。

箱座零件上的尺寸公差、表面粗糙度、几何公差等技术要求可采用类比法,参考同类型零件的零件图来确定,也可按第 3 章所讲述的设计准则自行确定。箱座主要技术要求的确定按如下进行。

① 尺寸公差。主要尺寸应保证其精度,如箱座的主从两轴线距离、轴线至底板底面高度有配合关系。轴孔的尺寸都要标注尺寸公差,各轴承孔的配合精度可选 7 级精度公差。

② 几何公差。有相互配合要求的表面结构要有形状和位置几何公差要求。如为了保证两齿轮正确啮合运转,箱座上两轴轴线有平行度要求。具体为两轴承孔中心线的平行度为 0.05 mm,前后轴承孔轴线的同轴度为 ϕ0.02,各轴承孔的圆柱度不大于其直径公差。

③ 表面粗糙度。凡加工表面应标注表面粗糙度。有相对运动和经常拆卸的表面和结合面,如轴与孔的配合表面,其表面质量一般要求较高,可选择 Ra1.6 ~ 3.2 μm。与齿轮、皮带轮等轴系零件配合的表面,其表面粗糙度可选用 Ra3.2 μm。其他加工表面,如螺栓孔、倒角和圆角等表面粗糙度可选用 Ra6.3 ~ 12.5 μm。不加工的表面为毛坯面,可不做表面质量要求,但要进行标注。箱座零件的表面粗糙度的确定原则参见第 3 章有关内容。

④ 材料与热处理。箱座是铸件,制造材料采用 HT200(200 号灰铸铁)。铸造毛坯应经过时效热处理,可注写于技术要求中。

减速器箱座零件图(草图是徒手绘制的零件图,为清楚表达起见,以下均以零件图代替)如图 7.8 所示。

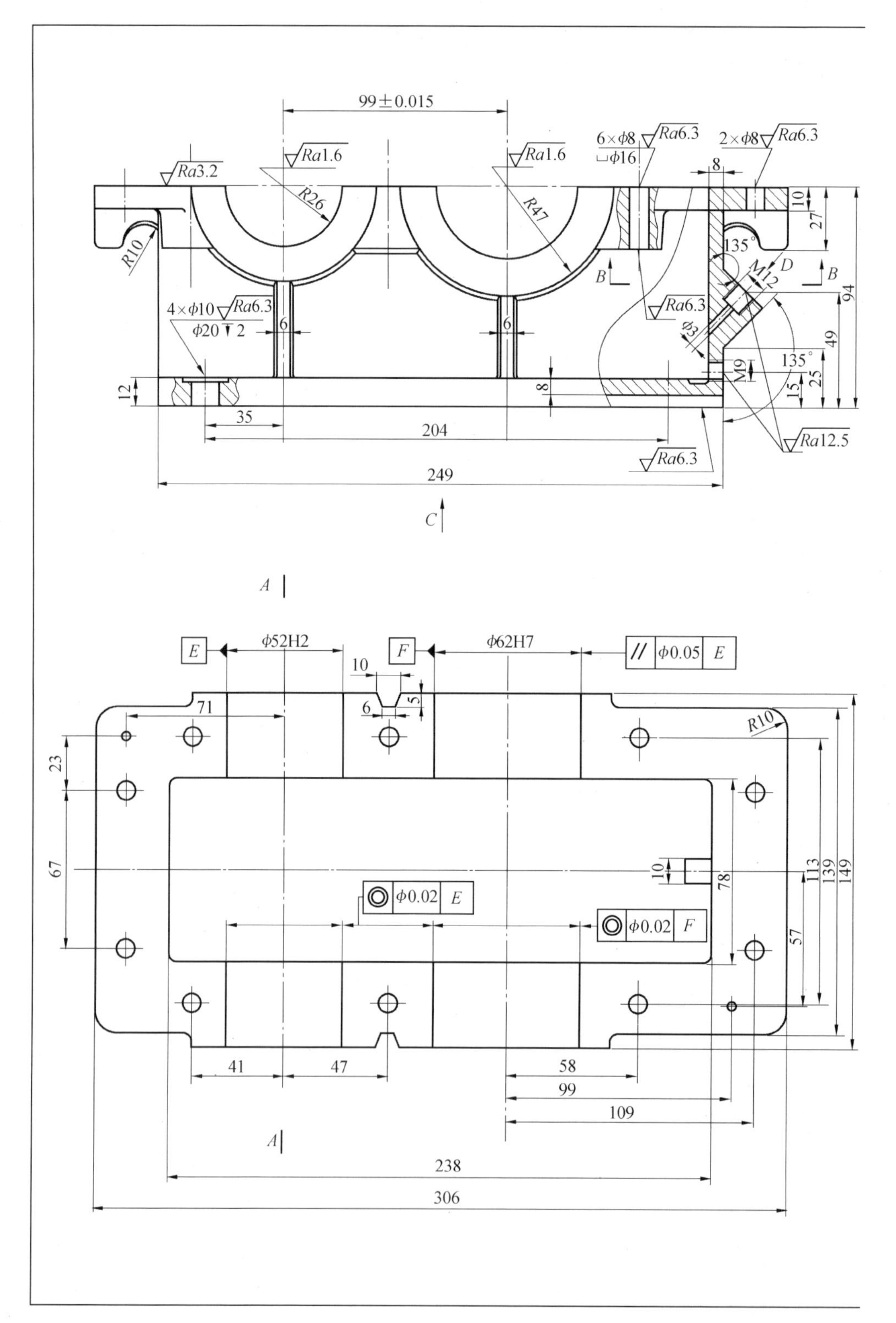
99±0.015
Ra1.6
Ra1.6
Ra3.2
6×ϕ8 Ra6.3
⌴ϕ16
2×ϕ8 Ra6.3
8
R26
R47
R10
10
27
135°
M12
D
B
B
94
Ra6.3
49
4×ϕ10 Ra6.3
ϕ20 ↧ 2
6
6
ϕ3
135°
M9
25
15
12
8
35
204
Ra12.5
Ra6.3
249
C
A
E
ϕ52H2
F
ϕ62H7
// ϕ0.05 E
10
5
6
71
R10
23
67
10
78
113
139
149
ϕ0.02 E
ϕ0.02 F
57
41
47
58
99
109
A
238
306

图 7.8　减速器

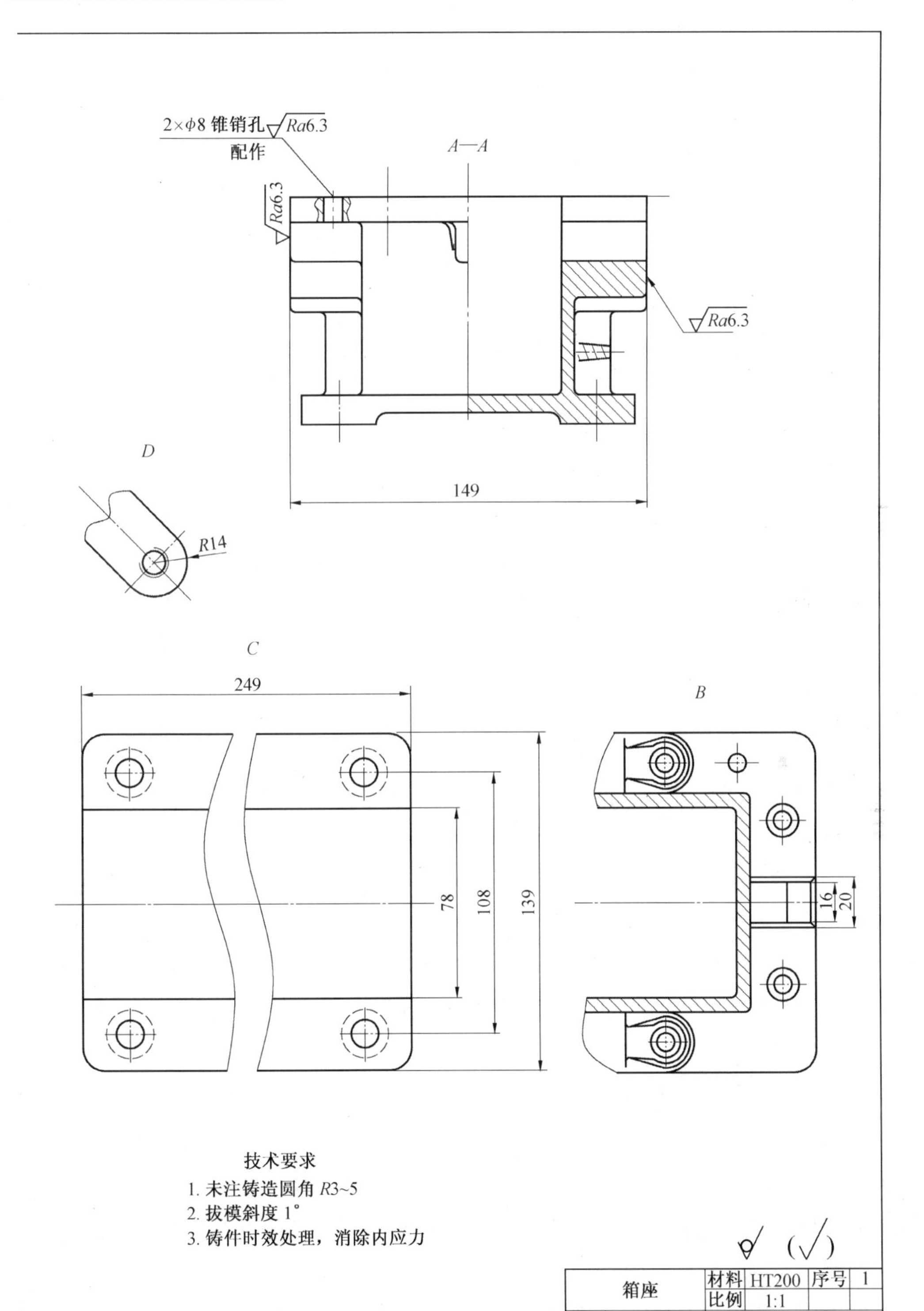
2×ϕ8 锥销孔 Ra6.3
配作
A—A
Ra6.3
Ra6.3
149
D
R14
C
249
B
78
108
139
16
20
技术要求
1. 未注铸造圆角 R3~5
2. 拔模斜度 1°
3. 铸件时效处理，消除内应力
箱座
材料
HT200
序号
1
比例
1:1
设计
审核

箱座零件图

7.6.4 箱盖测绘

1. 箱盖的作用与结构特点

箱盖与箱座通过螺栓连接组成减速器箱体，用来支承、容纳轴系零件及外部附属结构。箱盖的箱体凸缘结合面上均匀布置与箱座相同位置和数量的螺栓孔、销孔，顶部加工有窥视孔。窥视孔用于检查齿轮传动的啮合情况、润滑状态等，机油也由此注入。

2. 箱盖上的典型结构

箱盖上的典型结构和箱座基本相似，这里不再赘述。

3. 箱盖的草图画法

箱盖零件草图画法步骤如下。

(1)确定表达方案。

箱盖也属于箱体类零件，表达方法与箱座零件图类似，选择三个基本视图和一个向视图来表达。主视图按照工作位置放置，选择外形特征较明显的一面作为投影方向，并用四处局部剖视来分别表达连接螺栓孔、安装定位销孔和窥视孔的内部结构形状，并用一个向视图来表达窥视孔的外部结构形状及大小。

左视图采用阶梯剖全剖视表达箱盖的内部结构形状和两侧不同尺寸轴承座孔的内部形状与尺寸。俯视图主要采用局部剖视的表达方案来表达箱盖凸缘上的螺栓孔和销孔的分布情况及其尺寸，局部视图表达了起箱吊耳的内部结构形状和尺寸。

(2)标注尺寸。

首先要分析确定箱盖尺寸标注的基准。箱盖的尺寸基准和尺寸确定情况可参考箱座的尺寸基准确定。

(3)标注技术要求。

箱盖零件技术要求与箱座零件技术要求的选择基本相同，可参考上节。

7.6.5 从动齿轮测绘

从动齿轮的主要功能是通过与主动齿轮轴上的轮齿的啮合，带动从动轴转动，同时因传动比的关系达到减速的目的。因小齿轮的轮齿部分的计算同大齿轮类似，故本小节仅就大齿轮的测绘进行介绍。

1. 齿轮的测绘

减速器用齿轮测绘时，因精度要求不高，可用常用量具测量。对标准渐开线直齿圆柱齿轮来讲，需测量和确定的几何参数有齿数 Z、模数 m、齿顶圆直径 d_a、齿根圆直径 d_f、分度圆直径 d、压力角 α、齿顶高 h_a 及齿根高 h_f。具体测绘方法如下。

(1)齿数 Z 的确定:齿数 Z 直接从被测齿轮上数出。

(2)齿顶圆直径 d_a 和齿根圆直径 d_f 的测量及计算全齿高 h。为减少测量误差,同一数值在不同位置上测量三次,然后取其算术平均值。

①偶数齿轮。当齿数为偶数时,齿顶圆直径可以用游标卡尺直接测量,如第3章图3.21(a)所示。

②奇数齿轮。当齿数为奇数时,直接测量得不到齿顶圆直径的真实值,而须采用间接测量方法,如第3章图3.21(b)所示。

根据确定的模数 m、齿数 Z 和有关公式重新计算出齿顶圆、齿根圆、分度圆的直径及其他尺寸。具体可参考第3章相关小节内容。

2. 齿轮的结构和表达方案的确定

齿轮属于盘盖类零件。从端面方向上看,可将其划分为轮齿、轮辐和轮毂三个部分。

对轮辐部分,根据齿轮尺寸大小,通常加工成整体、槽形和板孔等结构。齿轮一般选用主、左两个视图表达。主视图采用非圆视图,画成全剖视。左视图为圆视图,主要用来表达齿轮的轴孔和键槽的形状与尺寸情况。

3. 尺寸及技术要求的确定

(1)尺寸的测量与标注。

测量出其他各部分的结构尺寸后,为了保证齿轮加工的精度和有关参数测量的准确,标注尺寸时要考虑基准面的选择。齿轮零件图上的各径向尺寸以轴孔中心线为基准注出,齿宽方向的尺寸则以端面为基准标出。齿轮的分度圆直径是设计计算的基本尺寸,必须标出。齿根圆是根据齿轮参数加工得到的,其直径按规定不必标注。大齿轮键及键槽结构、尺寸必须根据轴径的大小查阅有关国家标准确定。齿轮的轴孔是加工、测量和装配的重要基准,尺寸精度要求较高,应根据装配图上标定的配合性质和公差精度等级,查公差表标出其极限偏差值。齿轮轴孔上的键及键槽结构、尺寸必须根据轴径的大小查阅有关国家标准确定,经整理加工后绘出草图。

(2)技术要求的测量与标注。

齿轮被测要素的尺寸公差和几何公差项目及其相应数值的确定都与传动的工作条件有关。通常按齿轮的精度等级确定其公差值。齿轮的制造精度按7~8级来确定。形位公差项目,齿轮顶圆对轴孔轴线圆跳动为0.025 mm。键槽尺寸公差按键连接的公差表选定。键槽两侧面对轴线的对称度为0.02 mm。表面质量要求,加工表面的表面粗糙度可选择 Ra1.6~3.2 μm。非工作面可选表面粗糙度为 Ra6.3 μm。齿轮的材料为HT200。

绘制完成后的减速器箱盖零件图如图7.9所示,减速器齿轮零件图如图7.10所示。

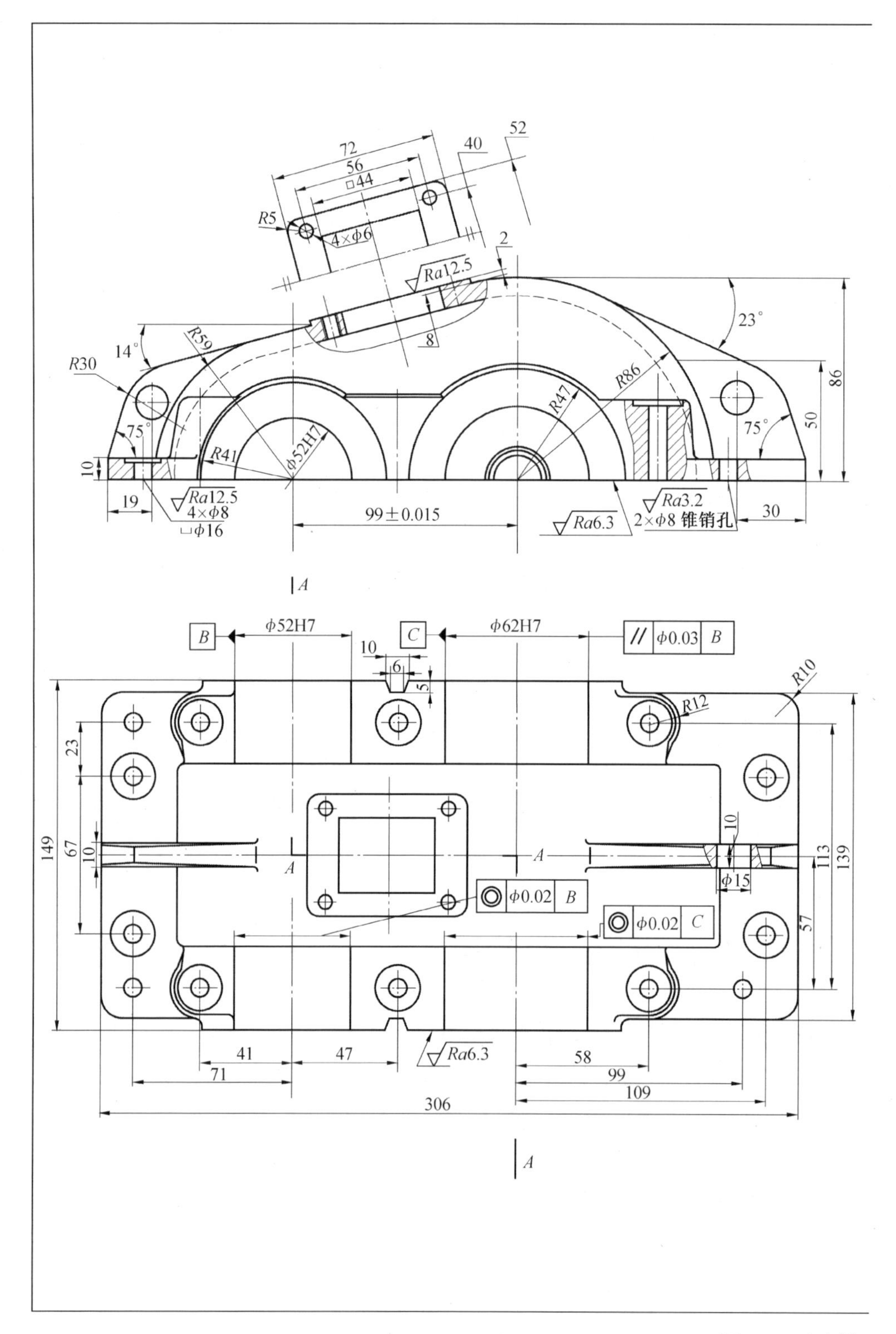
72
56
□44
40
52
R5
4×φ6
2
Ra12.5
23°
14°
R59
8
R30
R86
R47
86
50
75°
75°
φ52H7
R41
10
19
Ra12.5
4×φ8
⌴φ16
99±0.015
Ra6.3
Ra3.2
2×φ8 锥销孔
30
A
B
φ52H7
C
φ62H7
// φ0.03 B
10
6
5
R10
R12
23
149
67
10
A
A
10
φ15
113
139
φ0.02 B
φ0.02 C
57
41
47
Ra6.3
58
99
71
109
306
A

图 7.9　减速器

A—A

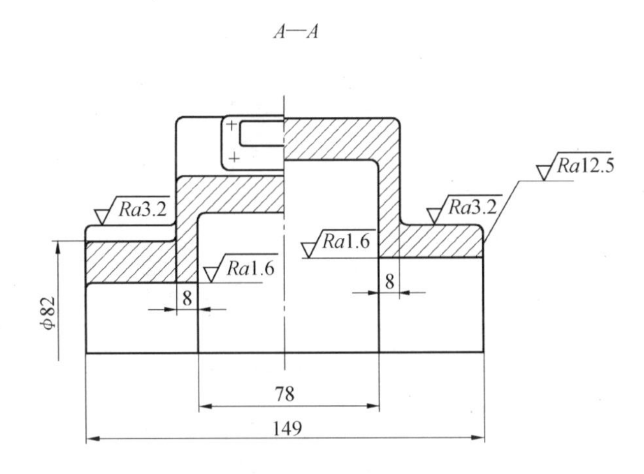

技术要求

1. 未注铸造圆角 $R3\sim5$
2. 拔模斜度 1°
3. 铸件时效处理，消除内应力

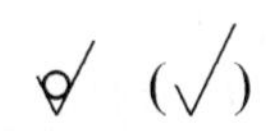

箱盖		材料	HT200	序号	3
		比例	1:1		
设计					
审核					

箱盖零件图

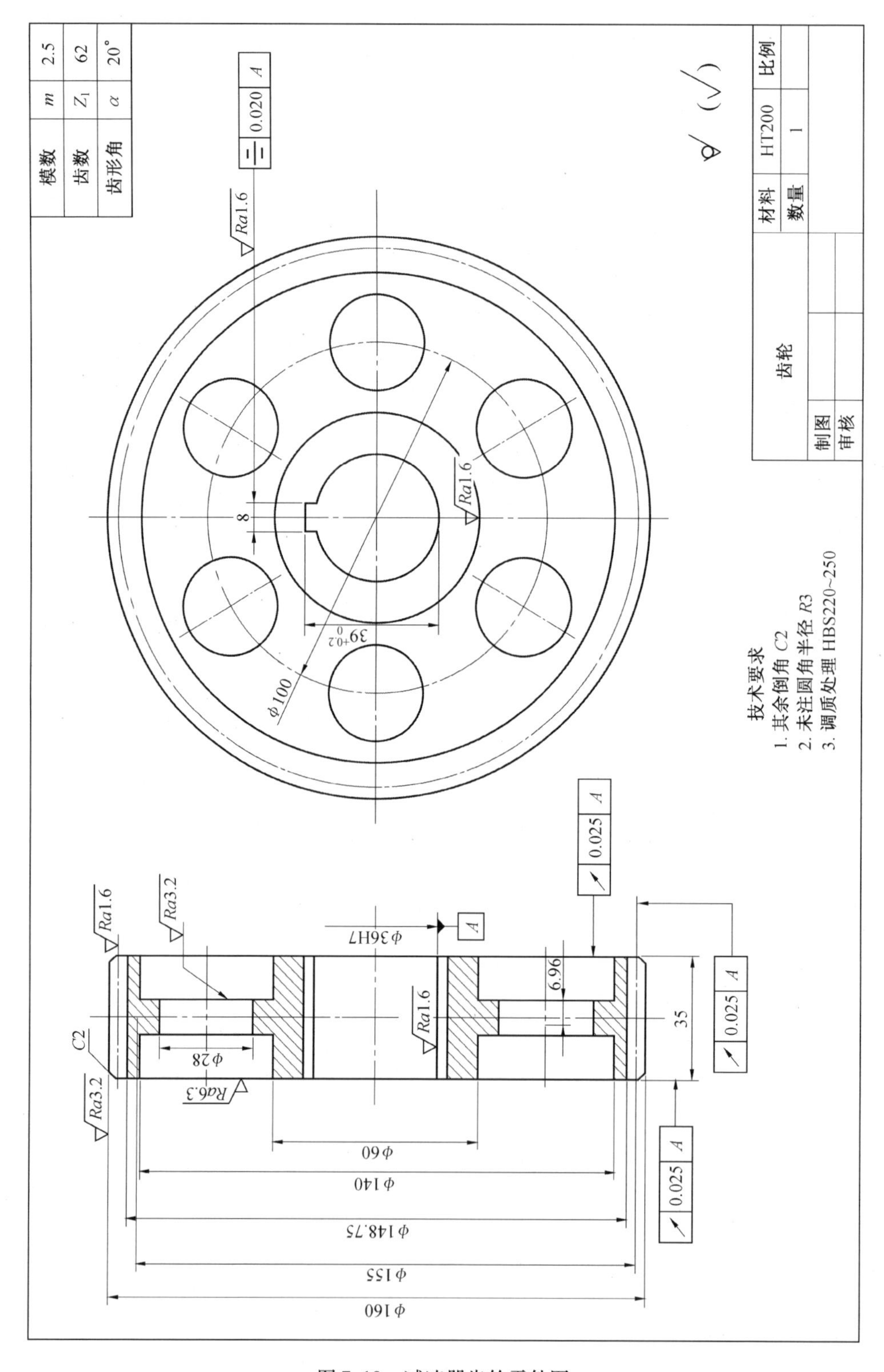

图 7.10　减速器齿轮零件图

7.6.6 轴的测绘

1. 轴的结构特点

如前所述,测绘教学用一级直齿圆柱齿轮减速器中共包含两根轴,主动轴和从动轴,是减速器的主要零件。两根轴的作用是支承和连接轴上的轴系零件(齿轮、滚动轴承、挡油环和密封圈等),使轴系零件具有确定的位置,并传递运动和密封的作用。轴类零件一般为同轴回转体。轴上常加工有键槽、销孔、螺纹等的连接定位结构和中心孔、退刀槽、倒角与倒圆等工艺结构。轴的形状取决于轴系零件在轴上的安装固定位置和轴在箱体中的安装位置,以及轴在加工和装配中的工艺要求。轴的轴向(长度)尺寸主要取决于轴系零件的尺寸和功能尺寸,轴的径向尺寸主要取决于对轴的强度和刚度的要求,需要通过力学计算来确定。

2. 主动轴和从动轴的草图画法

(1)确定表达方案。

根据主动轴和从动轴的结构特点,通常选择轴线水平放置的非圆主视图来表达轴的主要结构形状,且直径较大的轴端在左,轴上长圆形键槽向前放置。轴上的键槽、销孔可采用移出断面图来表达,退刀槽、倒角、轴肩和倒圆等细小结构可采用局部放大图来表达。

(2)尺寸的测量与标注。

①基准的确定。轴的轴向(长度方向)尺寸基准一般选择以轴的定位端面(与齿轮的接触面)为主要基准,另外,根据结构和工艺要求选择轴的两轴头端面为辅助基准。轴的径向(高度和宽度方向)尺寸基准是以轴线为主要基准。

②主动轴上的齿轮测量按上一小节齿轮测绘中的方法步骤测量。键槽、销等标准件尺寸测出之后要查表选用接近的标准值,并按照规定标注方法进行标注。工艺结构如退刀槽、砂轮越程槽、倒角、倒圆的尺寸尽量要按常见结构标注方法进行标注或在技术要求中用文字说明。由于轴的很多结构尺寸精度要求较高,因此对于主动轴和从动轴的轴颈尺寸的确定,要采用游标卡尺或千分尺进行量取,测出的尺寸要圆整。轴上各段轴颈长度用直尺直接量出。凡主动轴和从动轴与孔的配合尺寸,其基本尺寸应相同,各径向尺寸应与相配合零件的关联尺寸一致。

(3)技术要求的测量与标注。

轴的尺寸精度、形位公差、表面质量要求直接关系到减速器的传动精度和工作性能,因此要正确地标注相应的技术要求。

①尺寸公差。主动轴、从动轴与滚动轴承的配合一般选用 k6。轴上的连接件(如齿轮、带轮)一般选用配合。键槽的配合面需要标注尺寸公差。轴的尺寸公差选用可参阅第 3 章有关内容。

②几何公差。形状公差可由位置公差限定,不提出专门要求。其位置公差可选择各配合部分的轴线相对整体轴线有径向圆跳动要求,其公差值一般选 0.02 ~ 0.03 mm。轴上键槽的两侧面对该轴颈轴线的对称度为 0.08 mm。轴的几何公差项目的选择可参考同类型的零件图。

③表面粗糙度。主动轴和从动轴的配合表面一般选用 Ra1.6 μm,与齿轮的配合表面可选用 Ra3.2 μm,主动轴和从动轴的定位端面可选用 Ra3.2 μm,键槽的工作面选用 Ra3.2 μm,其余加工表面一般选择 Ra6.3 ~ 12.5 μm。主动轴和从动轴的表面粗糙度参数值可参阅第 3 章有关内容。

④材料与热处理。主动轴和从动轴的材料采用45钢,采用调质处理的热处理方法以增加材料的硬度,其表面硬度一般要求达到HBS220~250。

(4)填写标题栏。

标题栏格式可参考有关零件图,要求填写清楚、完整。主动轴和从动轴零件图如图7.11和图7.12所示。

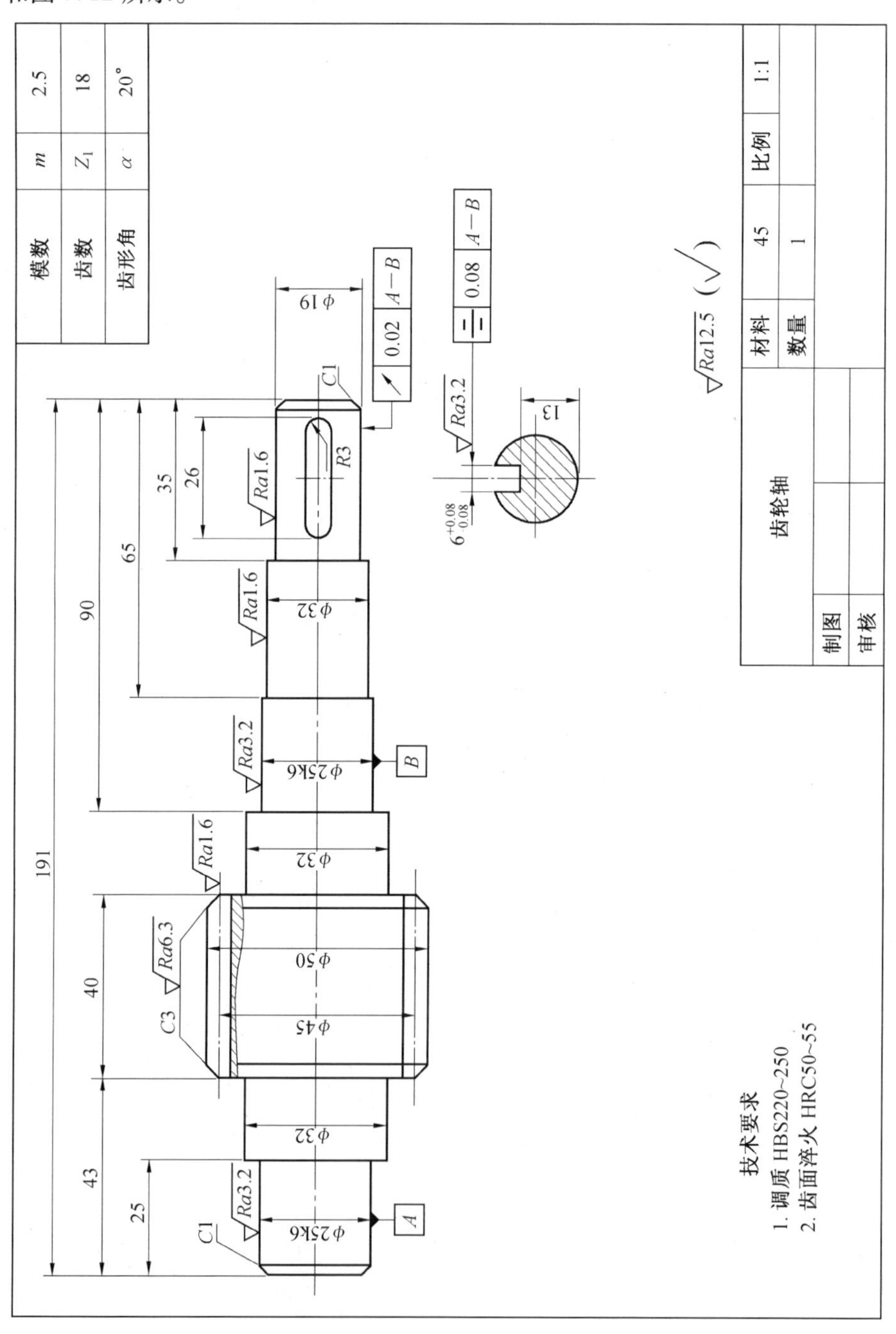

图7.11 减速器主动轴零件图

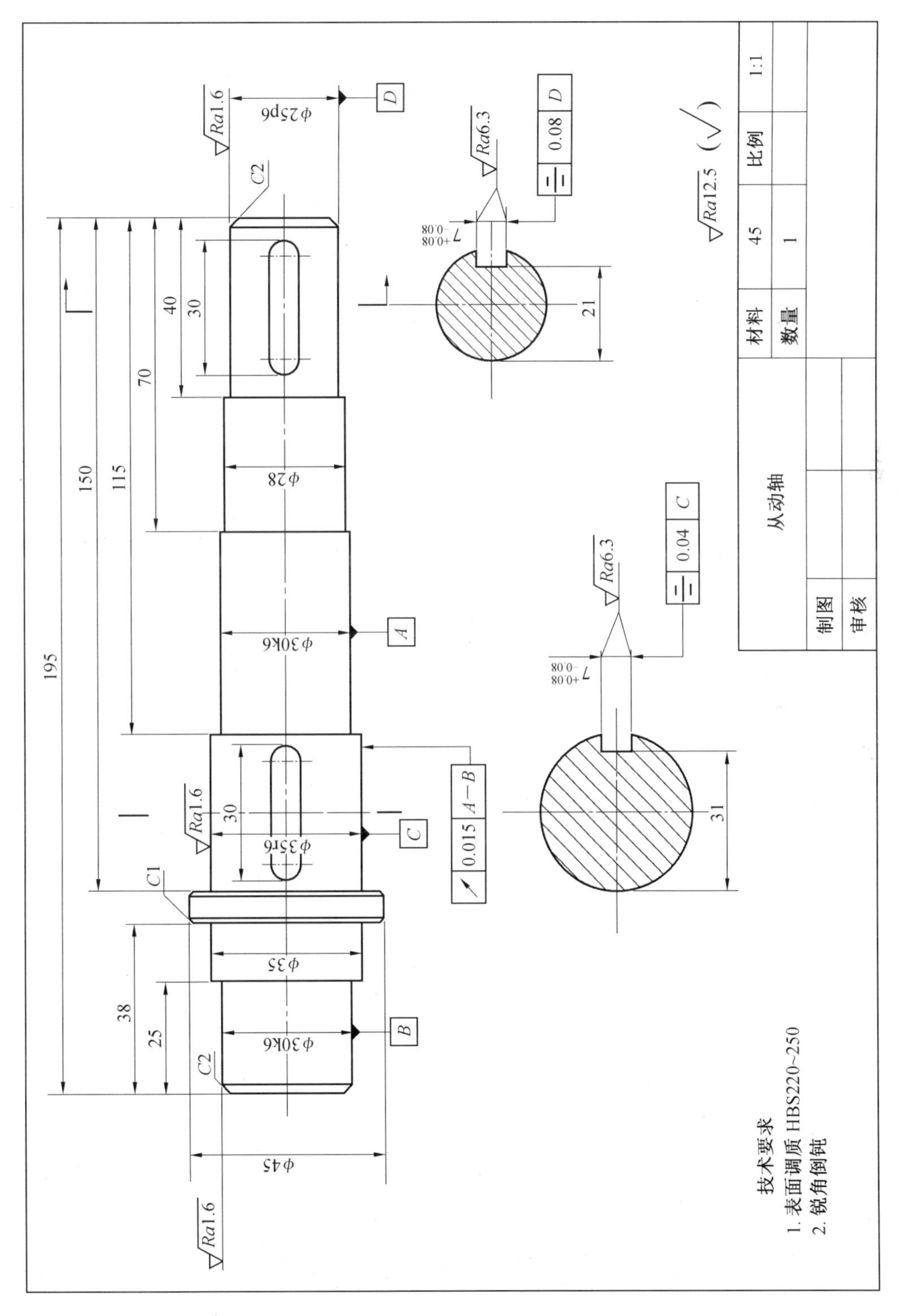

图 7.12　减速器从动轴零件图

7.6.7 轴承端盖测绘

1. 轴承端盖结构及表达方案

轴承端盖属于盘盖类零件。盘盖类零件多由同轴的回转体构成，一般轴向尺寸较小，径向尺寸较大。轴承端盖包括主动轴输出端透盖、封闭端闷盖和从动轴输出端透盖、封闭端闷盖共四个零件，主要用于轴向定位或密封等作用。轴承端盖装在箱座和箱盖的轴承孔内，一端顶住轴承外圈端面，另一端用螺钉固定于轴承座之上。带有轴孔的透盖内侧有用于容纳密封圈的密封结构，密封圈为 O 形密封圈，为标准件。

根据盘盖类零件表达方法（详见第 4 章），端盖一般选择主左两个视图来表达。非圆视图通常表达内部结构如各种孔的结构，圆视图一般用于表达外形及各种孔的分布。

2. 技术要求

（1）尺寸公差。轴承端盖配合面为外圆表面与箱座、箱盖的轴承座孔相配合，其尺寸公差要求较高，轴承端盖与轴承座孔配合处公差为 f7。

（2）表面粗糙度。轴承端盖的表面粗糙度的要求较高的表面是与轴承座孔配合处，为 $Ra1.6\ \mu m$，其他表面要求较低，一般为 $Ra6.3\ \mu m$ 和 $Ra12.5\ \mu m$。

（3）端盖材料为 HT200。

（4）填写标题栏。轴承端盖零件图如图 7.13 和图 7.14 所示。

7.6.8 视孔盖及其垫片测绘

窥视孔是为了观察传动件齿轮的啮合情况、润滑状态而设置的，也可由此注入润滑油。一般将窥视孔开在箱盖顶部，为了减少加工面，窥视孔口处应设置凸台。平时用视孔盖盖住，下面垫有封油垫片进行密封。视孔盖常由钢板或有机玻璃制成，用一组螺钉与箱盖连接。视孔盖为盘盖类零件，可用一个或两个基本视图表达。通常用非圆视图表达其内部结构。视孔盖材料为 Q235 钢，垫片材料为软钢纸板。

视孔盖及垫片零件图如图 7.15 所示。

7.6.9 挡油环测绘

减速器大齿轮采用浸油润滑，而滚动轴承通常采用脂润滑。为避免油池中的润滑油被溅至滚动轴承内稀释润滑脂，从而带走润滑脂，降低润滑效果，因此在轴承内侧加一挡油环。挡油环为盘盖类零件，可用一个或两个基本视图表达。通常用非圆视图表达其内部结构。挡油环在轴向定位下与轴及轴承内圈一起旋转。一般挡油环的外直径比轴承安装孔的直径小 1 mm。挡油环零件图如图 7.16 所示。

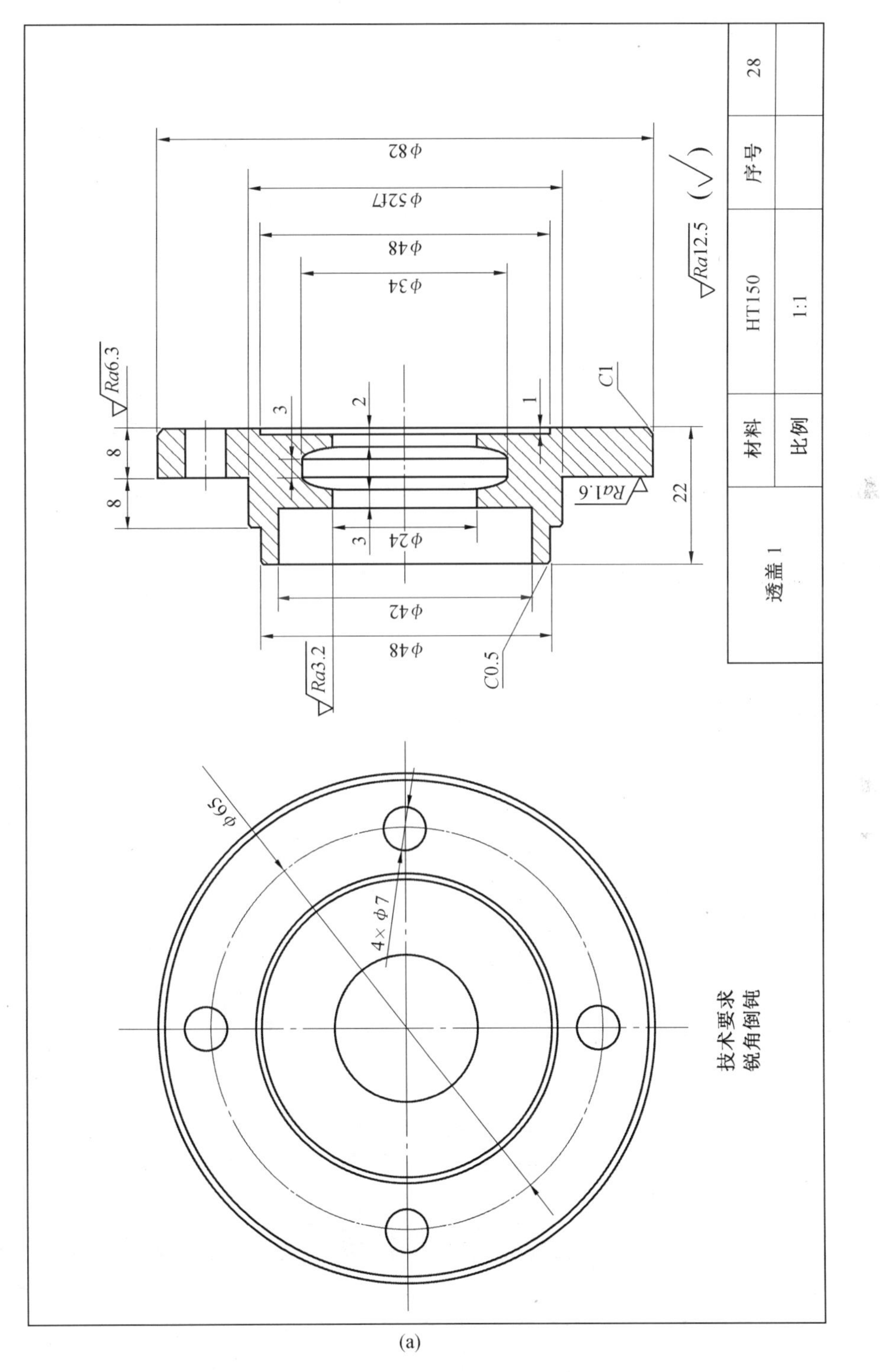

(a)

图 7.13 主动轴端盖零件草图

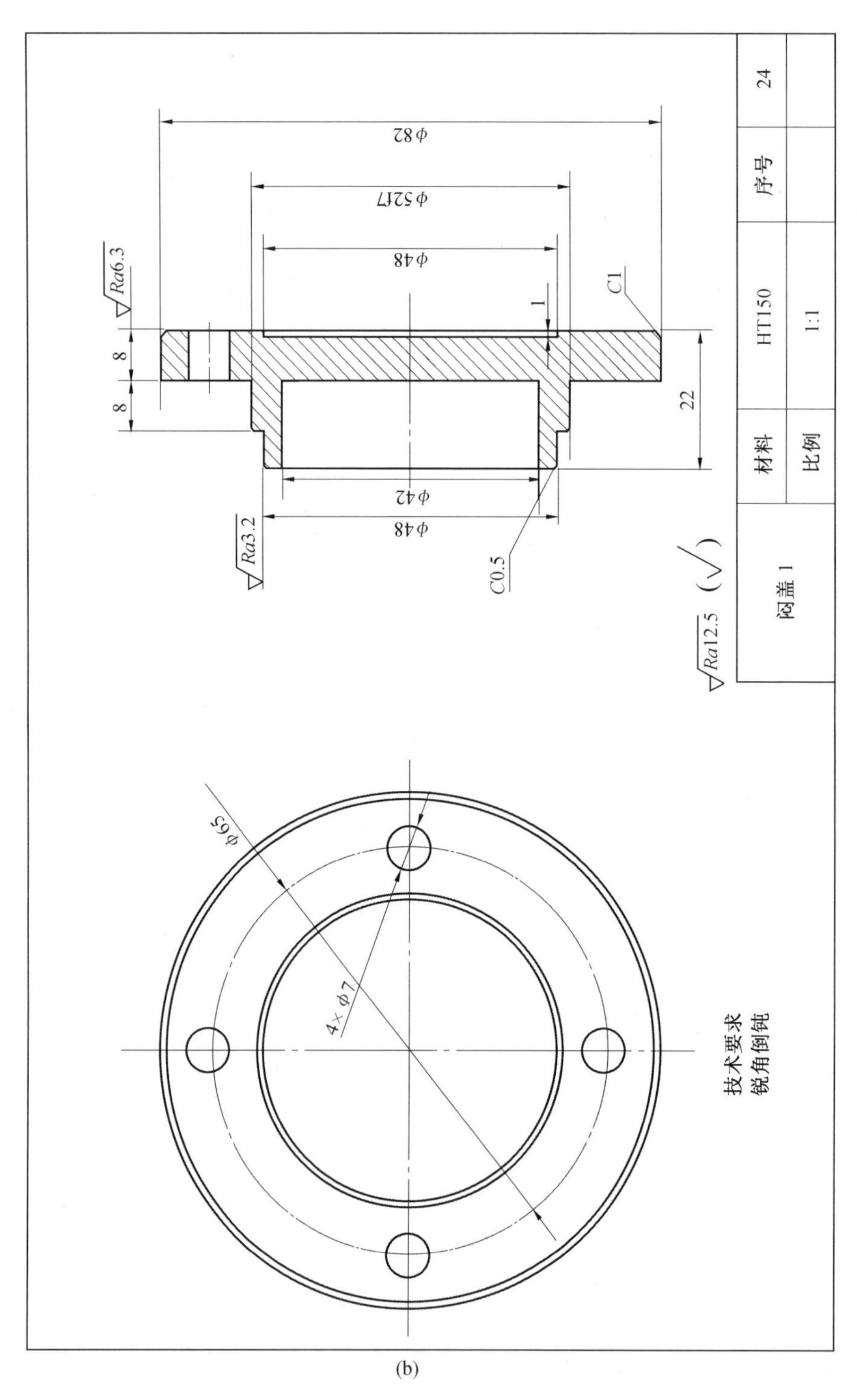

φ82
φ52f7
φ48
Ra6.3
1
C1
8
8
22
φ42
φ48
Ra3.2
C0.5
Ra12.5 (√)
闷盖 1
材料
HT150
序号
24
比例
1:1
φ65
4×φ7
技术要求
锐角倒钝

(b)

续图 7.13

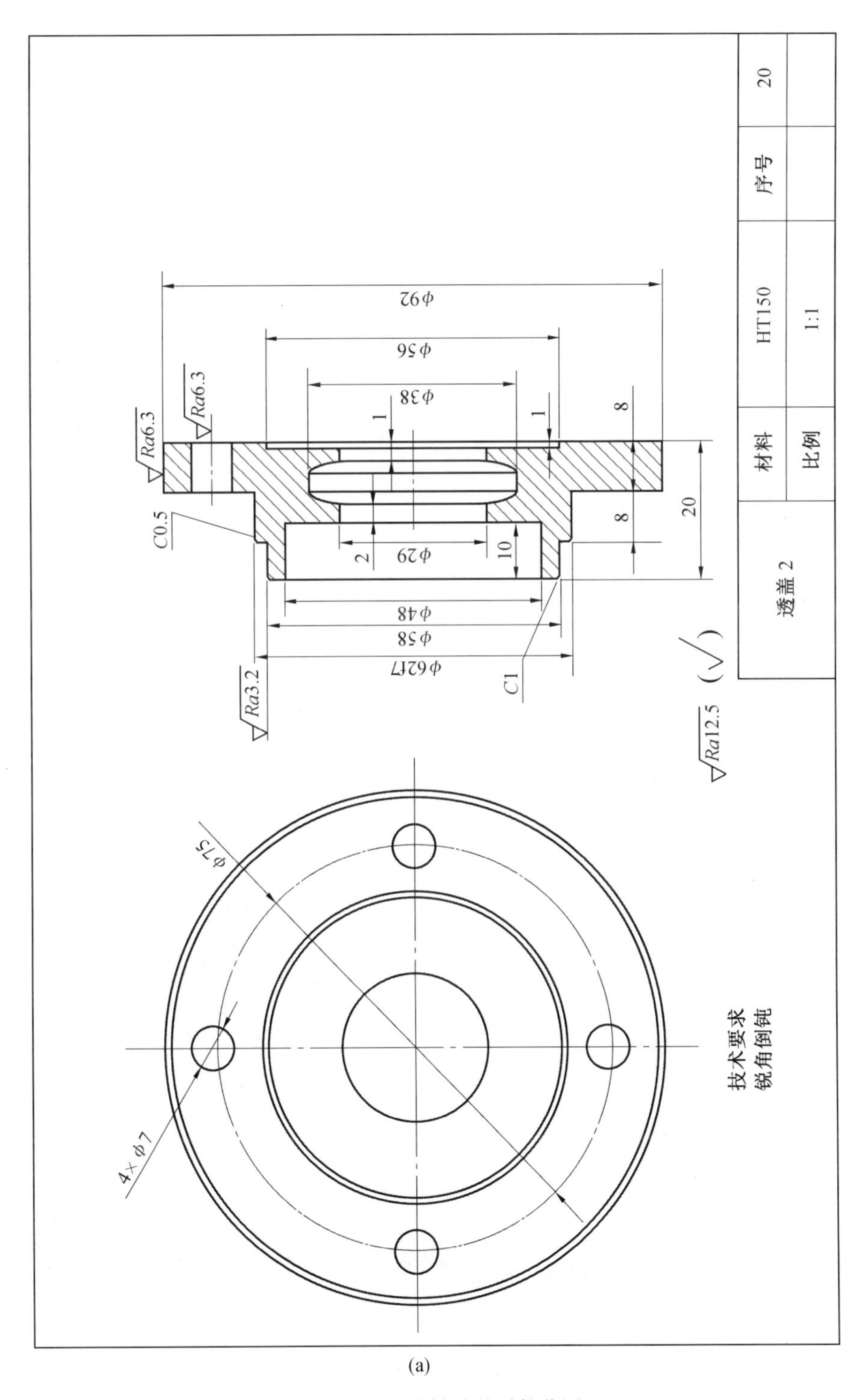

(a)

图 7.14　从动轴端盖零件草图

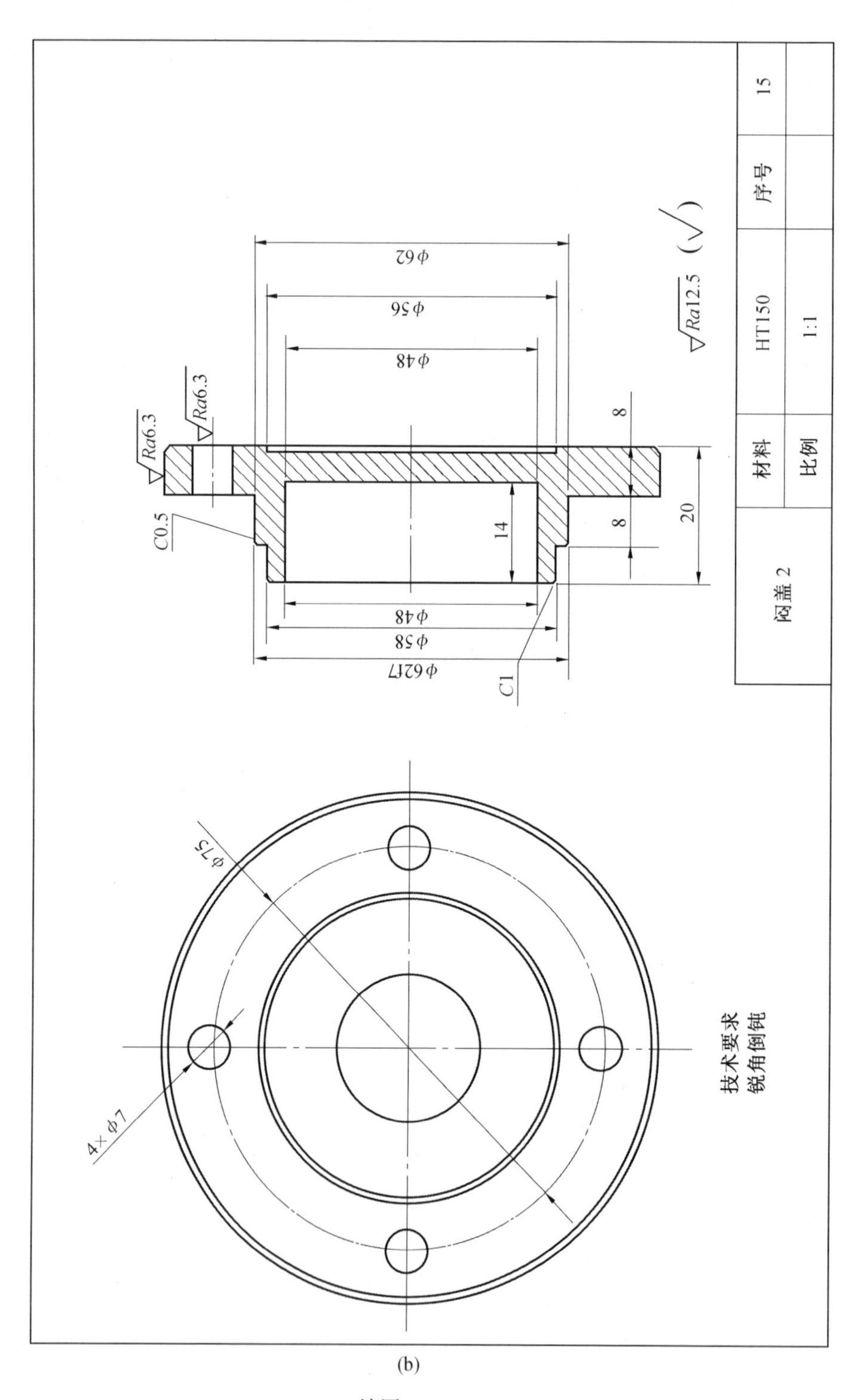
φ62
φ56
φ48
Ra6.3
Ra6.3
C0.5
8
8
14
20
φ48
φ58
φ62f7
C1
Ra12.5 (√)
φ75
4×φ7
技术要求
锐角倒钝
闷盖 2
材料
HT150
比例
1:1
序号
15

(b)

续图 7.14

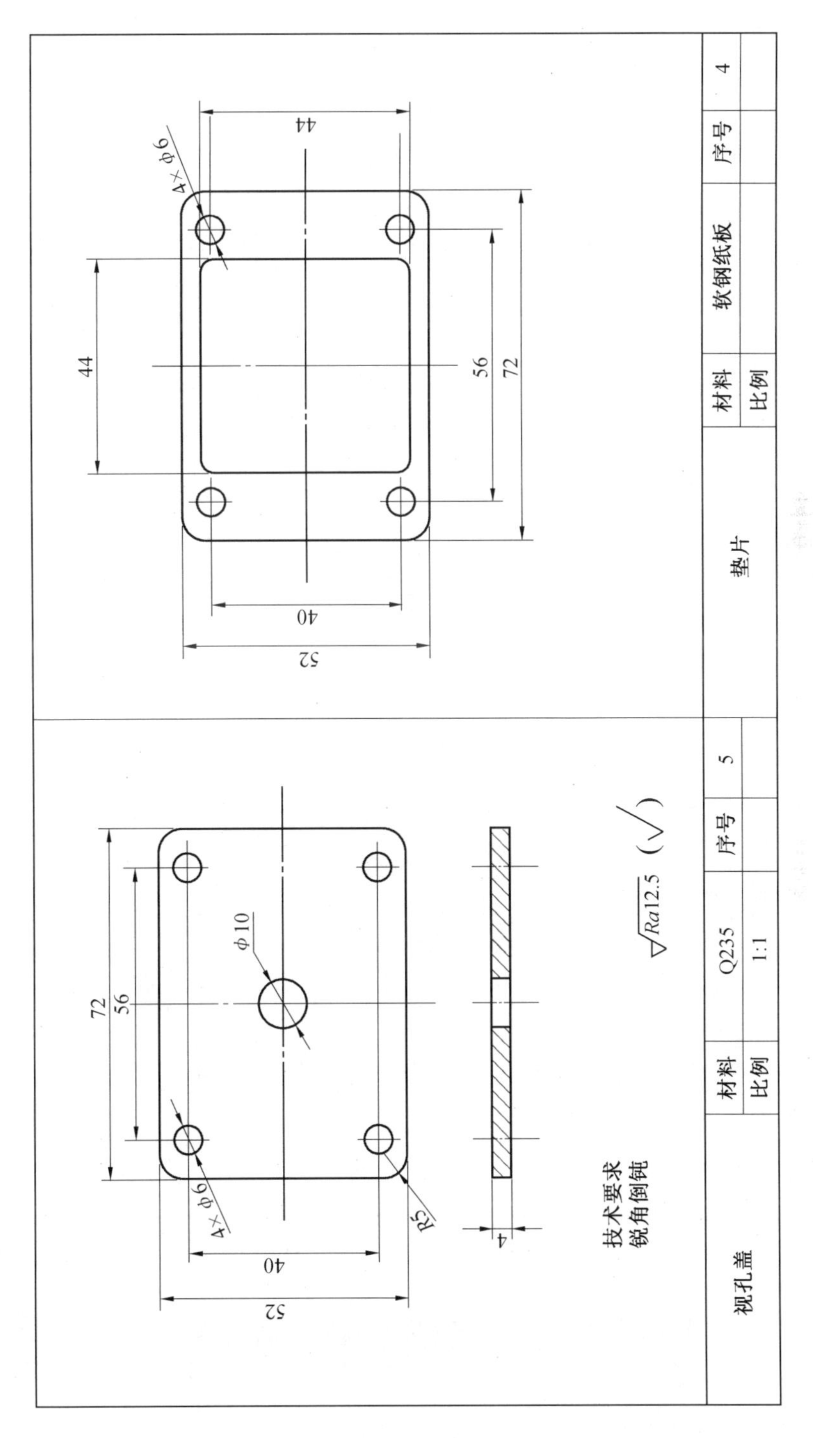

图 7.15 视孔盖及垫片零件图

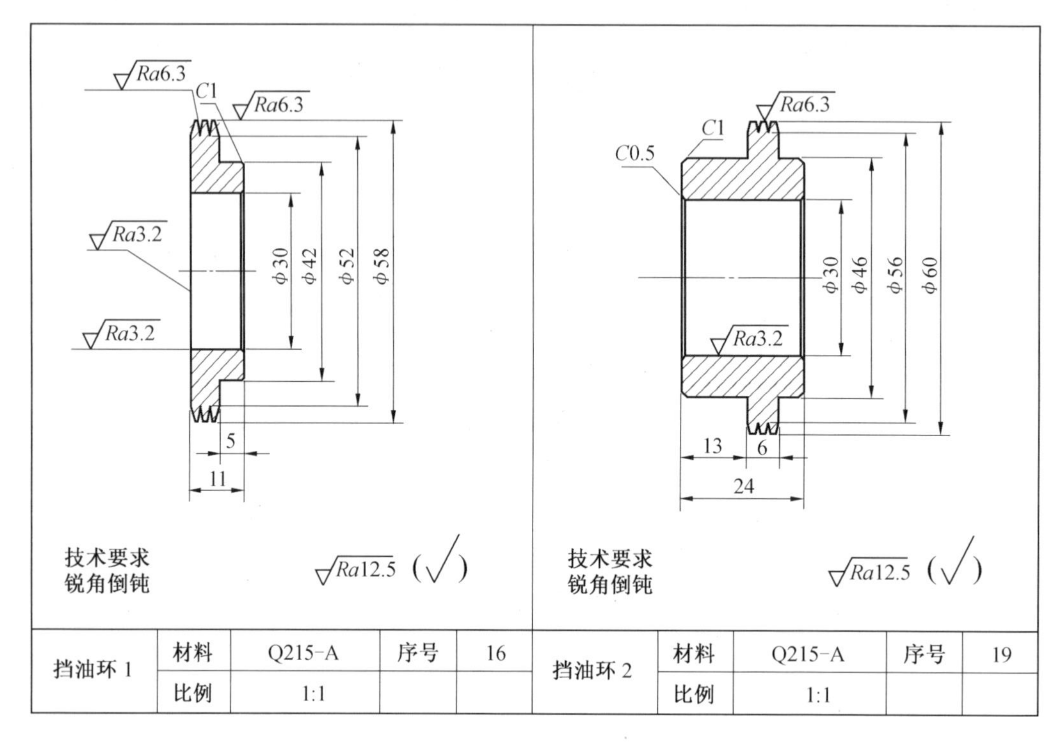

图 7.16 挡油环零件图

7.6.10 放油塞和油标尺测绘

对减速器进行保养及维修时，为将箱内的废油排出，在箱座底面的最低处设置有排油孔，平时排油孔用放油塞加密封垫拧紧封住。为保证密封性，油塞一般采用细牙螺纹。在表达油塞和箱座的装配关系时，一定要注意油塞和油塞孔的配合合理性。油标尺用于检查减速器内润滑油的油面高度。绘图时，要注意油标和箱座的吊耳不能发生干涉，这将导致油标不能方便安装和取出。

放油螺塞结构和螺栓基本相同，可按标准件进行测绘。油标尺、通气塞和放油螺塞零件图如图 7.17 所示。

7.6.11 其他零件测绘

除以上各零件外，其他已标准化了的标准件和常用件测绘过程简要介绍如下。

1. 螺纹紧固件

螺栓连接组件（螺栓、螺母、垫圈）是标准件。减速器上的螺栓紧固件主要是为连接箱盖和箱座，螺栓紧固件不需要绘制零件图，只需在明细表中注明标准代号、标记、数量即可。测绘时，螺栓连接组件需测出螺栓长度与公称直径，然后查相应的国家标准（GB/T 5782—2016《六角头螺栓》）并校核获得螺栓的准确规格型号尺寸，而螺母、垫圈的规格尺寸必须和与之相配的螺栓一致，因此后两个零件不需测规格尺寸。螺钉的测绘和画法与螺栓类似，这里不再赘述。常用螺纹紧固件结构参数见附录三～附录七。

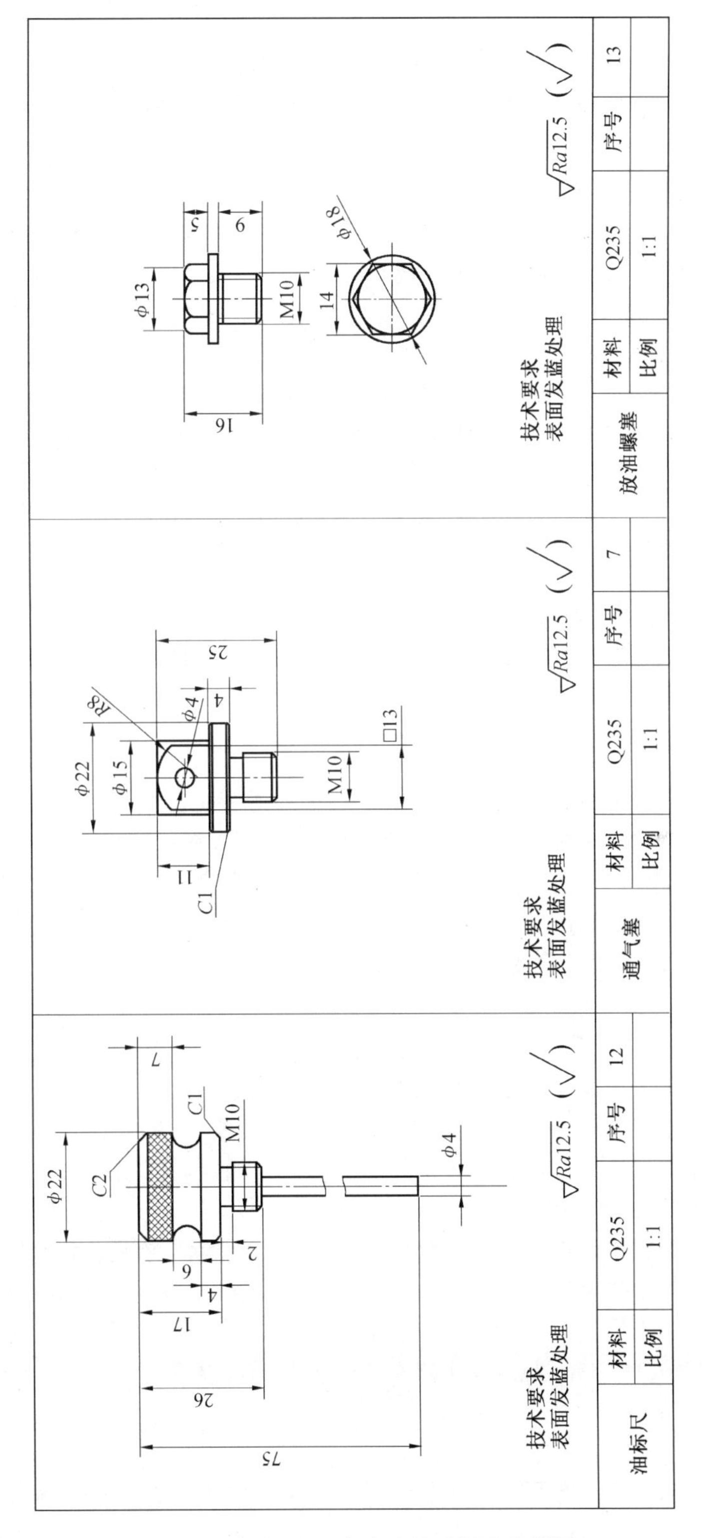

图 7.17　油标尺、通气塞和放油螺塞零件图

2. 圆锥销

减速器的制造过程中，为保证箱座轴承座孔的镗制和装配精度，在加工时要先将箱盖和箱座用两个圆锥销定位连接并用连接螺栓紧固，然后再镗轴承孔。在减速器装配过程中，也需要圆锥销来安装定位。通常将两个定位销安装在箱盖和箱座连接凸缘上，沿对角线布置，使两销间距应尽量远些。测绘时，先测出圆锥销小端直径 d、销长 l，然后查相应的国家标准（GB/T 119.1—2000《圆柱销　不淬硬钢和奥氏体不锈钢》）并校核获得圆柱销的准确规格型号尺寸。常用键与销结构参数见附录八。

3. 滚动轴承

直齿圆柱齿轮传动两轴主要承受径向力，选用深沟球轴承支承。在装配图中画轴承时，一般采用规定画法，详细情况可参考《机械制图》教材中滚动轴承画法。对于轴承内圈与轴的配合应选用基孔制配合，而对于轴承外圈与箱座的配合应选用基轴制配合。测绘时，需先测出滚动轴承的内径 d、外径 D 及宽度 B，然后根据有关国家标准（GB/T 276—2013《滚动轴承　深沟球轴承　外形尺寸》）查其标准代号相关尺寸，并在装配图明细栏注写滚动轴承的规定标记。常用深沟球轴承结构参数见附录九。

7.7　绘制减速器装配图

7.7.1　绘制装配草图

在测绘现场所绘制的装配草图是根据零件草图徒手画出的，所以对画图的尺寸不做要求，主要将装配结构、装配关系、视图表达和零件编号等表达清楚即可，作为画装配图的依据。画部件装配图时必须一丝不苟地按所测绘的零件草图来画，这样才能检查出所测绘的草图是否正确，如尺寸是否完全、相关尺寸是否协调、是否符合装配工艺要求等。如果发现问题，应及时对零件草图进行修改和补充。

7.7.2　绘制装配图

1. 确定减速器装配图的表达方案

(1)主视图的选择。

主视图按减速器的工作位置放置，重点表达外形，辅以局部剖视图表达局部连接装配关系。油标尺及放油螺塞放置在右侧，这样可省略油标尺及其凸台的左视图。对螺栓连接、起箱螺钉、安装定位销进行局部剖视表达，表达上、下箱体的装配连接关系。对油标尺及其凸台和放油螺塞进行局部剖视表达，表达出这两处的装配连接关系，同时对箱体右边和下边壁厚进行了表达。上方对透气装置采用局部剖视，表达出各零件的装配连接关系及该结构的工作情况。左下方对减速器安装孔进行局部剖视表达，表达出安装孔的内部结构，以便标注安装尺寸。

(2)其他视图的选择。

为了清楚说明减速器的两条主要装配干线和轴上各零件的相对位置以及装配关系，俯视图采用沿箱盖和箱体的结合面剖切的表达方法。剖开后可以清晰地展现出轴上各零件及轴与轴之间的装配和传动关系，表达两齿轮的啮合情况，轴承的安装、支承及润滑情

况和伸出轴的密封情况。在俯视图中,两轴属于实心零件(包括齿轮轴上的小齿轮),沿轴向剖切时,应按不剖处理,大齿轮不属于实心零件,为反映大齿轮与小齿轮之间的啮合关系,图中在啮合处对齿轮轴做局部剖视表达,对大齿轮做全剖视表达。

左视图主要表达减速器外形。采用拆卸画法,拆去视孔盖、通气塞和连接螺钉来表达窥视孔的外形。另外,还可用局部视图表达出轴承座螺栓凸台的形状。

建议用 A1 图幅,按 1∶1 比例绘制。

2. 减速器的有关装配结构画法

画装配图时,应清楚装配体上各结构及零件的装配连接关系。

(1)轴端各零件装配连接画法。

测绘教学用的减速器采用直齿圆柱齿轮传递动力,由于不受轴向力,因此其主动轴与从动轴均由一对相同的深沟球轴承支承。端盖起密封作用,一端用螺钉与轴承座连接,另一端嵌入轴承座内,顶住轴承外圈。轴承的另一侧则由挡油环固定,挡油环的凸出部顶住轴承内圈,二者起轴向固定轴承作用。轴从透盖孔中伸出,该孔与轴之间留有一定间隙。为了防止油向外渗漏和灰尘进入箱体内,端盖内装有 O 形密封圈,起密封作用。伸出轴端挡油环、轴承、端盖和密封圈等结构的装配连接画法可参考图 7.18。

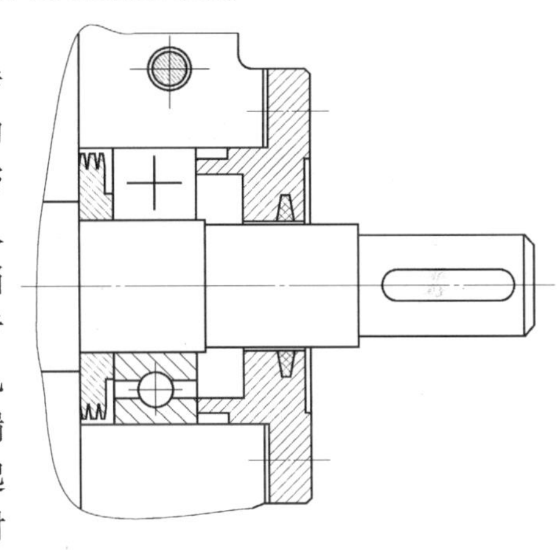

图 7.18 装配图上轴端支承、定位和密封画法

(2)螺栓连接画法。

减速器上、下箱体用螺栓连接,包括六个轴承座螺栓和四个箱缘螺栓。装配图上螺栓连接画法如图 7.19 所示。

(3)安装定位销连接画法。

为保证上、下箱体轴承座孔的加工装配精度,减速器设置两个安装定位销。装配图上圆锥销连接画法如图 7.20 所示。

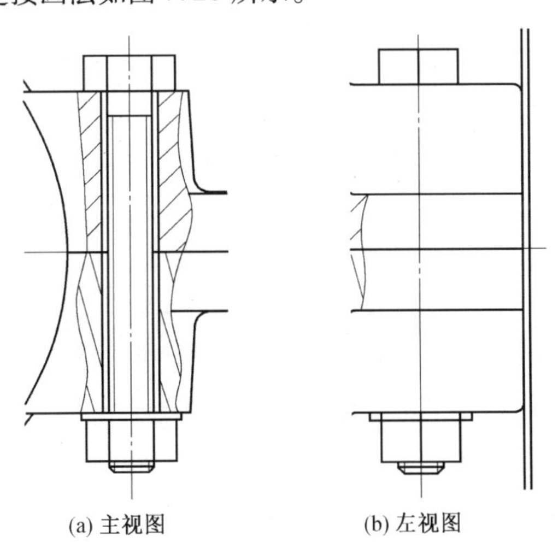

图 7.19 装配图上螺栓连接画法

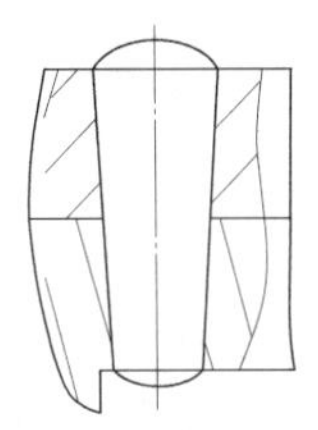

图 7.20 装配图上圆锥销连接画法

(4)透气观察装置结构画法。

减速器工作时,由于摩擦而产生热,因此箱体内温度会升高,引起气体挥发和热膨胀,导致箱体内压力增高。所以,在减速器顶部设计有透气装置,箱体内的热量通过通气塞的小孔排出,从而避免箱体内的压力增高。另外,拆掉通气装置后,通过窥视孔还可以观察减速器的运行状况及加入润滑油。透气观察装置结构画法如图 7.21 所示。

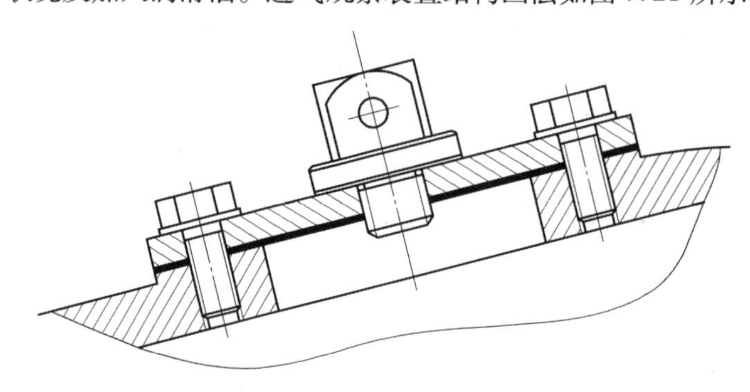

图 7.21 透气观察装置结构画法

(5)油面观察及放油结构的画法。

油标尺用于观察减速器内油面的高度。放油螺塞用于减速器的清洗放油,其安装螺孔应低于油池底面,以便放尽机油。油面观察及放油结构在装配图上的绘制方法可参考图 7.22。

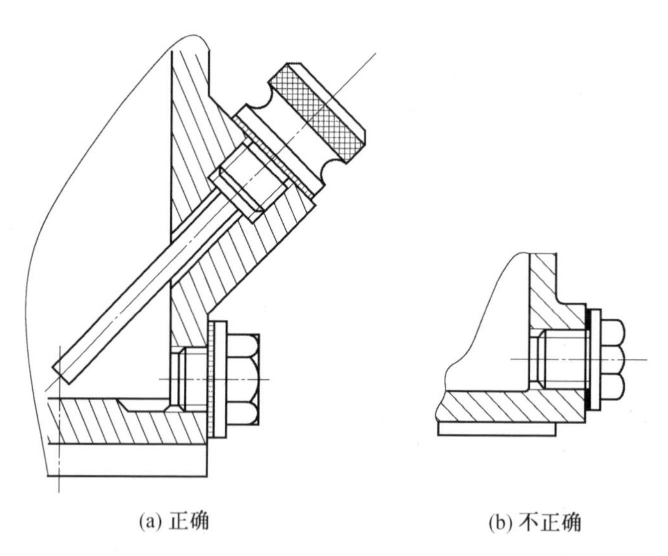

(a) 正确 (b) 不正确

图 7.22 装配图上油标尺画法

(6)齿轮啮合画法。

减速器通过一对齿轮啮合来传递动力和扭矩,因此啮合齿轮的装配精度是减速器平稳安静运行的重要保障。两齿轮啮合时,小齿轮为主动轮,大齿轮为从动轮,因此,主动轮遮挡从动轮,表示两齿轮分度圆(节圆)的点画线重合,大齿轮的齿顶圆线画成粗虚线。齿轮啮合画法如图 7.23 所示。

3. 画减速器装配图的具体步骤

画装配图的具体步骤常因所要表达的部件的类型和结构的不同而有所差异。绘制减速器的装配图，本例采用先画主要零件，再画次要零件的方法。在画两条主要装配干线时，采用由内而外的画法，即先画出核心零件主动轴、从动轴以及两啮合齿轮，再画次要零件，如轴承、挡油环、密封圈和端盖，最后画结构细节，由内而外地逐次扩展完成装配轴线的绘制。画图时切记，在画某个零件的相邻零件时，要几个视图联系起来画，以保证各视图之间正确的投影关系和装配关系。

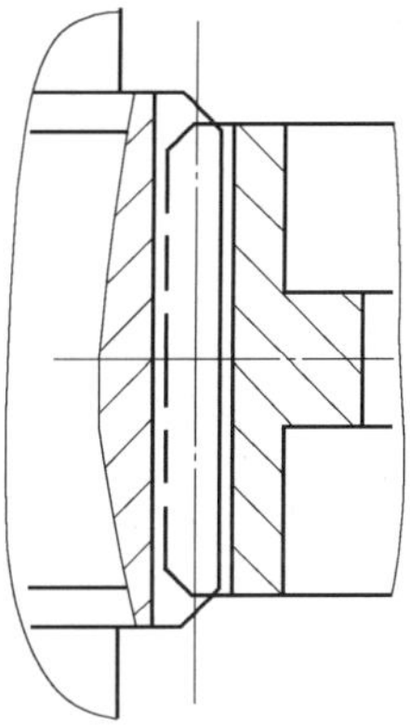

图7.23 齿轮啮合画法

一级直齿圆柱齿轮减速器装配图参考绘制步骤如下。

(1)定比例、选图幅、布图。图形比例大小及图纸幅面大小应根据减速器的大小、复杂程度来确定，同时还要综合考虑尺寸标注、序号和明细表所占的位置。视图布置根据表达方案，画出各个视图的中心线、基准位置线。如图7.24所示。

(2)画主要装配干线，逐次向外扩张。先画主体零件(箱座)，根据零件图画出箱座各视图的轮廓线如图7.25所示，依次画各主要或较大零件的轮廓线。

(3)画出箱盖(图7.26)。

(4)画出两条主要装配干线的主要零件：齿轮及齿轮轴(图7.27)。

(5)由内而外，画出主要装配干线上的附属零件：轴承、端盖、挡油环和密封圈(图7.28)。

(6)画出箱体连接结构：螺栓连接，销连接和起箱螺钉(图7.29)。

(7)画游标尺、放油螺塞及其附属结构(图7.30)。

(8)画视孔盖及其附属结构(图7.31)。

(9)标注装配图上的尺寸，绘出剖面线，加深轮廓线。

装配图中需标注的五类尺寸：①性能(规格)尺寸。②装配尺寸(配合尺寸和相对位置尺寸)。③安装尺寸。④外形尺寸。⑤其他重要尺寸。

这五类尺寸在某一具体部件装配图中不一定都有，且有时同一尺寸可能有几个含义，分属几类尺寸，因此要具体情况具体分析，既不必多注，也不能漏注，以保证装配工作的需要。标注完后如图7.32所示。

(10)编写零部件序号和标题栏。

根据国家标准所规定零件序号编注的方法编写序号，并与之对应地编写明细栏(标准件要写明标记代号，齿轮应注明 m、Z)。

(11)填写技术要求，完成装配图绘制。

装配图中的技术要求包括配合要求、性能、装配、检验、调整要求、验收条件、试验与使用、维修规则等。其中，配合要求使用配合代号注在图中，其余用文字或符号列写在明细栏上方或左方。确定部件装配图中的技术要求时，可参阅同类产品的图样根据具体情况而定。

最终完成后的减速器装配图如图7.33所示。

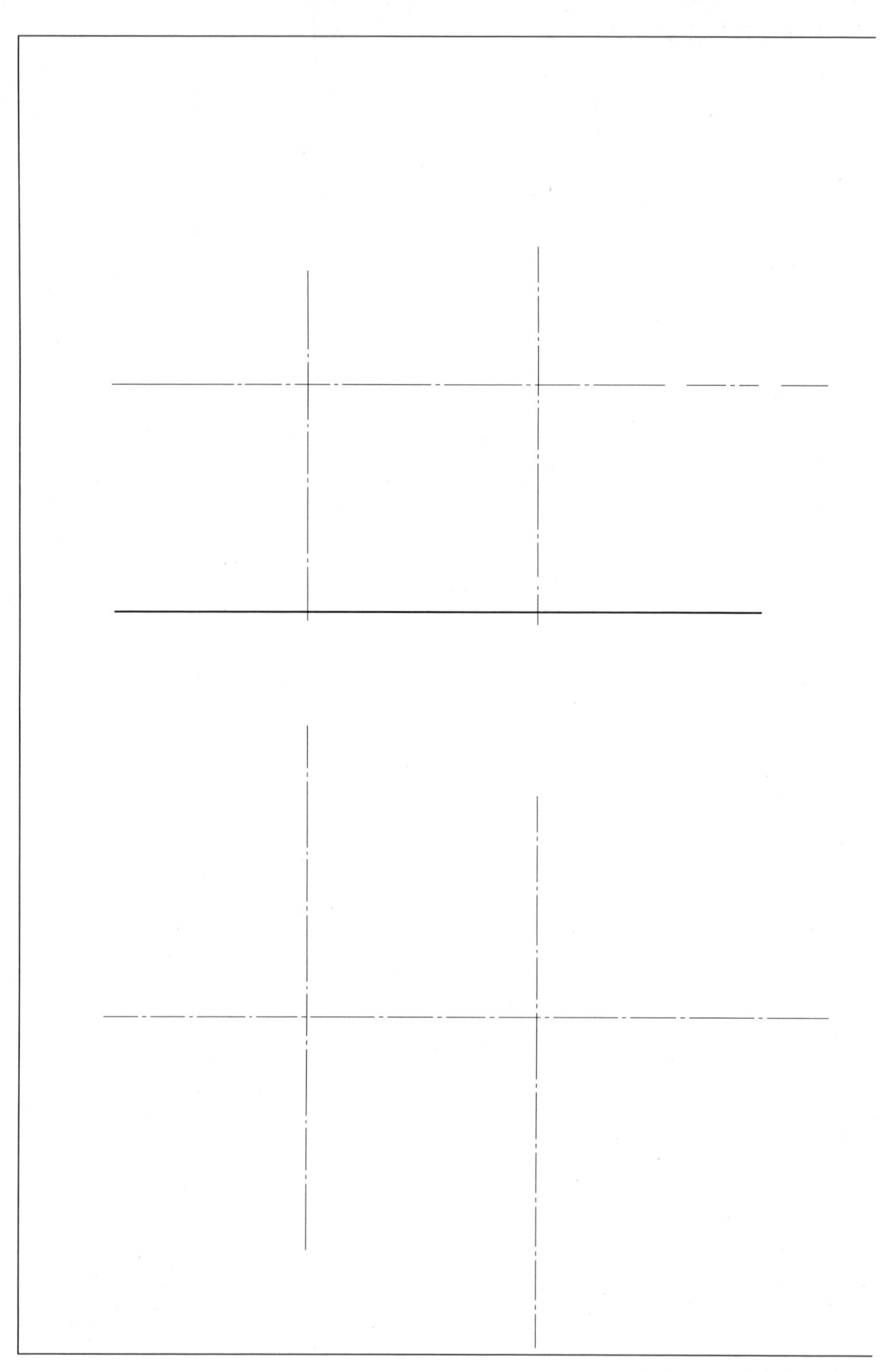

图 7.24　定方案、比例、

		比例		图号	
		数量		重量	
设计					
审核					

图幅，画出图框、中心线、基准位置线

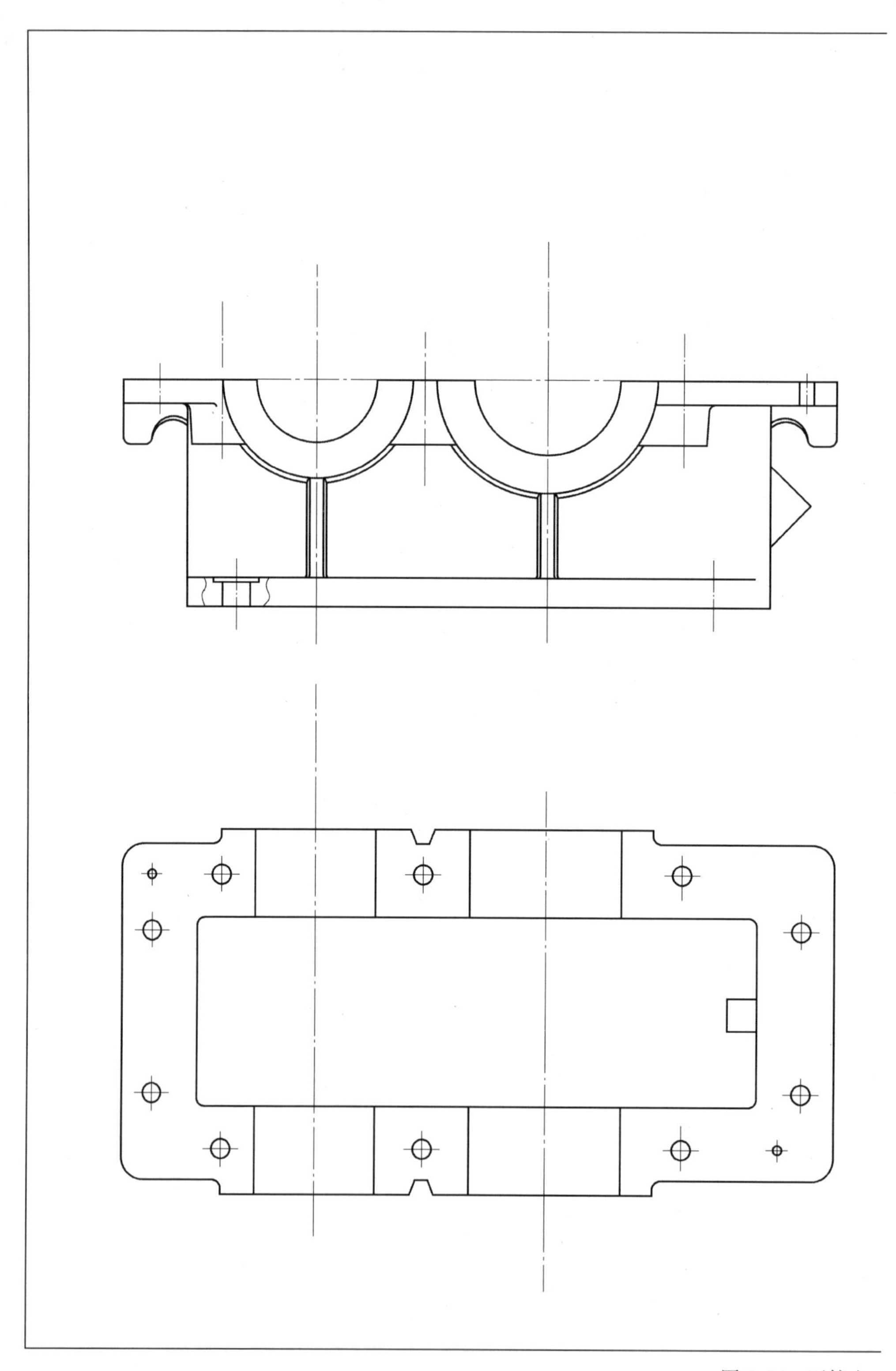

图 7.25　画箱座

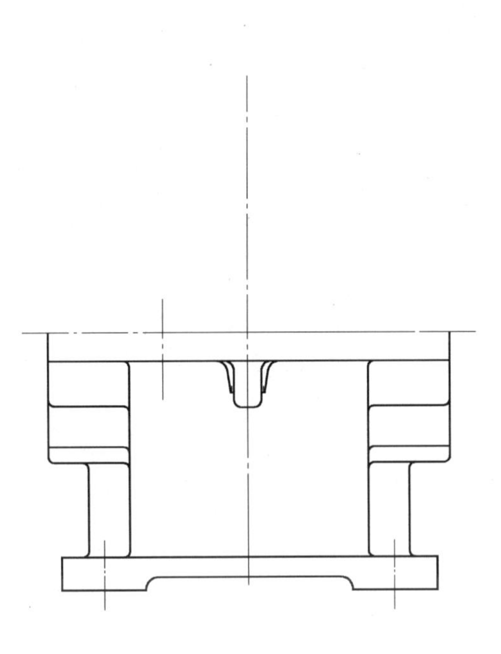

			比例		图号	
			数量		重量	
设计						
审核						

各视图的轮廓线

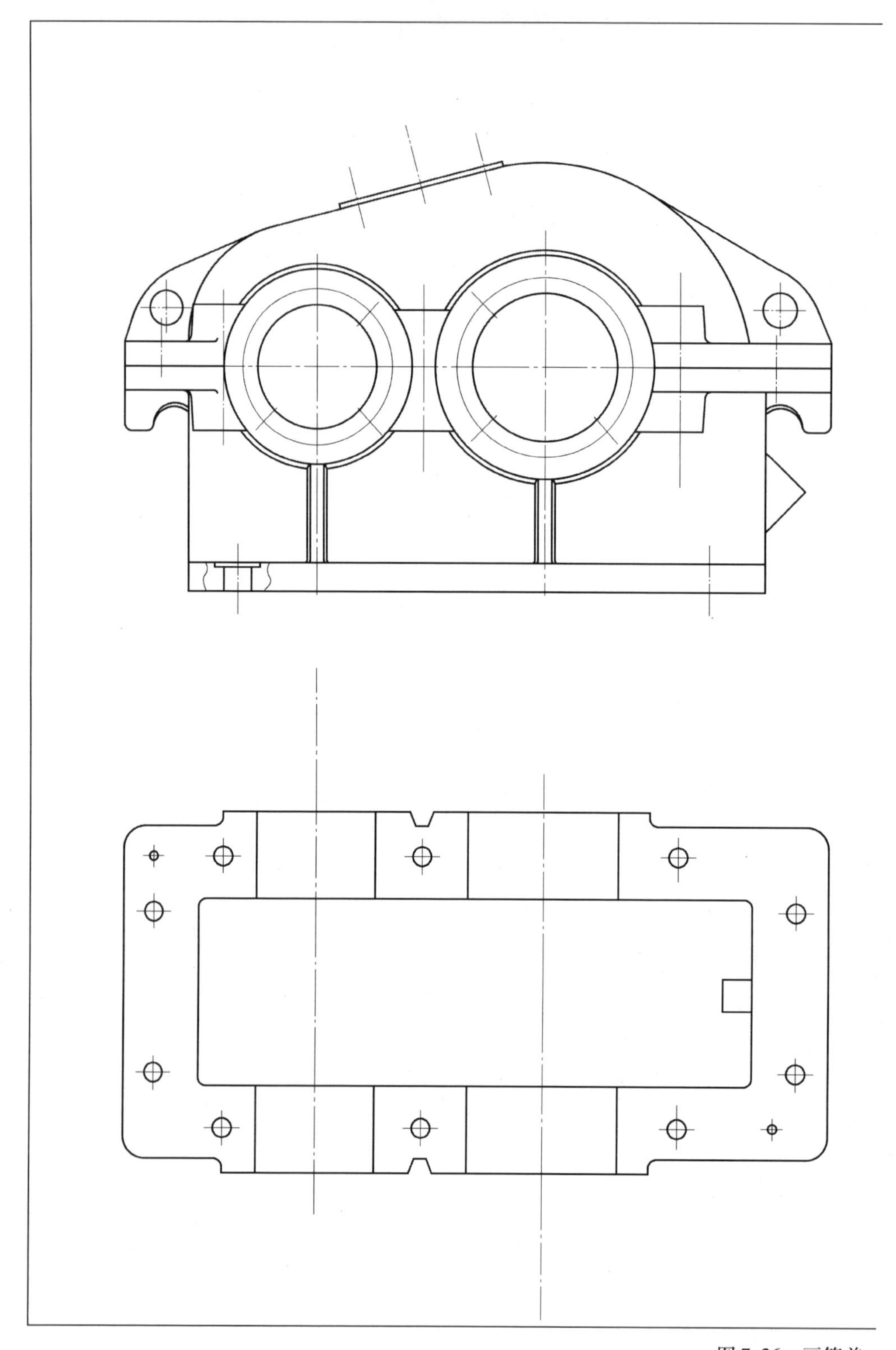

图 7.26　画箱盖

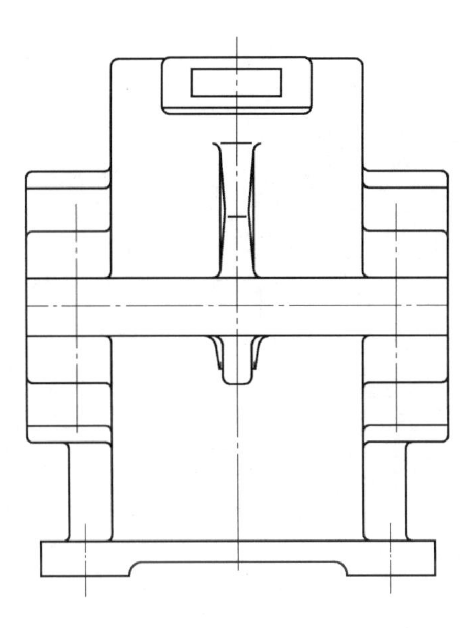

			比例		图号	
			数量		重量	
设计						
审核						

各视图的轮廓线

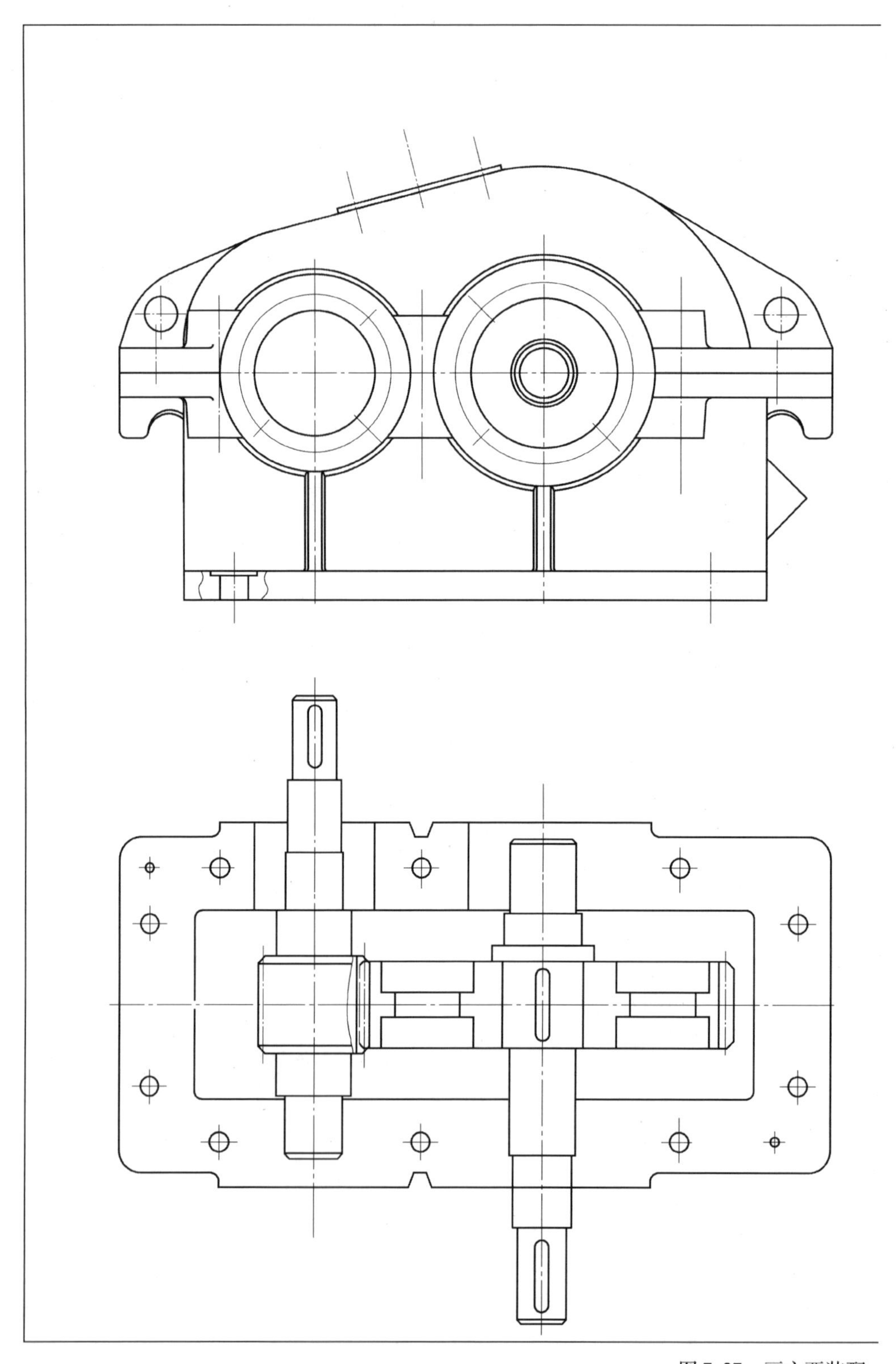

图 7.27　画主要装配

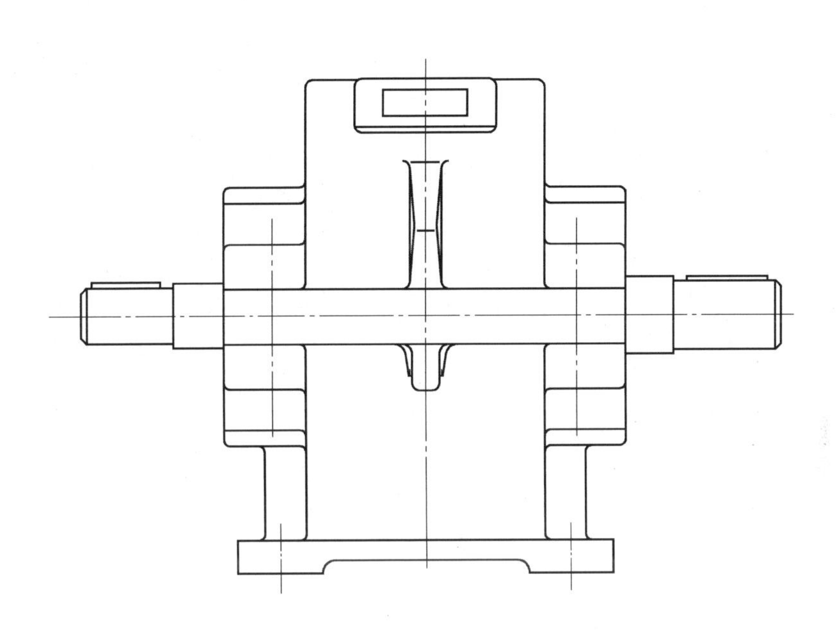

			比例		图号	
			数量		重量	
设计						
审核						

干线的主要零件的轮廓线

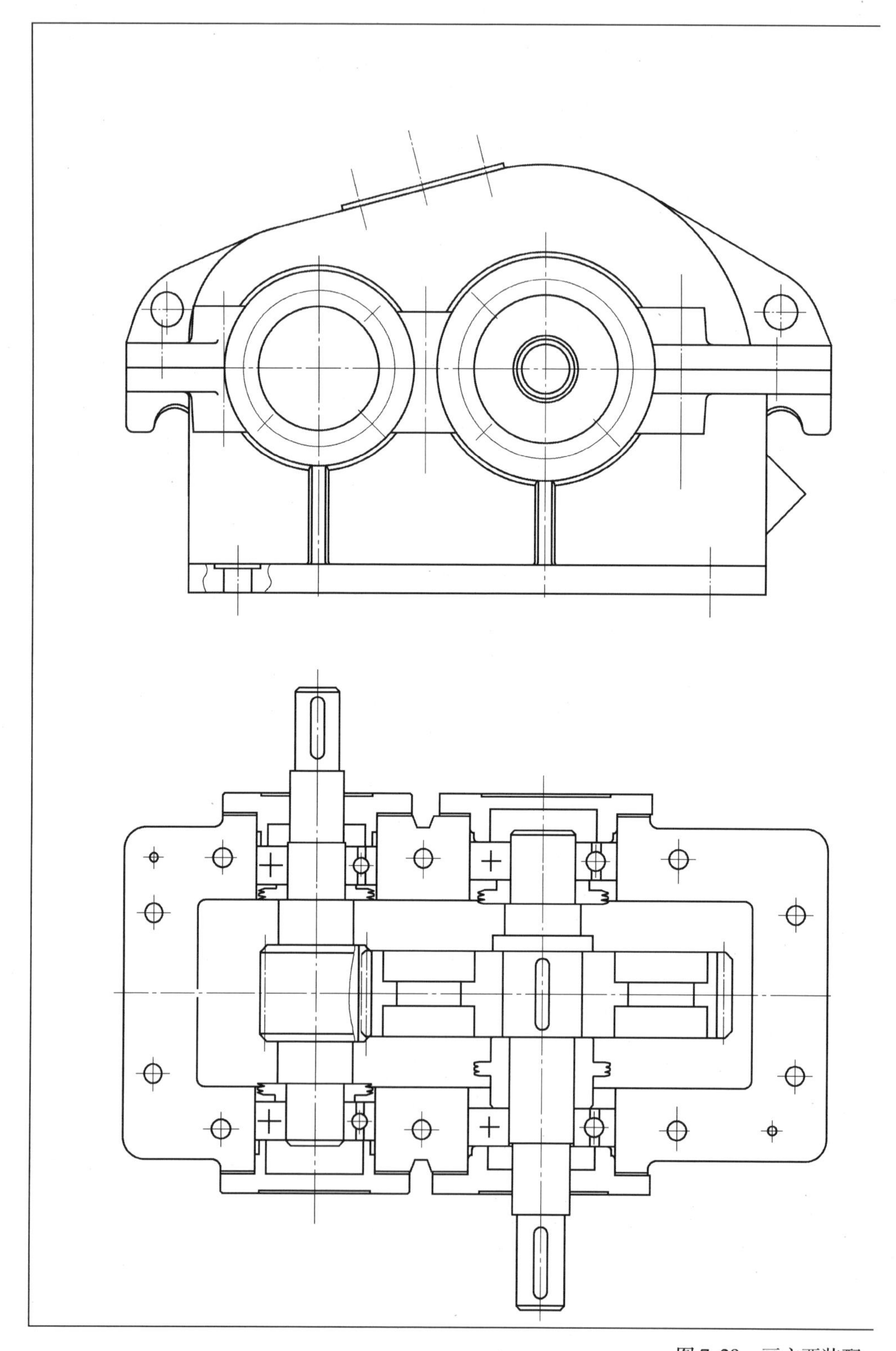

图 7.28　画主要装配

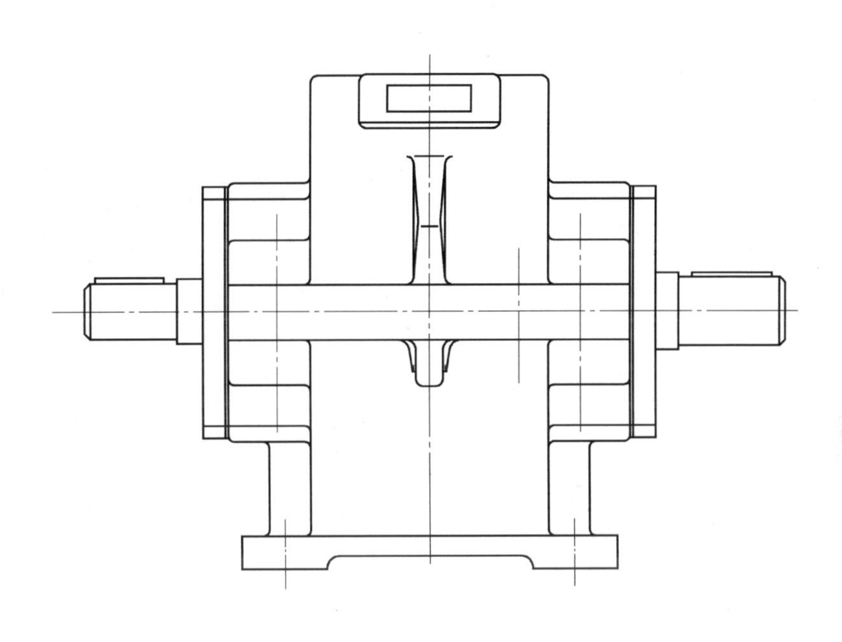

			比例		图号	
			数量		重量	
设计						
审核						

干线的附属零件的轮廓线

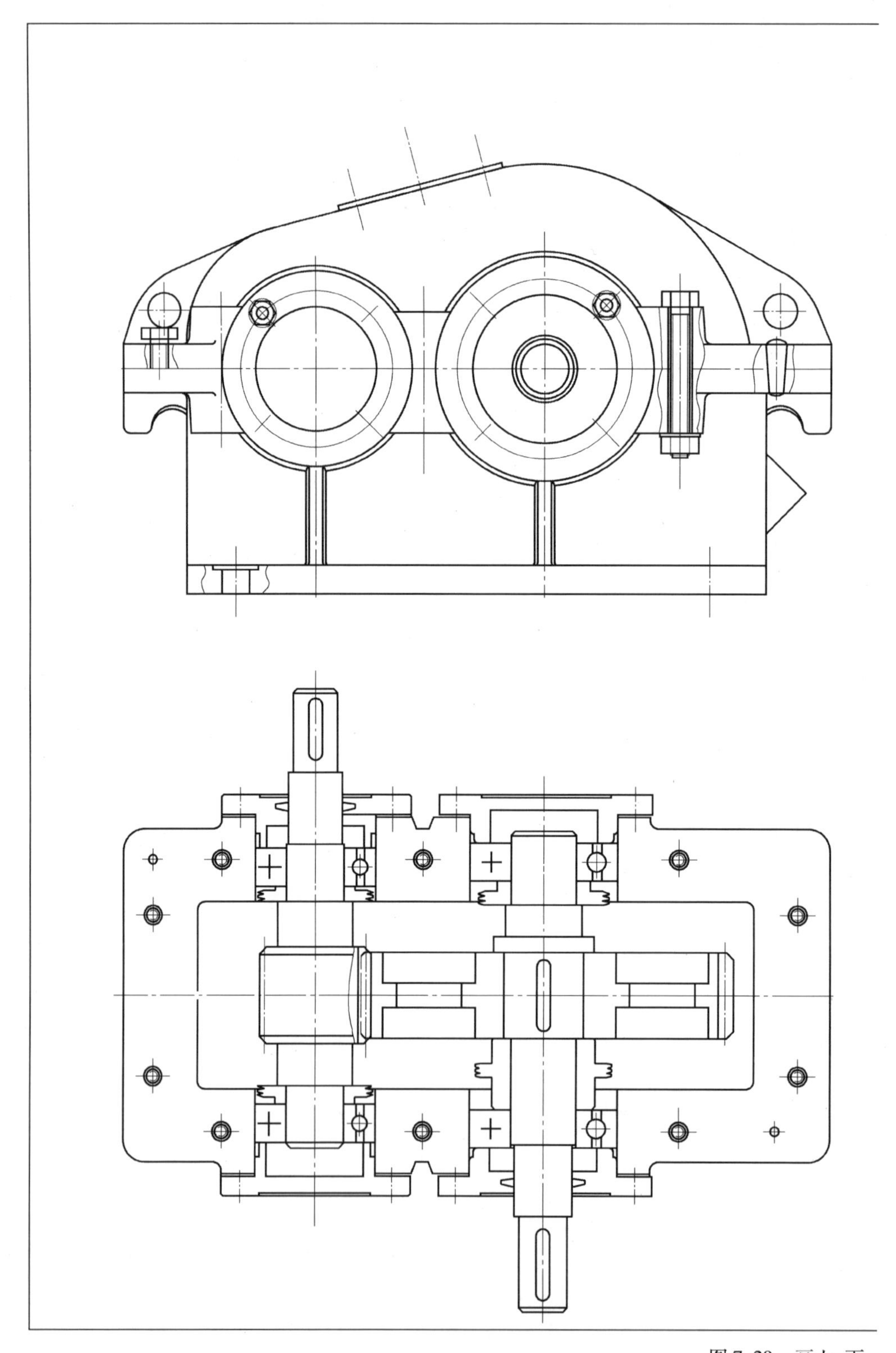

图 7.29 画上、下

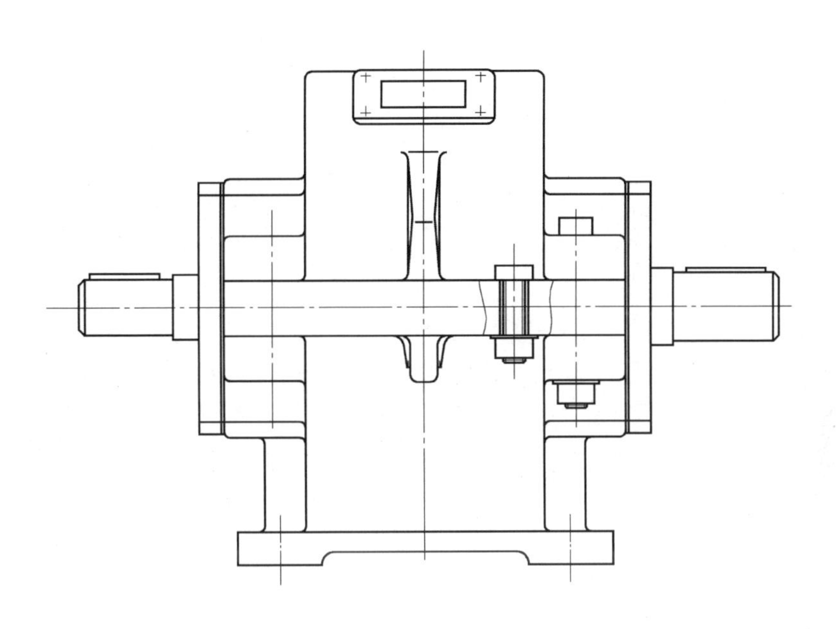

			比例		图号	
			数量		重量	
设计						
审核						

箱体连接件的轮廓线

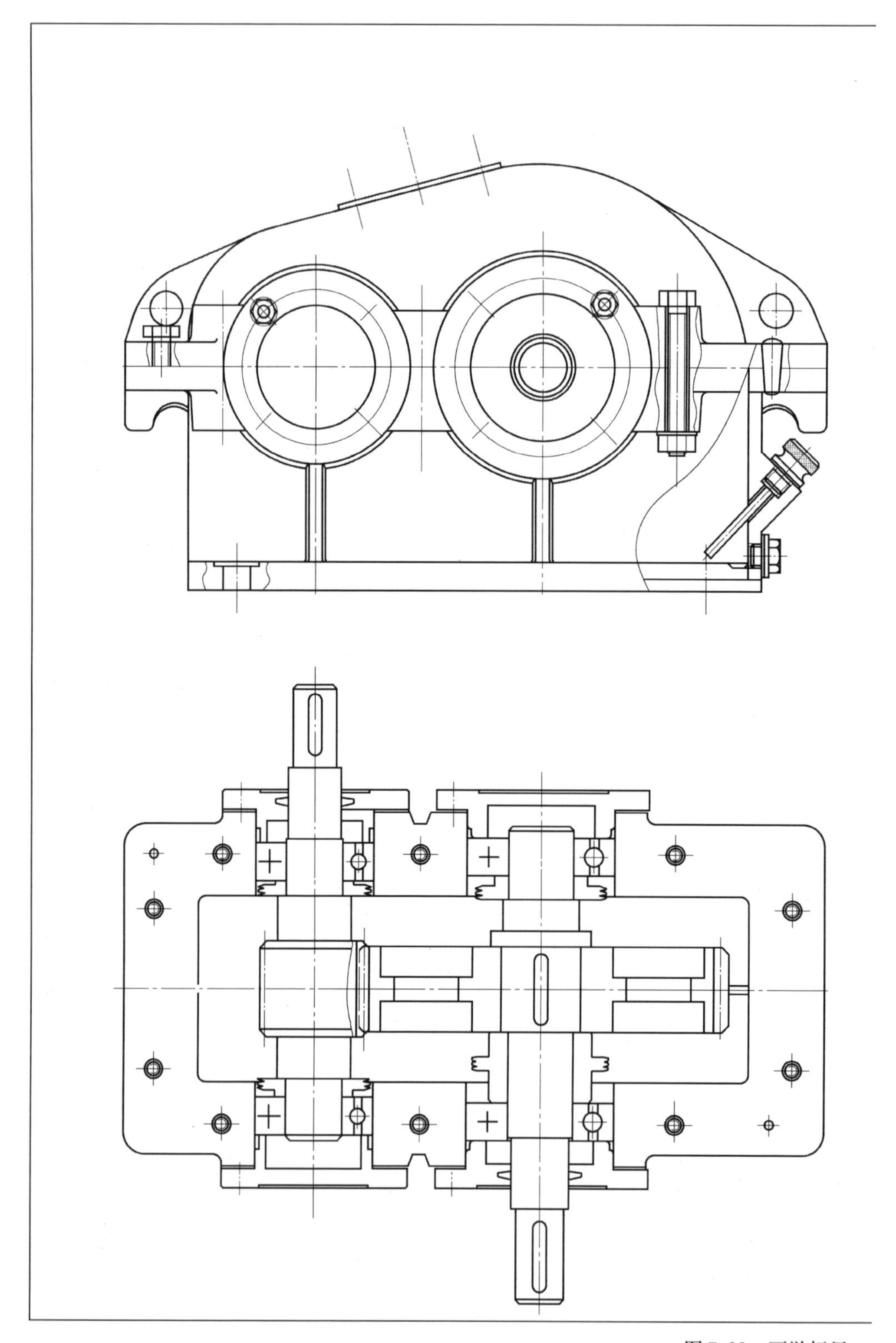

图 7.30　画游标尺、

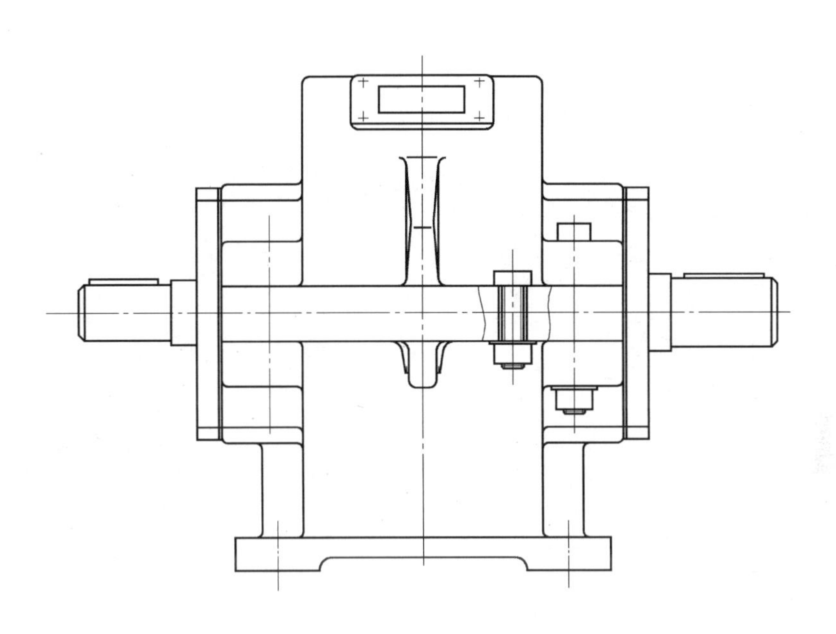

		比例		图号	
		数量		重量	
设计					
审核					

放油螺塞及其附属结构的轮廓线

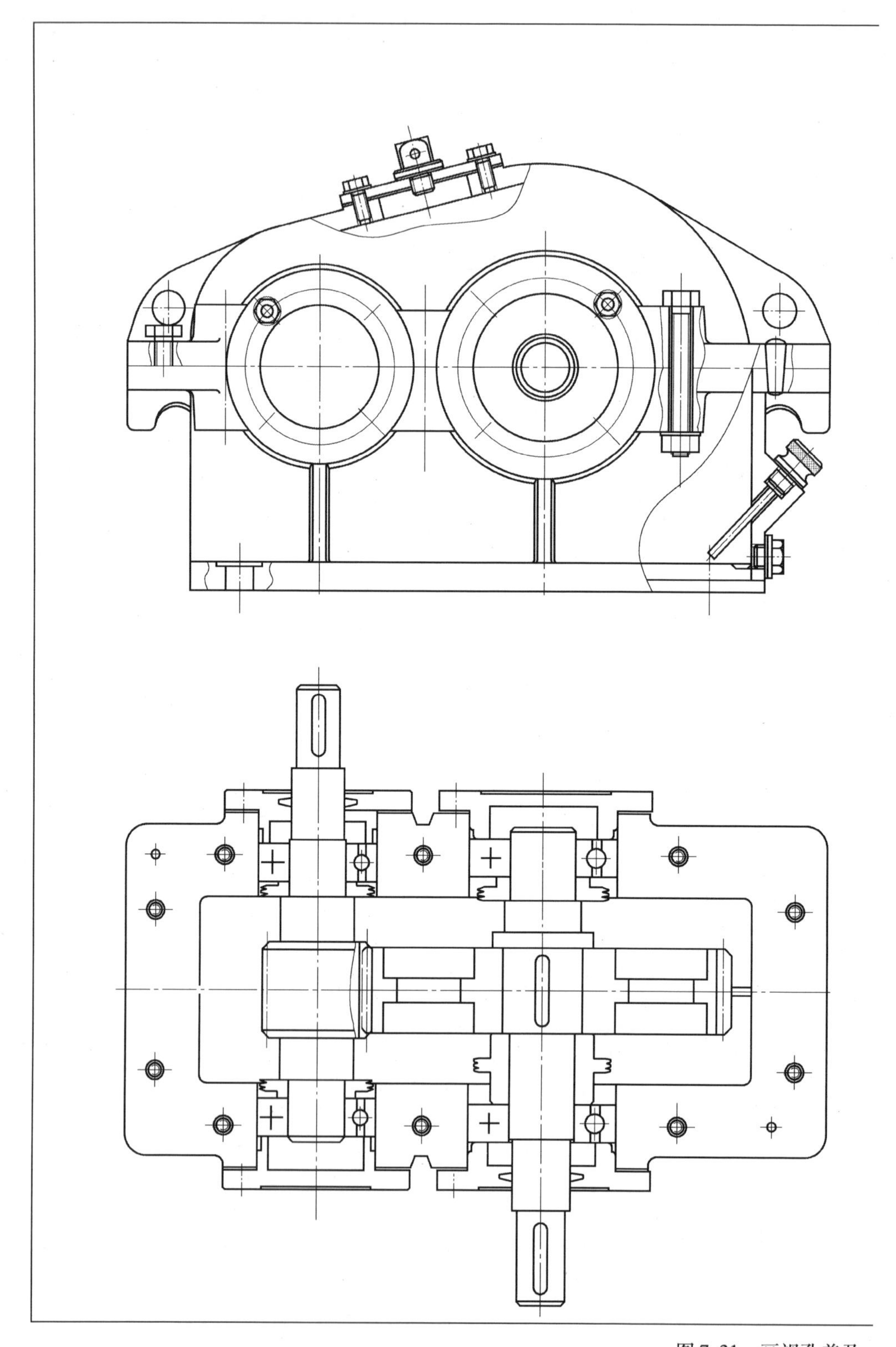

图 7.31　画视孔盖及

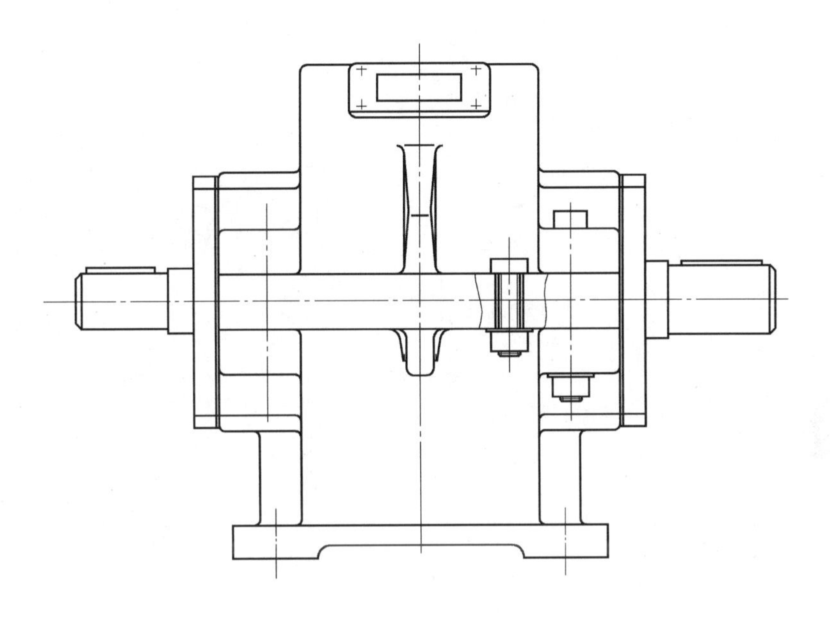

			比例		图号	
			数量		重量	
设计						
审核						

其附属结构的轮廓线

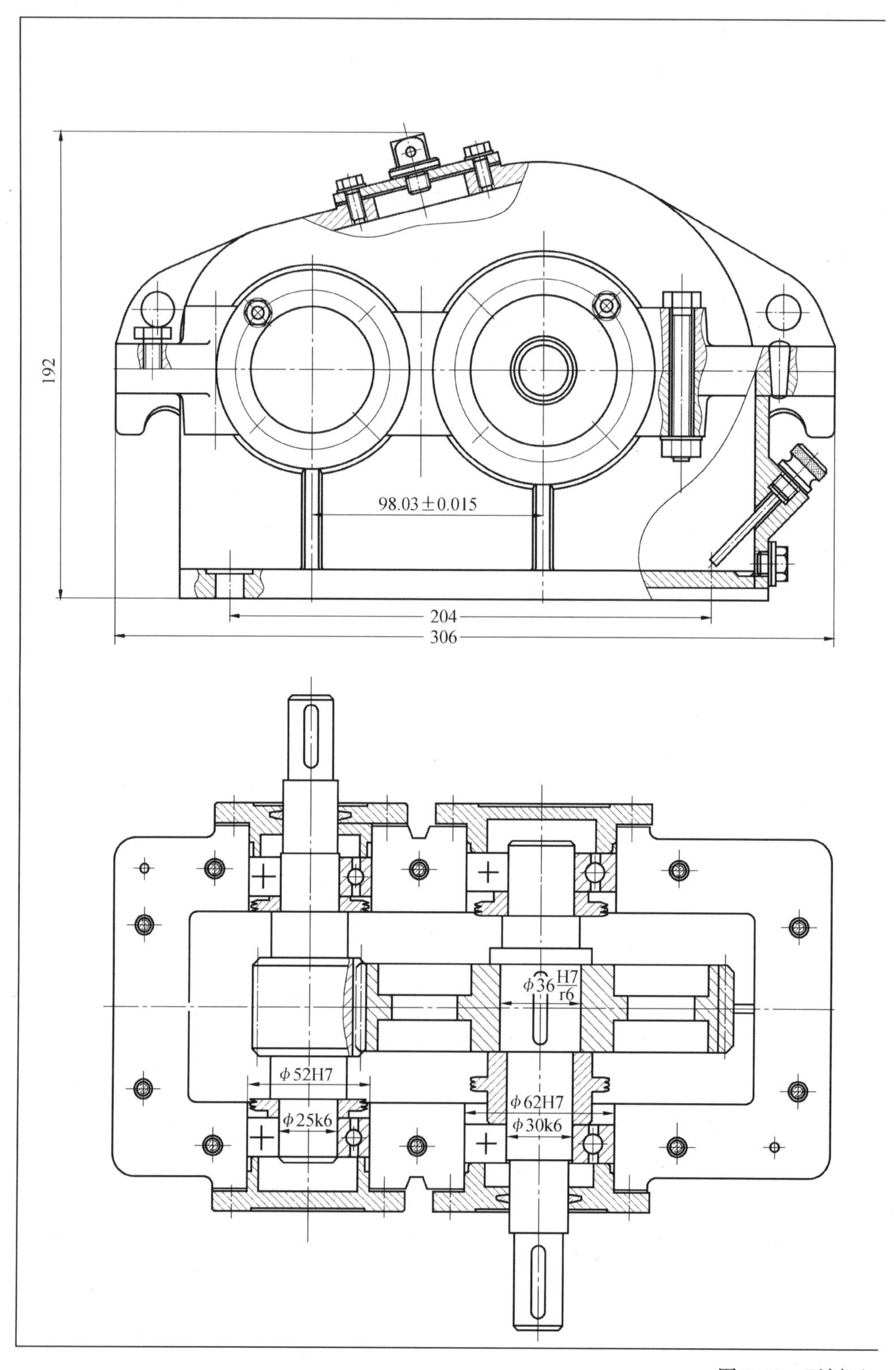

图 7.32 画剖面

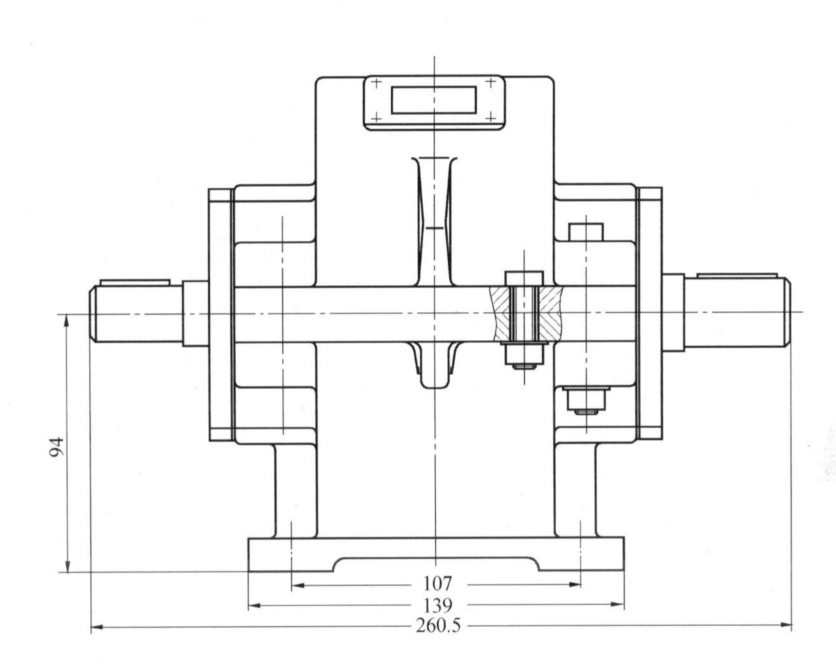

			比例		图号	
			数量		重量	
设计						
审核						

线，标注尺寸

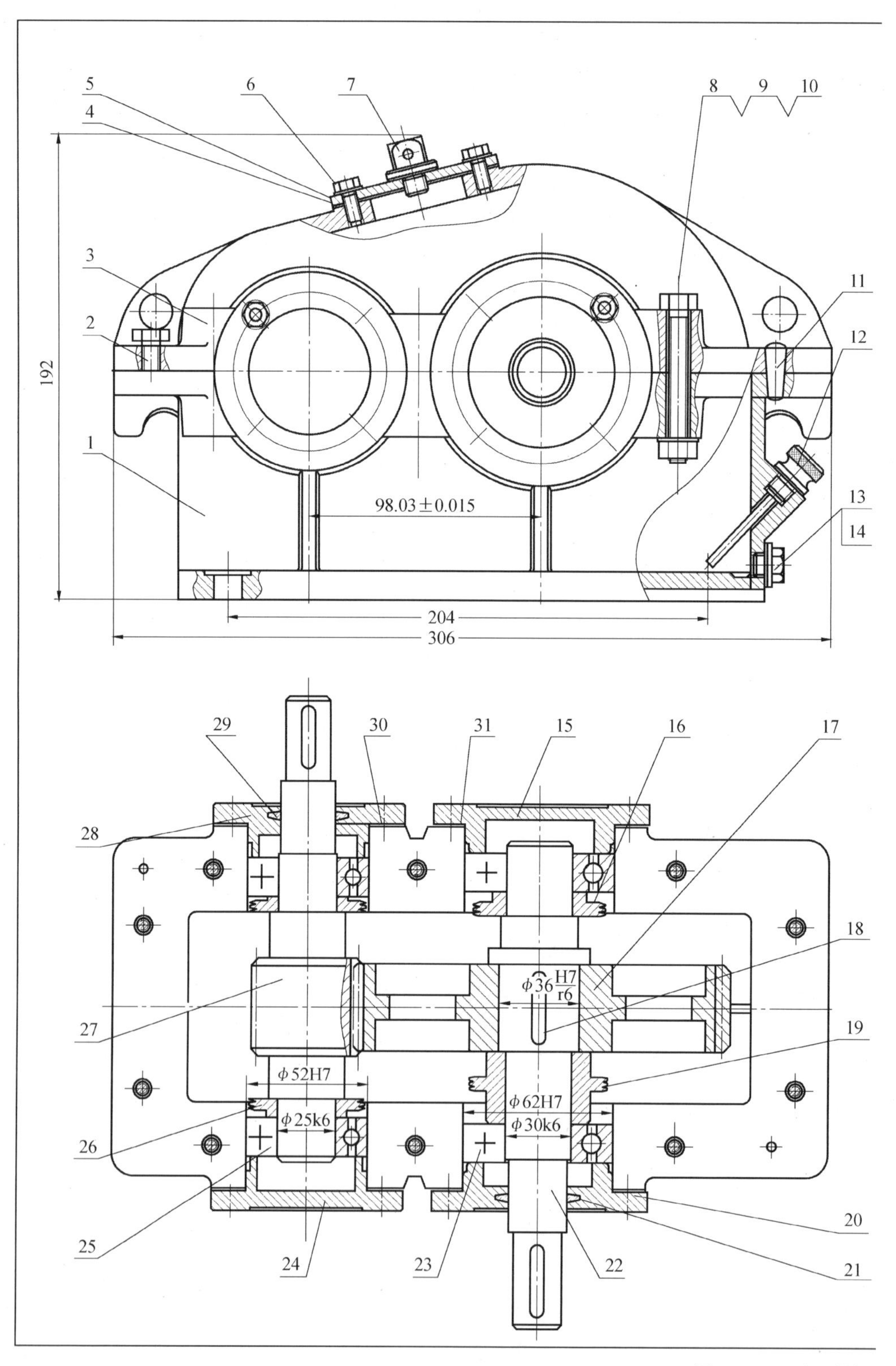
5
4
6
7
8
9
10
3
2
192
11
12
1
98.03±0.015
13
14
204
306
29
30
31
15
16
17
28
18
ϕ36 H7/r6
27
19
ϕ52H7
ϕ62H7
ϕ25k6
ϕ30k6
26
20
25
24
23
22
21

图 7.33　一级圆柱

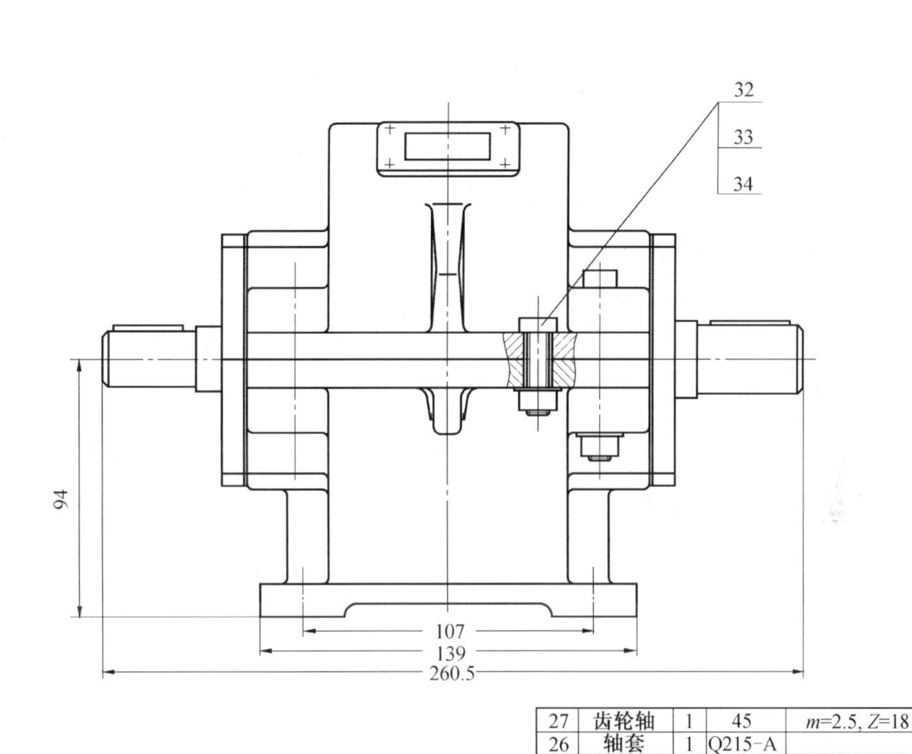

技术要求

1. 装配前，滚动轴承用汽油清洗，其他零件用煤油清洗，箱体内不允许有任何杂物存在，箱体内壁涂耐磨油漆
2. 齿轮副的测隙用铅丝检验，测隙值应不小于 0.14 mm
3. 滚动轴承的轴向调整间隙均为 0~0.51 mm
4. 齿轮装配后，用涂色法检验齿面接触斑点，沿齿高不小于 45%，沿齿长不小于 60%
5. 减速器剖面分面涂密封胶或水玻璃，不允许使用任何填料
6. 减速器内装 L-A15(GB/T 443—1989)，油量应达到规定高度
7. 减速器外表面涂绿色油漆

序号	零件名称	数量	材料	规格及标准代号
34	螺母 M10	4		GB/T 6170—2015
33	螺栓 M10×40	4		GB/T 5783—2016
32	垫圈 10	4		GB/T 93—1987
31	垫片	2	橡胶石棉板	
30	垫片	2	橡胶石棉板	
29	毡封圈	1	半粗羊毛毡	
28	嵌入透盖	1	HT150	
27	齿轮轴	1	45	m=2.5, Z=18
26	轴套	1	Q215-A	
25	滚动轴承 6204	2		GB/T 276—2013
24	嵌入闷盖	1	HT150	
23	滚动轴承 6206	2		GB/T 276—2013
22	从动轴	1	45	
21	毡封圈	1	半粗羊毛毡	
20	嵌入透盖	1	HT150	
19	挡油环	1	Q215-A	
18	键 7×7×30	1	Q235	GB/T 1096—2003
17	齿轮	1	45	m=2.5, Z=62
16	挡油环	1	Q215-A	
15	嵌入闷盖	1	HT150	
14	封油圈	1	石棉橡胶纸	
13	放油螺塞	1	Q235	M14×1.5
12	油标尺	1	Q235	
11	圆锥销 B8×35	2		GB/T 117—2000
10	螺母 M10	6		GB/T 6170—2015
9	垫圈 10	6		GB/T 93—1987
8	螺栓 M10×80	6		GB/T 5783—2016
7	通气塞	6	Q235	
6	螺钉 M6×20	4	Q235	GB/T 5783—2016
5	视孔盖	1	Q235	
4	垫片	1	软钢纸板	
3	箱盖	1	HT200	
2	起盖螺钉 M8×20	1	Q235	GB/T 5783—2016
1	箱座	1	HT200	

			比例		图号	
			数量		重量	
设计			一级圆柱齿轮减速器			
审核						

直齿圆柱齿轮减速器装配图

7.8　绘制零件图

绘制零件图是指根据零件草图和整理之后的装配图,运用尺规或计算机绘制除标准件以外的各零件的零件图。绘制零件图的方法和注意事项与绘制齿轮油泵零件图相同,这里不再赘述。

根据装配图和零件草图,整理绘制出本次制图测绘指定的主要零件图(具体任务要根据制图测绘任务书或由指导老师指定)。本次减速器测绘的主要零件有箱盖、箱座、主动齿轮轴、从动齿轮轴、从动轴透盖(两个)、闷盖(两个)等。

(1)画零件图时,其视图选择不强求与零件草图或装配图上该零件的表达完全一致,可进一步改进表达方案。

(2)画装配图后发现已画过的零件草图中存在的问题,应在画零件图时加以纠正。

(3)注意配合尺寸或相关尺寸应协调一致。

(4)零件的技术要求(表面粗糙度、尺寸公差、几何公差、热处理等)可参照同类产品或相近产品图样,查阅相关资料后,确定其标注形式应规范。

减速器零件图具体内容见本章前面小节。

附　　录

附录一　标准归档图纸折叠方法（摘录 GB/T 10609.3—2009）

测绘实训结束后，学生应当把自己所绘制图纸按国家标准要求折叠、上交资料室并存档。折叠上交的学生练习图纸折叠幅面一般应为 A4（210×297）。以下摘录国标中关于图纸折叠的部分方法。

1. 要求装订归档的图纸折叠方法

（1）各种尺寸的图纸折成 A4 的方法。

①A0 图纸折叠成 A4，需装订，留边。按附图 1.1 中的顺序和尺寸，折完后图号在上，有装订边。A0 图纸折叠成 A4 的方法如附图 1.1 所示。

②A1 图纸折叠成 A4，需装订，留边。按附图 1.2 中的顺序和尺寸，折完后图号在上，有装订边。A1 图纸折叠成 A4 的方法如附图 1.2 所示。注意折叠顺序和尺寸。

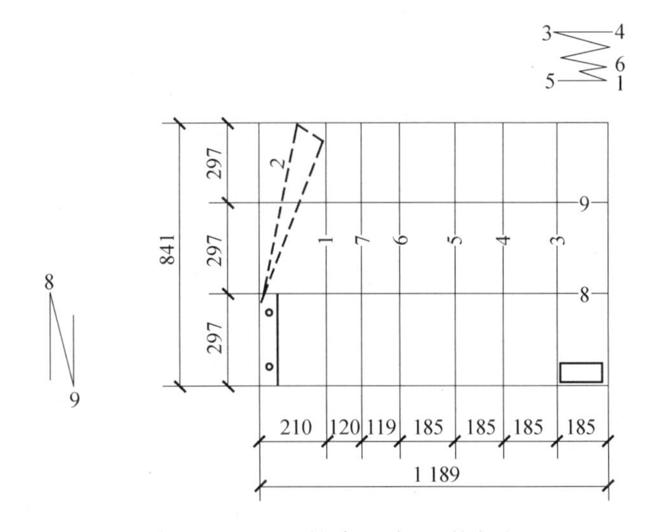

附图 1.1　A0 图纸折叠成 A4 的方法

③A2 图纸折叠成 A4，需装订，留边。按附图 1.3 中的顺序和尺寸，折完后图号在上，有装订边。A2 图纸折叠成 A4 的方法如附图 1.3 所示。注意折叠顺序和尺寸。

④A3 图纸折叠成 A4，需装订，留边。按附图 1.4 中的顺序和尺寸，折完后图号在上，有装订边。A3 图纸折叠成 A4 的方法如附图 1.4 所示。注意折叠顺序和尺寸。

（2）各种尺寸的图纸折成 A3 的方法与 A4 类似，但 A3 一般横向装订，因此尺寸有所不同。

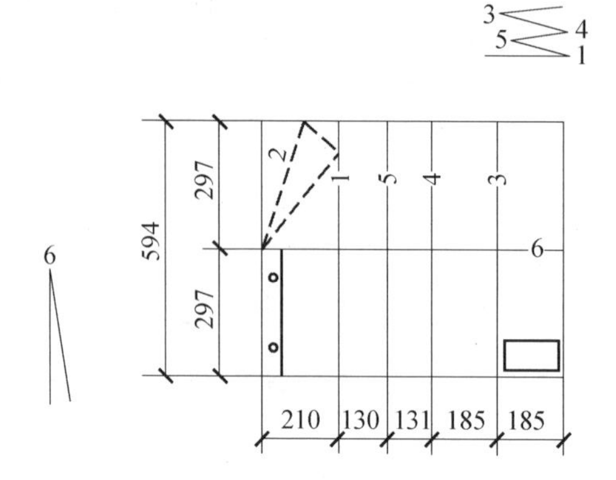

附图 1.2　A1 图纸折叠成 A4 的方法

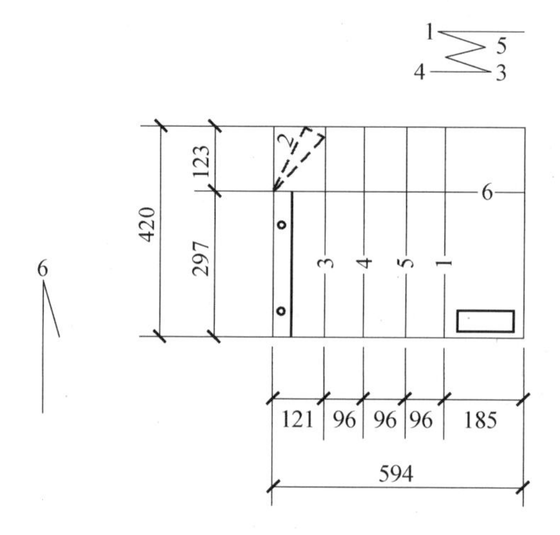

附图 1.3　A2 图纸折叠成 A4 的方法

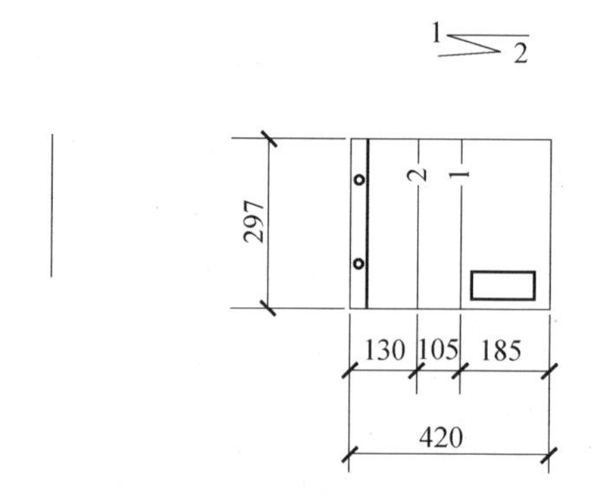

附图 1.4　A3 图纸折叠成 A4 的方法

①A0 图纸折叠成 A3,需装订,留边。按附图 1.5 中的顺序和尺寸,折完后图号在上,有装订边。A0 图纸折叠成 A3 的方法如附图 1.5 所示。注意折叠顺序和尺寸。

②A1 图纸折叠成 A3,需装订,留边。按附图 1.6 中的顺序和尺寸,折完后图号在上,有装订边。A1 图纸折叠成 A3 的方法如附图 1.6 所示。注意折叠顺序和尺寸。

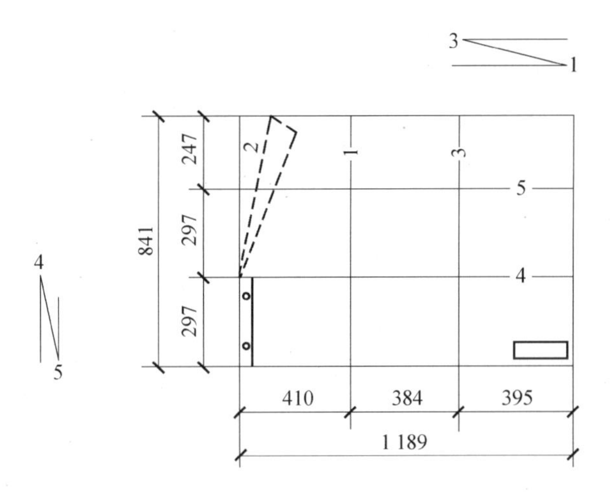

附图 1.5　A0 图纸折叠成 A3 的方法

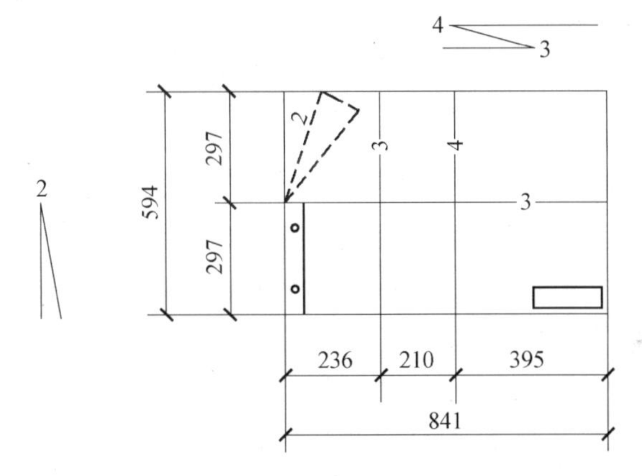

附图 1.6　A1 图纸折叠成 A3 的方法

③A2 图纸折叠成 A3，需装订，留边。按附图 1.7 中的顺序和尺寸，折完后图号在上，有装订边。A2 图纸折叠成 A3 的方法如附图 1.7 所示。注意折叠顺序和尺寸。

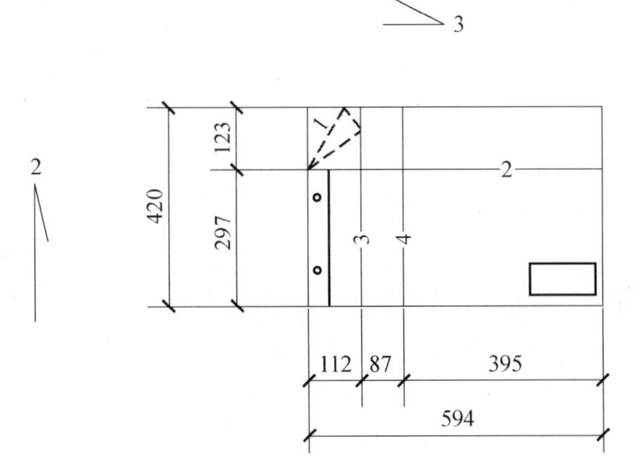

附图 1.7　A2 图纸折叠成 A3 的方法

2. 不需要装订的图纸折叠方法

不需要装订的图纸折起来要简单一些,各种尺寸图纸折叠方法如下。

(1)A0 图纸折叠成 A4。按附图 1.8 中的顺序和尺寸,折完后图号在上。A0 图纸折叠成 A4 的方法如附图 1.8 所示。注意折叠顺序和尺寸。

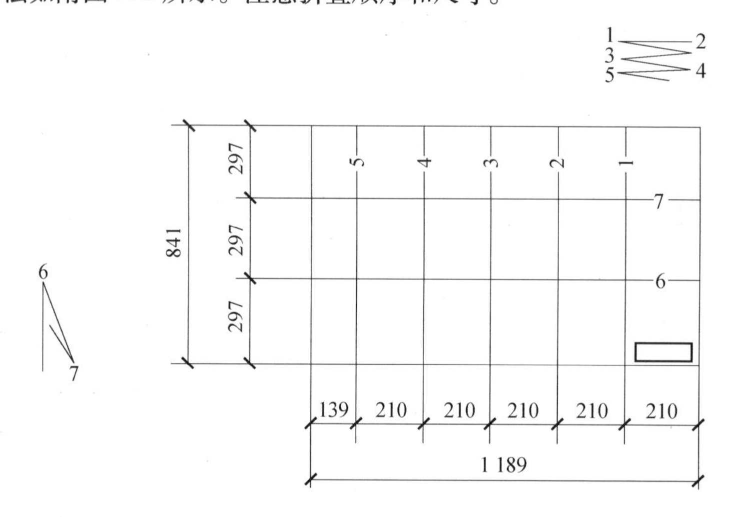

附图 1.8　A0 图纸折叠成 A4 的方法(不需要装订)

(2)A1 图纸折叠成 A4。按附图 1.9 中的顺序和尺寸,折完后图号在上。A1 图纸折叠成 A4 的方法如附图 1.9 所示。注意折叠顺序和尺寸。

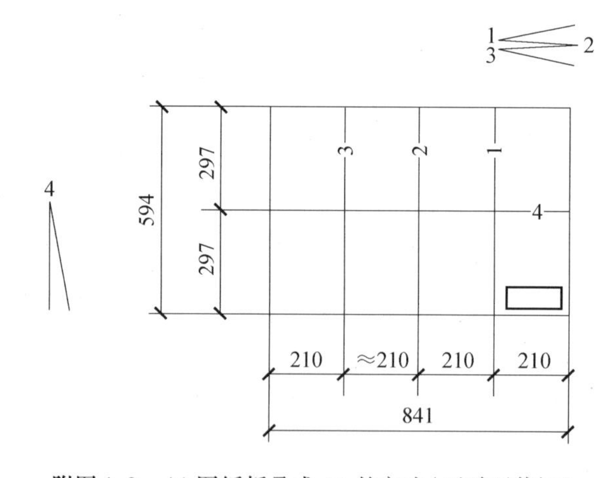

附图 1.9　A1 图纸折叠成 A4 的方法(不需要装订)

(3)A2 图纸折叠成 A4。按附图 1.10 中的顺序和尺寸,折完后图号在上。A2 图纸折叠成 A4 的方法如附图 1.10 所示。注意折叠顺序和尺寸。

(4)A3 图纸折叠成 A4。按附图 1.11 中的顺序和尺寸,折完后图号在上。A3 图纸折叠成 A4 的方法如附图 1.11 所示。注意折叠顺序和尺寸。

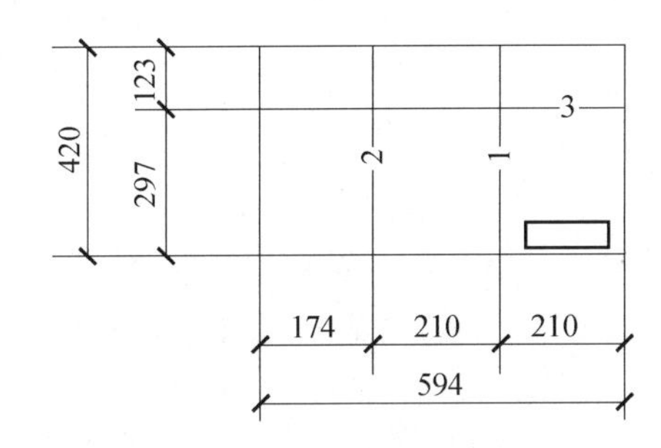

附图 1.10　A2 图纸折叠成 A4 的方法(不需要装订)

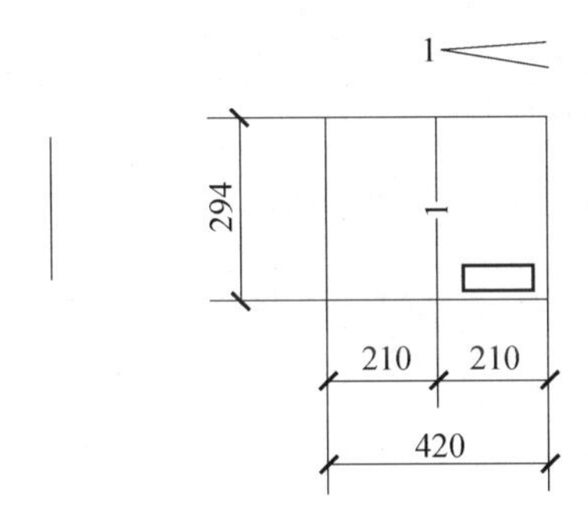

附图 1.11　A3 图纸折叠成 A4 的方法(不需要装订)

附录二　常用热处理和表面处理

名词	代号及标注示例	说明	应用
退火	Th	将钢件加热到临界温度以上(一般为710~715 ℃,个别合金钢为800~900 ℃)30~50 ℃,保温一段时间,然后缓慢冷却(随炉冷却)	1. 用来消除铸、锻、焊件内应力 2. 降低材料硬度,便于切削加工 3. 细化及均匀化组织,增加韧性
正火	Z	将钢件加热到临界温度以上,保温一段时间,然后在空气中冷却(比退火快)	用来处理低碳和中碳结构钢及渗碳件,使其组织细化,强度和韧性增加,改善低碳钢的切削加工性
淬火	C48(淬火后硬度HRC48)	将钢件加热到临界温度以上,保温一段时间,然后在水或油中(个别合金钢在空气中)急速冷却,使材料得到高硬度	用来提高钢的硬度和强度极限,但同时会引起内应力增加,使钢变脆(甚至会引起开裂和变形),故淬火后必须回火
回火	H	回火是将淬硬的钢件加热到临界点以下的温度,保温一段时间,然后在空气或油中冷却下来	用来消除淬火后的脆性和内应力,提高钢塑性和冲击韧性。低温回火(150~250 ℃)用于工具、刀具、模具等要求高硬度的材料;中温回火(350~450 ℃)用于弹簧等弹性高的零件;高温回火(500~600 ℃)见“调质”
调质	T	淬火后在450~650 ℃进行高温回火	用来使钢获得高韧性和足够的强度,重要的齿轮、轴、丝杠等复杂受力构件都要进行调质处理
火焰淬火	H50	用火焰或高频电流将零件表面迅速加热至临界温度以上,急速冷却	
高频淬火	C52		
渗碳淬火	S0.5-C59(渗层0.5 mm,HRC59)	在渗碳剂中将钢件加热到900~950 ℃,停留一定时间,将碳渗入钢表面深度0.5~2 mm,再淬火后回火	增加钢件的耐磨性能、抗疲劳强度,适用于低碳(w(C)<0.3%)结构钢的中小型零件

续表

名词	代号及标注示例	说明	应用
氮化	D0.3-900(氮化深 0.3,硬度HV900)	氮化是在 500 ~ 600 ℃通入氨的炉子内加热,向钢的表面渗入氮原子的过程。氮化层为 0.025 ~ 0.8 mm,氮化时间需 40 ~ 50 h	增加钢件的耐磨性能、表面硬度、疲劳强度和抗蚀性。用于在腐蚀性气体、液体介质中工作且有耐磨性要求的零件
时效	时效处理	低温回火后,精加工之前,加热到 100 ~ 160 ℃,保持 10 ~ 40 h。对铸件也可用天然时效(放在露天中一年以上)	使零件消除内应力和稳定形状,用于量具、精密丝杠、导轨等
发蓝发黑	发蓝或发黑	将金属零件放在很浓的碱和氧化剂溶液中加热氧化,使金属表面形成一层氧化物组成的保护性薄膜	防腐蚀,美观。用于光学电子类零件或机械零件

附录三　六角头螺栓(摘录 GB/T 5782—2016、GB/T 5783—2016)

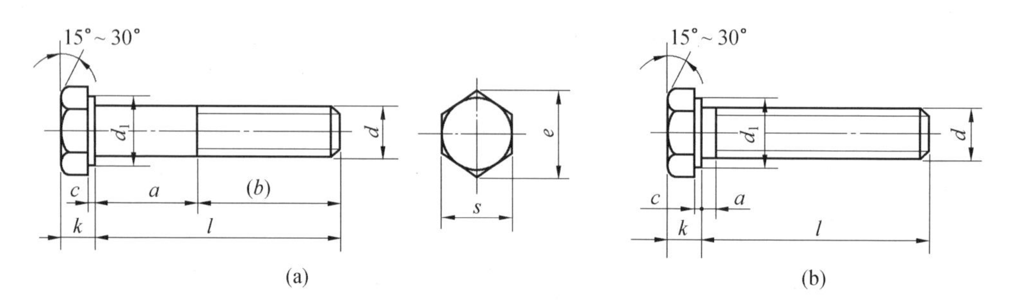

(a)　(b)

标记示例:

螺纹规 d=M12,公称长度 l=80 mm,性能等级为 8.8 级,表面氧化,A 级的六角头螺栓。

标记为:

螺栓　GB/T 5782　M12×80

mm

螺纹规格 d		M3	M4	M5	M6	M8	M10	M12	M16	M20	M24	M30
a	max	1.5	2.1	2.4	3	4	4.5	5.3	6	7.3	9	10.5
b (参考)	l<125	12	14	16	18	22	26	30	38	46	54	66
	125≤l≤200	18	20	22	24	28	32	36	44	52	60	72
	l>200	31	33	35	37	41	45	49	57	65	73	65
c	min	0.15	0.15	0.15	0.15	0.15	0.15	0.15	0.2	0.2	0.2	0.2
	max	0.4	0.4	0.5	0.5	0.6	0.6	0.6	0.8	0.8	0.8	0.8
d_1 (min)	产品等级 A	4.57	5.88	6.88	8.88	11.63	14.63	16.6	22.49	28.19	33.61	
	产品等级 B	4.45	5.74	6.74	8.74	11.47	14.47	16.47	22	27.7	33.2	42.75
e (min)	产品等级 A	6.01	7.66	8.79	11.95	14.38	17.77	20.03	26.75	33.53	39.95	
	产品等级 B	5.88	7.50	8.63	10.89	14.20	17.59	19.85	26.17	32.95	39.55	50.85
k 公称		2	2.8	3.5	4	5.3	6.4	7.5	10	12.5	15	18.7
s 公称		5.5	7	8	10	13	16	18	24	30	36	46
l 公称(系列值)		6、8、10、12、16、20、25、30、35、40、45、50、55、60、65、70、80、90、100、110、120、130、140、150、160、180、200、220、240、260、280、300、320、340、360、380、400、420、440、460、480、500										

注:(1)A 级用于 d≤24 mm 和 l≤10d 或 l≤150 mm(按较小值)的螺栓;B 级用于 d>24 mm 和 l>10d 或 l>150 mm(按较小值)的螺栓。

(2)螺纹末端应倒角。

(3)螺纹规格 d 为 M1.6~M64。

附录四　六角螺母(摘录 GB/T 6170—2015)

Ⅰ型六角螺母—A 和 B 级 (GB/T 6170—2015)

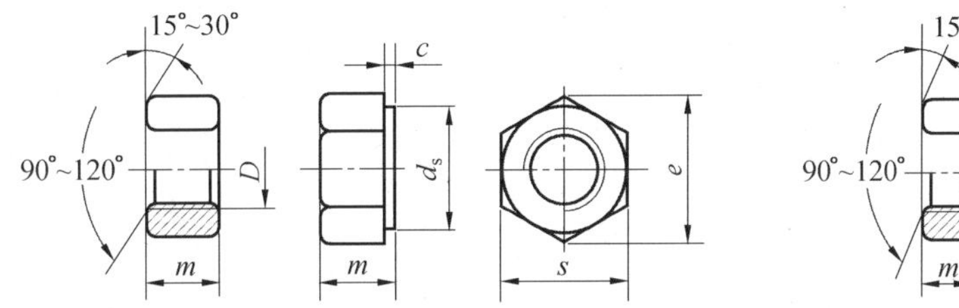

六角薄螺母—A 和 B 级—倒角 (GB/T 6172.1—2016)

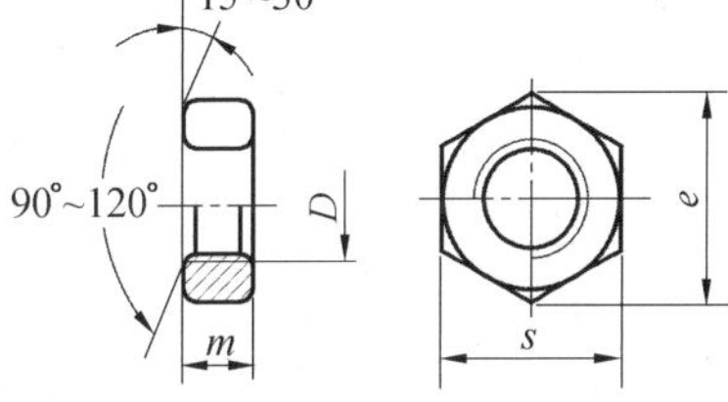

标记示例：

螺纹规格 D=M12,性能等级为 8 级,不经表面处理、产品等级为 A 级的Ⅰ型六角螺母,其标记为：

螺母 GB/T　6170　M12

mm

螺纹规格 D			M2	M2.5	M3	M4	M5	M6	M8	M10	M12	M16	M20	M24	M30
c (max)			0.2	0.3	0.4	0.4	0.5	0.5	0.6	0.6	0.6	0.8	0.8	0.8	0.8
d_s (min)			3.1	4.1	4.6	5.9	6.9	8.9	11.6	14.6	16.6	22.5	27.7	33.3	42.8
e (min)			4.32	5.45	6.01	7.66	8.79	11.05	14.38	17.77	20.03	26.75	32.95	39.55	50.85
m	GB/T 6170	max	1.6	2	2.4	3.2	4.7	4.2	6.8	8.4	10.8	14.8	18	21.5	25.6
		min	1.35	1.75	2.15	2.9	4.4	4.9	6.44	8.04	10.37	14.1	16.9	20.2	24.3
	GB/T 6172	max	1.2	1.6	1.8	2.2	2.7	3.2	4	5	6	8	10	12	15
		min	0.95	1.35	1.53	1.95	2.43	2.9	3.7	4.7	5.7	7.42	9.10	10.9	13.9
s		max	4	5	5.5	7	8	10	13	16	18	24	30	36	46
		min	3.82	4.82	5.32	6.78	7.78	9.78	12.73	15.73	17.73	23.67	29.15	35	45

注：A 级用于 $D \leqslant 16$ mm 的螺母,B 级用于 $D>16$ mm 的螺母。

附录五 平垫圈(摘录 GB/T 97.1—2002)

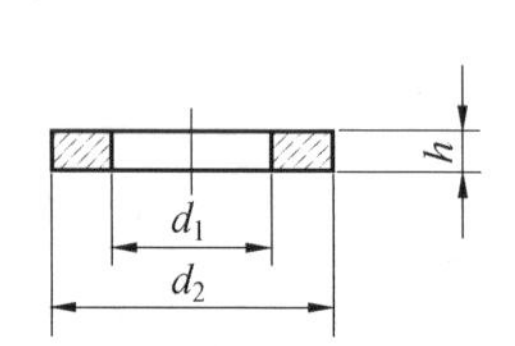

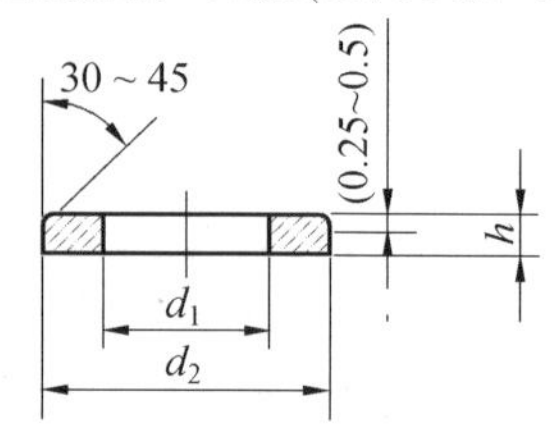

标记示例：

标准系列，规格为 8 mm，性能等级为 HV140 级、不经表面处理、产品等级为 A 级的平垫圈，其标记为：

垫圈 GB/T 97.1 8

mm

规格（螺纹大径）	2	2.5	3	4	5	6	8	10	12	14	16	20	24	30
内径 d_1 公称(min)	2.2	2.7	3.2	4.3	5.3	6.4	8.4	10.5	13	15	17	21	25	31
外径 d_2 公称(max)	5	6	7	9	10	12	16	20	24	28	30	37	44	56
厚度 h 公称	0.3	0.5	0.5	0.8	1	1.6	1.6	2	2.5	2.5	3	3	4	4

注：GB/T 97.2 适用于规格为 5 ~ 36 mm、A 级和 B 级、标准六角头的螺栓、螺钉和螺母。

附录六　螺钉（摘录 GB/T 65—2016）

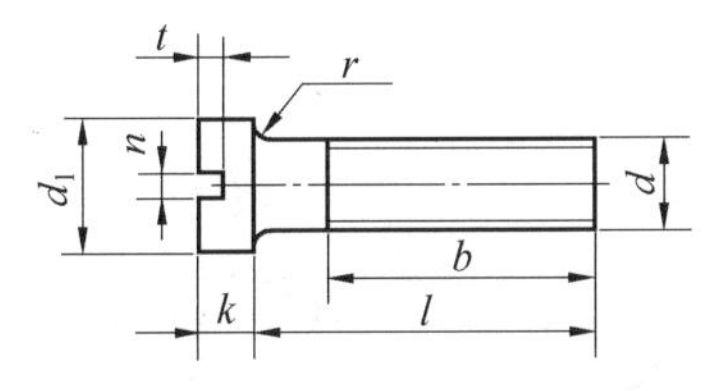

(a) 开槽圆柱头螺钉 (GB/T 65—2016)

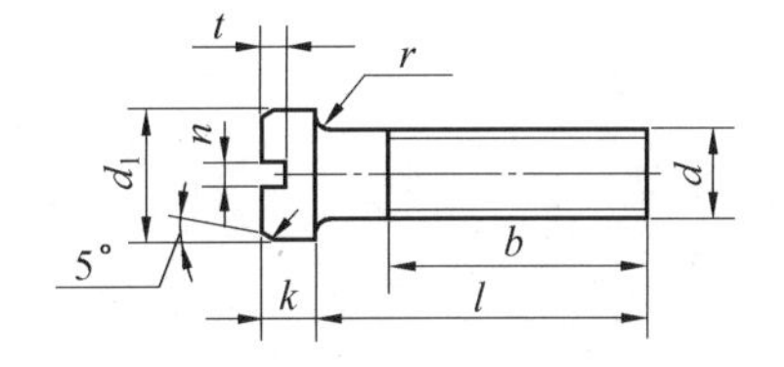

(b) 开槽盘头螺钉 (GB/T 67—2016)

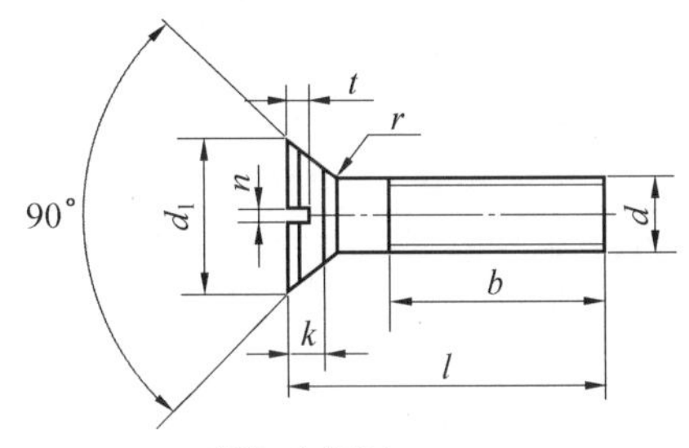

(c) 开槽沉头螺钉 (GB/T 75—2018)

标记示例：

螺钉　GB/T 65　M5×20（螺纹规格 M5，公称长度 l=20 mm，性能等级为 4.8 级，不经表面处理的开槽圆柱头螺钉）

mm

螺纹规格	d_1(max)	k_{max}	n(公称)	r_{min}	l	b
M4	7	2.6	1.2	1.1	5～40	l≤40 为全螺纹 l>40，b_{min}=38
M5	8.5	3.3	1.2	1.3	6～50	
M6	10	3.9	1.6	1.6	8～60	
M8	13	5	2	2	10～80	
M10	16	6	2.5	2.4	12～80	

附录七 标准型弹簧垫圈(摘录 GB/T 93—1987)

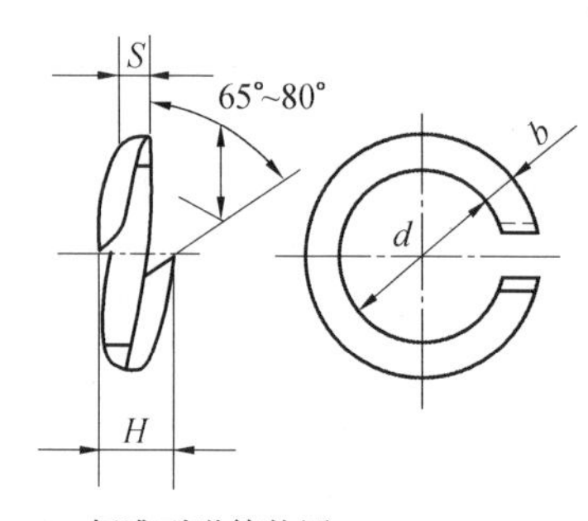

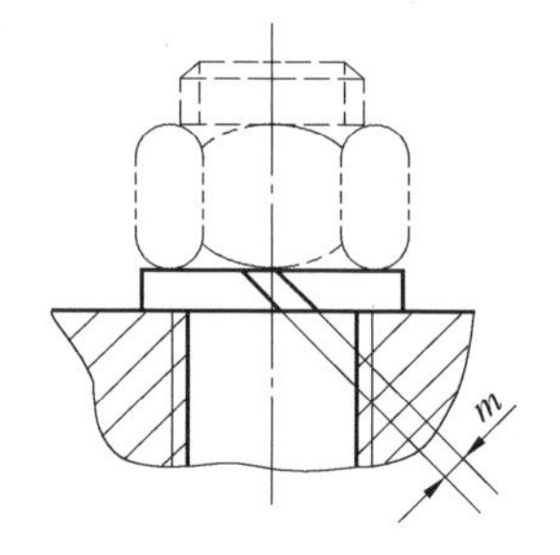

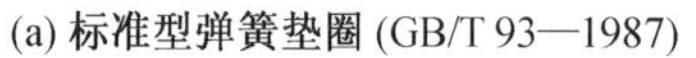

(a) 标准型弹簧垫圈 (GB/T 93—1987)　　(b) 轻型弹簧垫圈 (GB/T 859—1987)

规格 16 mm,材料为 65Mn,表面氧化的标准型弹簧垫圈,其标记为:
垫圈 GB/T 93 16

mm

规格(螺纹大径)		2	2.5	3	4	5	6	8	10	12	16	20	24	30	36	42	48
d (min)		2.1	2.6	3.1	4.1	5.1	6.1	8.1	10.2	12.2	16.2	20.2	24.5	30.5	42.5	42.5	48.5
H(max)	GB/T 93	1.25	1.63	2	2.75	3.25	4	5.25	6.5	7.75	10.25	12.5	15	18.75	22.5	26.25	30
	GB/T 859			1.5	2	2.75	3.25	4	5	6.25	8	10	12.5	15			
$S(b)$公称	GB/T 93	0.5	0.65	0.8	1.1	1.3	2.75	2.1	2.6	3.1	4.1	5	6	7.5	9	10.5	12
S 公称	GB/T 859			0.6	0.8	1.1	1.3	1.6	2	2.5	3.2	4	5	6			
$m\leqslant$	GB/T 93	0.25	0.33	0.4	0.55	0.65	0.8	1.05	1.3	1.55	2.05	2.5	3	3.75	4.5	5.25	6
	GB/T 859			0.3	0.4	0.55	0.65	0.8	1	1.25	1.6	2	2.5	3			
b 公称	GB/T 859			1	1.2	1.5	2	2.5	3	3.5	4.5	5.5	7	9			

注:GB/T 859 规格为 3 ~ 30 mm。

附录八　常用键与销

1. 键

(1)平键和键槽的剖面尺寸(GB/T 1095—2003《平键　键槽的剖面尺寸》)。

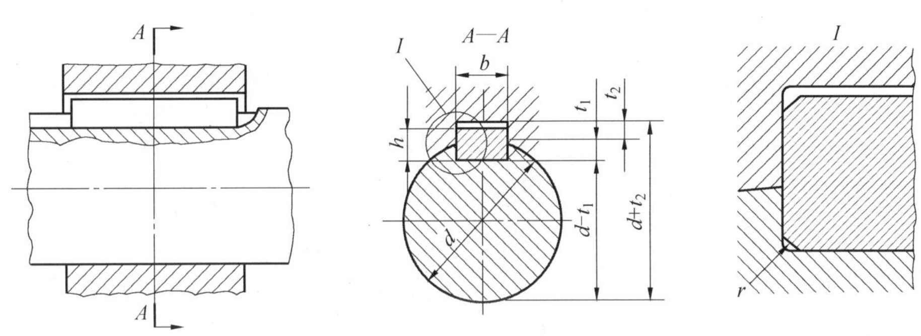

轴颈 d /mm	键尺寸 $b\times h$ /(mm×mm)	键槽											
		宽度 b/mm						深度/mm				半径 r /mm	
		公称尺寸	极限偏差					轴 t_1		毂 t_2			
			正常连接		紧密连接	松连接							
			轴 N9	毂 JS9	轴和毂 P9	轴 H9	毂 D10	基本尺寸	极限偏差	基本尺寸	极限偏差	min	max
6～8	2×2	2	-0.004 -0.029	±0.012 5	-0.006 -0.031	+0.025 0	+0.060 +0.020	1.2	+0.1 0	1.0	+0.1 0	0.08	0.16
8～10	3×3	3						1.8		1.4			
10～12	4×4	4	0 -0.031	±0.015	-0.012 -0.042	+0.030 0	+0.078 +0.030	2.5		1.8			
12～17	5×5	5						3.0		2.3		0.16	0.25
17～22	6×6	6						3.5		2.8			
22～30	8×7	8	0 -0.036	±0.018	-0.015 -0.015	+0.036 0	+0.098 +0.040	4.0	+0.2 0	3.3	+0.2 0		
30～38	10×8	10						5.0		3.3		0.25	0.40
38～44	12×8	12	0 -0.043	±0.021 5	-0.018 -0.061	+0.043 0	+0.120 +0.050	5.0		3.3			
44～50	14×9	14						5.5		3.8			
50～58	16×10	16						6.0		4.3			
58～65	18×11	18						7.0		4.4			

(2)普通平键的型式尺寸(GB/T 1096—2003《普通型　平键》)。

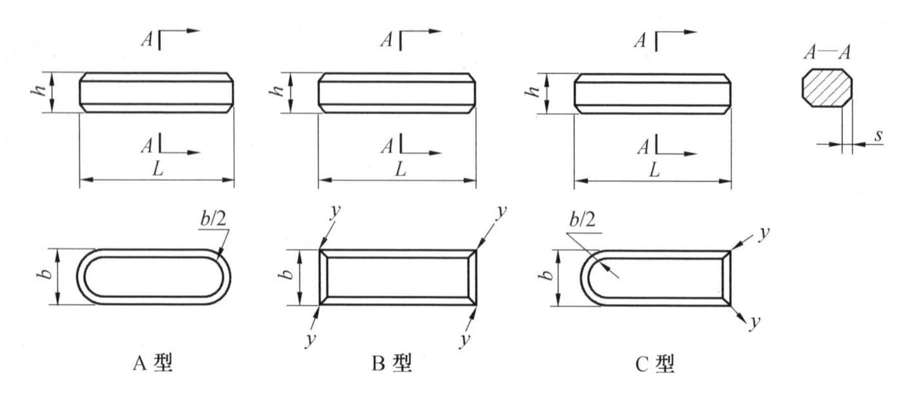

宽度 b=6 mm,高度 h=6 mm,长度 L=16 mm 的平键,标记为:

GB/T 1096　键 6×6×16

宽度 b /mm	公称尺寸	2	3	4	5	6	8	10	12	14	16	18	20	22
	极限偏差(h8)	0 -0.014		0 -0.018			0 -0.022		0 -0.027				0 -0.033	
高度 h /mm	公称尺寸	2	3	4	5	6	7	8	9	10	11	12	13	14
	极限偏差 矩形(h11)	—		—			0 -0.090					0 -0.110		
	极限偏差 方形(h8)	0 -0.014		0 -0.018			—					—		
倒角或倒圆 s/mm		0.16~0.25			0.25~0.40			0.40~0.60					0.60~0.80	
长度 L/mm														
基本尺寸	极限偏差(h14)													
6	0 -0.36			—	—	—	—	—	—	—	—	—	—	—
8					—	—	—	—	—	—	—	—	—	—
10						—	—	—	—	—	—	—	—	—
12	0 -0.43					—	—	—	—	—	—	—	—	—
14							—	—	—	—	—	—	—	—
16							—	—	—	—	—	—	—	—
18								—	—	—	—	—	—	—
20	0 -0.52							—	—	—	—	—	—	—
22		—			标准				—	—	—	—	—	—
25		—							—	—	—	—	—	—
28		—								—	—	—	—	—

续表

宽度 b /mm	公称尺寸	2	3	4	5	6	8	10	12	14	16	18	20	22
	极限偏差(h8)	0 −0.014		0 −0.018			0 −0.022		0 −0.027				0 −0.033	
高度 h /mm	公称尺寸	2	3	4	5	6	7	8	9	10	11	12	13	14
	极限偏差 矩形(h11)	—		—			0 −0.090					0 −0.110		
	极限偏差 方形(h8)	0 −0.014		0 −0.018			—					—		
倒角或倒圆 s/mm		0.16～0.25			0.25～0.40			0.40～0.60					0.60～0.80	
长度 L/mm														
基本尺寸	极限偏差(h14)													
32	0 −0.62	—								—	—	—	—	—
36		—									—	—	—	—
40		—	—								—	—	—	—
45		—	—					长度				—	—	—
50		—	—	—									—	—
56	0 −0.74	—	—	—										—
63		—	—	—										
70		—	—	—	—									
80		—	—	—	—	—								
90	0 −0.87	—	—	—	—	—					范围			
100		—	—	—	—	—	—							
110		—	—	—	—	—	—							

2. 销

(1)圆柱销(GB/T 119.1—2000《圆柱销　不淬硬钢和奥氏体不锈钢》)——不淬硬钢和奥氏体不锈钢。

公称直径 d=6 mm、公差为 m6、公称长度 l=30 mm、材料为钢、不经淬火、不经表面处理的圆柱销的标记：

销　GB/T 119.1　6 m6×30

mm

公称直径 d（m6/h8）	0.6	0.8	1	1.2	1.5	2	2.5	3	4	5
$c\approx$	0.12	0.16	0.20	0.25	0.30	0.35	0.40	0.50	0.63	0.80
l（商品规格范围公称长度）	2～6	2～8	4～10	4～12	4～16	6～20	6～24	8～30	8～40	10～50
公称直径 d（m6/h8）	6	8	10	12	16	20	25	30	40	50
$c\approx$	1.2	1.6	2.0	2.5	3.0	3.5	4.0	5.0	6.3	8.0
l（商品规格范围公称长度）	12～60	14～80	18～95	22～140	26～180	35～200	50～200	60～200	80～200	95～200
l 系列	2,3,4,5,6,8,10,12,14,16,18,20,22,24,26,28,30,32,35,40,45,50,55,60,65,70,75,80,85,90,95,100,120,140,160,180,200									

注：①材料为钢时，硬度要求为 125～245 HV30；用奥氏体不锈钢，Al（GB/T 3098.6）时硬度为 210～280 HV30。

②公差 m6：$Ra\leqslant0.8\ \mu m$；公差 h8：$Ra\leqslant1.6\ \mu m$。

（2）圆锥销（GB/T 117—2000《圆锥销》）。

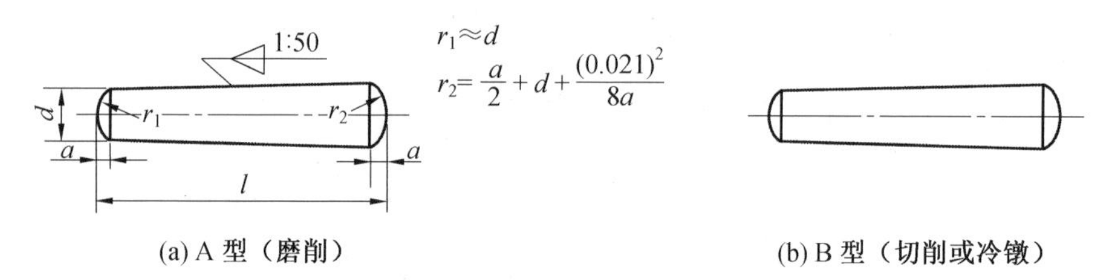

(a) A 型（磨削）　　(b) B 型（切削或冷镦）

标记示例：

公称直径 d=10 mm、长度 l=60 mm、材料为 35 钢、热处理硬度为 HRC28～38、表面氧化处理的 A 型圆锥销的标记：

销　GB/T 117　10×60

mm

公称直径 d	0.6	0.8	1	1.2	1.6	2	2.5	3	4	5
$a\approx$	0.08	0.1	0.12	0.16	0.2	0.25	0.3	0.4	0.5	0.63
l（商品规格范围公称长度）	4～8	5～12	6～16	6～20	8～24	10～35	10～40	12～45	14～55	18～60
公称直径 d	6	8	10	12	16	20	25	30	40	50
$a\approx$	0.8	1	1.2	1.6	2	2.5	3	4	5	6.3
l（商品规格范围公称长度）	20～90	22～120	26～160	32～180	40～200	45～200	50～200	55～200	60～200	65～200
l 系列	4,5,6,8,10,12,14,16,18,20,22,24,26,28,30,32,35,40,45,50,55,60,65,70,75,80,85,90,95,100,120,140,160,180,200									

附录九　深沟球轴承(摘录 GB/T 276—2013)

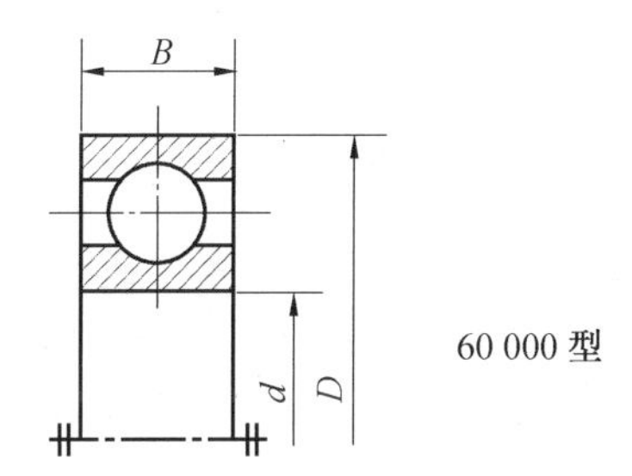

60 000 型

标记示例：

滚动轴承　6208　GB/T 276—2013

轴承型号	尺寸/mm			轴承型号	尺寸/mm		
	d	*D*	*B*		*d*	*D*	*B*
(1)0 系列				(0)3 系列			
606	6	17	6	634	4	16	5
607	7	19	6	635	5	19	6
608	8	22	7	6300	10	35	11
609	9	24	7	6301	12	37	12
6000	10	26	8	6302	15	42	13
6001	12	28	8	6303	17	47	14
6002	15	32	9	6304	20	52	15
6003	17	35	10	6305	25	62	17
6004	20	42	12	6306	30	72	19
6005	25	47	12	6307	35	80	21
6006	30	55	13	6308	40	90	23
6007	35	62	14	6309	45	100	25
6008	40	68	15	6310	50	110	27
6009	45	75	16	6311	55	120	29
6010	50	80	16	6312	60	130	31
6011	55	90	18				
6012	60	95	18				

续表

轴承型号	尺寸/mm			轴承型号	尺寸/mm		
	d	*D*	*B*		*d*	*D*	*B*
(0)2 系列				(0)4 系列			
623	3	10	4	6403	17	62	17
624	4	13	5	6404	20	72	19
625	5	16	5	6405	25	80	21
626	6	19	6	6406	30	90	23
627	7	22	7	6407	35	100	25
628	8	24	8	6408	40	110	27
629	9	26	8	6409	45	120	29
6200	10	30	9	6410	50	130	31
6201	12	32	10	6411	55	140	33
6202	15	35	11	6412	60	150	35
6203	17	40	12	6413	65	160	37
6204	20	47	14	6414	70	180	42
6205	25	52	15	6415	75	190	45
6206	30	62	16	6416	80	200	48
6207	35	72	17	6417	85	210	52
6208	40	80	18	6418	90	225	54
6209	45	85	19	6419	95	240	55
6210	50	90	20				
6211	55	100	21				
6212	60	110	22				

附录十　常用铸铁的种类、牌号、性能及用途

名称	编号方法		主要性能	用途举例
	举例	说明		
灰铸铁	HT100 HT150 HT200 HT250 HT300	HT是“灰铁”两字汉语拼音的首字母，数字表示最低抗拉强度值	抗拉强度、塑性、韧性较低，但抗压强度、硬度、耐磨性好，并具有铸铁的其他优良性能	主要用于制造承受压力的床身、箱体、机座、导轨等零件
球墨铸铁	QT500-7 QT800-2	QT是“球铁”两字汉语拼音的首字母，两组数字分别表示低抗拉强度数值和最小延伸率数值	球墨铸铁通过热处理强化后，力学性能有较大提高，远超过灰铸铁，某些指标接近钢，且能保持灰铸铁的优良性能	应用范围很广，可代替中碳钢制造汽车、推拉机中的曲轴、连杆、齿轮等
可锻铸铁	KTH30-06 KTH350-10	KT是“可铁”两字汉语拼音的首字母，H为“黑”字汉语拼音的首字母，两组数字分别表示最低抗拉强度数值和最小延伸率数值	力学性能优于灰铸铁	主要用于制造一些开关比较复杂，而且在工作中承受一定冲击载荷的薄壁小型零件，如管接头、农具等
蠕墨铸铁	RuT+数字	RuT是“蠕”字拼音和“铁”字拼音的首字母，数字表示最低抗拉强度值	蠕墨铸铁强度、韧性、疲劳强度等均比灰铸铁高，但比球墨铸铁低	主要用于制造大功率柴油机缸套、气缸盖、机床机身、阀体、电动机外壳、机座等

附录十一 碳素结构钢、常用优质碳素结构钢的牌号及用途

附表 11.1 碳素结构钢的牌号及用途

<table>
<tr><th>牌号</th><th>等级</th><th>Qb/MPa</th><th>用途</th></tr>
<tr><td>Q195</td><td>—</td><td>315～390</td><td>用于制造承载较小的零件、铁丝、铁圈、垫铁、开口销、拉杆、冲压件以及焊接件等</td></tr>
<tr><td rowspan="2">Q215</td><td>A</td><td rowspan="2">335～410</td><td rowspan="2">用于制造拉杆、套圈、垫圈、渗碳零件以及焊接件等</td></tr>
<tr><td>B</td></tr>
<tr><td rowspan="4">Q235</td><td>A</td><td rowspan="4">375～460</td><td rowspan="4">A、B 级用于制造金属结构件、芯部强度要求不高的渗碳件或碳氮共渗件、拉杆、连杆、吊钩、车钩、螺栓、螺母、套筒、轴以及连接件;C、D 级用于制造重要的焊接结构件</td></tr>
<tr><td>B</td></tr>
<tr><td>C</td></tr>
<tr><td>D</td></tr>
<tr><td rowspan="2">Q255</td><td>A</td><td rowspan="2">410～510</td><td rowspan="2">用于制造转轴、芯轴、吊钩、拉杆、摇杆、楔等强度要求不高的零件。钢焊接性尚可</td></tr>
<tr><td>B</td></tr>
<tr><td>Q275</td><td>—</td><td>490～610</td><td>用于制造轴类、疑轮、齿轮、吊钩等强度要求高的零件</td></tr>
</table>

注:牌号中的 Q 代表屈服点,后面数字代表屈服点数值。

附表 11.2 常用优质碳素结构钢的牌号及用途

<table>
<tr><th>钢组</th><th>牌号</th><th>热处理类</th><th>硬度 HBS(≤)</th><th>用途</th></tr>
<tr><td rowspan="10">普通锰含量钢</td><td rowspan="2">15</td><td>正火</td><td>148</td><td rowspan="2">塑性、韧性、焊接性能和冷压性能均极好,但强度较低,用于制造受力不大且韧性要求较高的零件、紧固件、冲压件以及不要求热处理的低负荷零件,例如螺栓、螺钉、拉条、法兰盘等</td></tr>
<tr><td>正火
回火</td><td>99～143</td></tr>
<tr><td rowspan="2">20</td><td>正火</td><td>156</td><td rowspan="2">用于制造不承受很大应力而要求很高韧性的机械零件,例如杠杆、轴套、螺钉、起重钩等;还可用于制造表面硬度高而芯部有一定强度和韧性的渗碳零件</td></tr>
<tr><td>正火
回火</td><td>103～156</td></tr>
<tr><td rowspan="3">45</td><td>正火</td><td>197～241</td><td rowspan="3">用于制造强度要求较高、韧性中等的零件,通常在调质、正火状态下使用,淬火硬度一般在 HRC40～50,例如齿轮齿条、链轮、轴、键、销、压缩机及泵的零件和轴辊等。可代替渗碳钢制造齿轮、轴、活塞销等,但需高频淬火或火焰表面淬火</td></tr>
<tr><td>正火
回火</td><td>156～217</td></tr>
<tr><td></td><td>217～255</td></tr>
<tr><td>60</td><td></td><td>229～255</td><td>具有相当高的强度和弹性,但淬火时有产生裂纹的倾向,仅小型零件才能进行淬火,大型零件多采用正火。用于制造轴、弹簧、垫圈、离合器、凸轮等。冷变形时塑性较低</td></tr>
</table>

续附表 11.2

钢组	牌号	热处理类	硬度 HBS(≤)	用途
较高锰含量钢	20Mn	正火	197	此钢为高锰低碳渗碳钢。可用于制造凸轮轴、齿轮、联轴器、铰链、拖杆等。此钢焊接性能尚可
	60Mn	正火	229 ~ 269	此钢的强度较高，淬透性较碳素弹簧钢好，脱碳倾向性小，但有过热敏感性，容易产生淬火裂纹，并有回火脆性，适用于制造螺旋弹簧、板簧、各种扁圆弹簧、弹簧环、弹簧片以及冷拔钢丝和发条等

附录十二　表面粗糙度评定参数 *Ra* 数值及其对应的表面特征和加工方法

表面粗糙度 Ra_{max}/μm	表面形状特征	加工方法	应用举例
25、50	明显可见刀痕	粗车、镗、钻、刨	粗制后所得到的粗加工面，焊接前的焊缝、粗钻孔壁等
12.5	可见刀痕	粗车、刨、钻、铣	一般非结合表面，如轴的端面、倒角、齿轮及带轮的侧面、键槽的非工作表面
6.3	可见加工痕迹	车、镗、刨、钻、铣、磨锉、粗铰、铣齿	不重要的非配合表面，如支柱、支架、外壳、衬套、轴、盖等的端面。紧固件的自由表面，紧固件通孔的表面，内、外花键的非定心表面，不作为计量基准的齿轮顶圆表面等
3.2	微见加工痕迹	车、镗、刨、铣、铰、拉、磨、滚压、刮 1～2 点/cm^2、铣齿	与其他零件连接不形成配合的表面，如外壳、端盖等零件的端面。要求有定心及配合特性的固定支承面，如定心的轴肩、键和键槽的工作表面、不重要的紧固螺纹的表面、需要滚花或氧化处理的表面等
1.6	看不清加工痕迹	车、镗、拉、磨、铣、铰、刮 1～2 点/cm^2、磨、滚压	安装直径超过 80 mm 的 G 级轴承的外壳孔，普通精度齿轮的齿面，定位销孔，V 带轮的表面，外径定心的内花键外径，轴承盖的定中心凸肩表面等
0.8	可辨加工痕迹的方向	车、磨、立铣、刮 3～10 点/cm^2、镗、拉、滚压	要求保证定心及配合特性的表面，如锥销与圆柱销的表面，与 G 级精度滚动轴承相配合的轴颈和外壳孔，中速转动的轴颈，直径超过 80 mm 的 E、D 级滚动轴承配合的轴颈及外壳孔，内、外花键的定心内径，外花键键侧及定心外径，过盈配合 IT7 级的孔，间隙配合 IT8～IT9 级的孔，磨削的齿轮表面等
0.4	微辨加工痕迹的方向	铰、磨、镗、拉、刮 3～10 点/cm^2、滚压	要求长期保持配合性质稳定的配合表面，IT7 级的轴、孔配合表面，精度较高的轮齿表面，受变应力作用的重要零件，与直径小于 80 mm 的 E、D 级轴承配合的轴颈表面，与橡胶密封件接触的表面，尺寸大于 120 mm 的 IT13～IT16 级孔和轴用量规的测量表面

续表

表面粗糙度 $Ra_{max}/\mu m$	表面形状特征	加工方法	应用举例
0.2	加工痕迹方向不可辨	布轮磨、磨、研磨、超级加工	工作时承受变应力的重要零件表面,保证零件的疲劳强度、防蚀性及耐久性,并在工作时不破坏配合性质的表面,如轴颈表面、要求气密的表面和支承表面、圆锥定心表面等。IT5 级、IT6 级配合表面、高精度齿轮的齿面,与 C 级滚动轴承配合的轴颈表面,尺寸大于 315 mm 的 IT7 ~ IT9 级孔和轴用量规及尺寸为 120 ~ 315 mm 的 IT10 ~ IT12 级孔和轴用量规的测量表面

参 考 文 献

[1] 刘小年,郭克希. 机械制图[M]. 北京:机械工业出版社,2005.
[2] 陈意平,赵凤芹,朱颜. 机械制图[M]. 2 版. 沈阳:东北大学出版社,2017.
[3] 何铭新,钱可强,徐祖茂. 机械制图[M]. 7 版. 北京:高等教育出版社,2016.
[4] 陈意平,王爱君. 零部件测绘[M]. 沈阳:东北大学出版社,2016.
[5] 王旭东,周岭. 机械制图零部件测绘[M]. 广州:暨南大学出版社,2010.
[6] 陆玉兵. 机械制图测绘[M]. 北京:北京理工大学出版社,2019.
[7] 李媛媛,王萌. 机械设计[M]. 武汉:华中科技大学出版社,2019.
[8] 魏兵,喻全余. 机械原理[M]. 武汉:华中科技大学出版社,2017.
[9] 高红,张贺,孙振东. 机械零部件测绘[M]. 3 版. 北京:中国电力出版社,2017.
[10] 晏初宏. 机械设备修理工艺学[M]. 2 版. 北京:机械工业出版社,2010.
[11] 曹焕亚,娄岳海. 机械装置拆装测绘实训[M]. 北京:机械工业出版社,2010.
[12] 赵玉奇. 机械制造基础与实训[M]. 北京:机械工业出版社,2010.
[13] 朱仁盛,黄翅. 机械拆装技能实训[M]. 北京:北京理工大学出版社,2015.